L'ÉTHER

L'ÉLECTRICITÉ ET LA MATIÈRE

DEUXIÈME ÉDITION DE

QUÆRE ET INVENIES

ERRATA.

Page 27, 11e ligne : *facilité,* lisez *facilitée.*

Page 82, avant la dernière ligne : *sans le dire; au peuple*, lisez *sans le dire au peuple.*

Page 84, 1re ligne de la note : *liquéfié*, lisez *pulvérisé.*

Page 88, 24e ligne : *l'univers,* lisez *l'univers,*

Page 207, 3e ligne : *de* 1797 *à* 1730, lisez *de* 1787 *à* 1830.

L'ÉTHER
L'ÉLECTRICITÉ ET LA MATIÈRE

DEUXIÈME ÉDITION DE

QUÆRE ET INVENIES

(PHYSIQUE, THÉOLOGIE, TABLES PARLANTES ET RÉFORMES)

AUGMENTÉS

D'UNE LETTRE DE M. FAUVETY, DE LA VOYANTE DE PREVORST
ET D'UNE HISTOIRE DE FRANCE PAR EPHÉMÉRIDES
DE 1787 A 1851

Il n'y a qu'un très petit nombre d'hommes
qui osent avoir le sens commun.

PARIS

CHEZ LEDOYEN
LIBRAIRE AU PALAIS-ROYAL
Galerie d'Orléans

CHEZ Mme COMON
COMPTOIR DES IMPRIMEURS
Quai Malaquais, 15

MARS 1854

1804 — Paris, Impr. de Guiraudet et Jouaust, 338, rue S.-Honoré.

AVANT-PROPOS.

Que veulent dire les danses et les réponses des tables? Est-ce à nous, est-ce à des ESPRITS, qu'elles sont dues?

Avant d'entamer un tel sujet, je crois utile de placer ici quelques extraits qui prépareront, j'espère, mes lecteurs, à ces communications surprenantes.

Les auteurs modernes que j'ai résumés sont hardis et ne s'accordent point. Mais, sauf celle sur la Création, leurs théories partent de faits incontestables et laissent sans explication moins de phénomènes célestes que celles établies par nos savants sur de pures hypothèses. C'est ce qui m'a décidé à les produire. J'y ai compris celle de J.-A. Duran sur la Création, parceque, la Création étant elle-même une hypothèse en contradiction avec la science et les savants ne l'admettant que pour complaire à l'église, ils doivent, ce me semble, quelque indulgence à une explication qui, si elle manque d'exactitude, ne manque pas de grandeur.

Première Partie.

QUÆRE

ET

INVENIES

RESUMÉ DE MACKINTOSH.

— 1835 —

La science des choses naturelles s'appelle physique; celle des lois de l'univers, cosmologie. Ces deux sciences n'en font qu'une; il n'en est point que l'on dût enseigner avant elle : car, de toutes, c'est la plus simple, en même temps que la plus utile et la plus vaste. Pour toute formation et pour toute décomposition, il n'est besoin que d'espace, de temps, de matière et de mouvement : elle se réduit donc à ces quatre termes.

C'est cette science que je vais traiter, d'après un homme dont les travaux ont fait, il y a vingt ans, une grande sensation en Angleterre, aux États-Unis et dans les Indes. Je ne sache pas qu'aucun de nos savants lui ait payé le tribut qu'il me paraît mériter.

ESPACE et TEMPS. — En fait d'espace, nous ne connaissons que celui du système solaire, dont notre globe fait partie, et nous ne le connaissons qu'imparfaitement. En fait de temps, nous ne connaissons que quelques milliers d'années, et les histoires que nous en possédons renferment, sur l'origine de la terre et la création de l'homme, des absurdités si palpables qu'elles ne méritent pas réfutation. Mais, d'une part, des faits astronomiques et géologiques multipliés nous prouvent incontestablement que, dans le système solaire seul, de grandes révolutions se sont, les unes commencées, les autres accomplies, qui ne l'auraient pas pu sans un espace immense et des milliers de millions d'années; de l'autre, nous observons autour d'étoiles dont chacune est évidemment, comme le soleil, un centre, plusieurs systèmes dont les lois sont les mêmes que celles du sien. Nous pouvons donc raisonnablement en conclure non seulement qu'une même loi régit tout l'univers, mais encore que l'espace et le temps, dans lesquels s'accomplissent les révolutions que je viens de dire, sont tous deux éternels et infinis.

MATIÈRE et MOUVEMENT. — Il faut bien aussi que la

matière et le mouvement soient infinis et éternels, puisque l'une est l'objet, l'autre l'agent de ces révolutions. D'ailleurs, nous sentons tous qu'il y a un Etre-Suprême éternel. Pourquoi et comment eût-il existé un instant sans eux?

Mais ce n'est pas, comme pour l'espace et le temps, tout ce qu'il y a à en dire. La matière tombe sous nos sens : nous devons en trouver les éléments. Le mouvement est un effet : nous devons en trouver la cause.

Un grand fait va nous mettre sur la voie. Ce fait, c'est que toute matière est douée de trois existences : l'une gazeuse, la seconde fluide, la troisième solide.

L'eau en est un exemple : elle existe en vapeur, en eau, en glace. Ce n'est pas l'exemple le plus général possible, car aucune combinaison chimique n'y semble entrer, et dans la plupart des autres il en entre; mais c'est un exemple que tout le monde sait.

Or comment l'eau pourrait-elle s'épandre en vapeur, si ce n'était par une force de répulsion qui contraint toutes ses molécules de s'éloigner de leur centre, et les unes des autres? Comment la vapeur se condenser en eau, l'eau en glace, si ce n'était par une force d'attraction qui contraint les mêmes molécules de se rapprocher entre elles et de leur centre ? Ces deux forces, qui produisent l'une l'expansion, l'autre la concrétion, doivent être égales entre elles : car, si l'une avait plus d'action, l'autre n'existerait pas ; et elles sont toutes deux les attributs de la seule électricité. C'est donc l'électricité qui est le principe des transformations de la matière. En voulez-vous une preuve ?

Prenez un litre d'eau, mettez-le en communication avec deux vases clos, de la capacité de 2,000 litres, et exposez-le à l'influence d'une batterie galvanique : l'eau se décomposera en deux gaz qui rempliront les deux vases clos. Cela fait, réunissez les deux avec précaution, et faites passer par eux une étincelle électrique : un éclair, une explosion, auront lieu de suite, et les deux mille litres de gaz se reconvertiront en un litre d'eau. Voilà tous les effets que donnerait l'addition, par le feu, de 500 degrés de calorique aux 100 degrés d'un litre d'eau, puis la soustraction par l'air froid de ces 500 degrés ajoutés. Eh bien, cette électricité que son action par une pile ou par une étincelle nous révèle dans les effets du calorique et de l'air froid sur l'eau et la vapeur, il n'est point de solide qu'elle ne puisse convertir en gaz, point de gaz qu'elle ne puisse solidifier.

Depuis quatre ans on a, par le feu électrique,

volatilisé du charbon, du titane, fondu du silicium, du bore, du tungstène, du platine, avec une merveilleuse facilité.

MONDES. — Maintenant partons de ces axiomes :

1° Que l'expansion de la matière résulte d'une répulsion mutuelle entre ses atomes, et constitue une formation dont le dernier terme est un gaz;

2° Que la concrétion de la matière résulte d'une attraction mutuelle entre ses atomes, et constitue une décomposition dont le dernier terme est un solide;

3° Que l'expansion va du centre à une circonférence plus ou moins éloignée, et dans un temps plus ou moins long, suivant que l'intensité de l'action et la masse de la matière sont plus ou moins grandes;

4° Que la concrétion va de la circonférence au centre, dans un temps plus ou moins court, suivant que le mouvement imprimé est plus ou moins direct, l'action plus ou moins vive, la masse de la matière plus ou moins grande, la distance plus ou moins longue.

Nous trouverons que le mouvement perpétuel est impossible, soit par expansion vers une circonférence, soit par contraction vers un centre, parce qu'il y a nécessairement un point, quelles que soient les dimensions de la masse, où la force qui pousse du centre à la circonférence ou de la circonférence au centre s'épuise; mais que le mouvement perpétuel peut et doit exister pour des corps doués de la force d'attraction ou électricité négative, et situés entre un centre et un autre centre pris sur la circonférence du premier, lesdits centres doués tous deux de la force d'expansion ou électricité positive.

La ligne que voici va aider à me comprendre :

B—*a*—A—*a*—B

A représente ici un centre; BB, d'autres centres pris sur la circonférence du premier; *aa*, des corps placés entre le premier centre et les autres. Il est clair que ces corps ne pourront aller éternellement, ni dans la direction de A, ni dans celle d'aucun des B; mais que leur mouvement pourra et devra être éternel, s'ils vont alternativement dans l'une et dans l'autre direction.

Ainsi sont doués et se meuvent éternellement les mondes.

Dans le système de Newton, ils sont inertes et se meuvent dans le vide. Une force centripète, effet de l'attraction, les fait tendre vers le soleil, ainsi que les uns vers les autres. Puis une force centrifuge, effet d'une impulsion perpendiculaire à l'extrémité du rayon d'attraction du soleil, les force à fuir par la tangente et les retient ainsi à distance, sans arrêter leur course.

Mais si un corps inerte est en repos, il y reste ; s'il est en mouvement dans le vide, il se meut toujours, et toujours en droite ligne, puisqu'il n'a pas de force intérieure pour changer de direction.

Or le vide n'existe pas : il y a des obstacles au mouvement, et pourtant les mondes décrivent des courbes! Comment le pourraient-ils s'ils étaient inertes? Comment une *provision de forces*, *due à une force d'impulsion première*, balancerait-elle *une force naturelle continue et inépuisable?* Entre deux pouvoirs si inégaux, il faudrait qu'un troisième pouvoir, en dehors des mondes, fût venu constamment au secours du plus faible contre le plus fort, pour que tous ces mondes, jetés l'un sur l'autre par le plus fort des deux pouvoirs, ne se fussent pas mille fois brisés.

Un tel système ne soutient pas l'examen. Pour que le mouvement des mondes soit éternel, il n'est pas possible que son principe ne soit pas double, que ses deux forces ne soient pas égales, que les mondes ne les aient pas en eux. L'électricité seule possède ces deux forces, dans la dilatation et la condensation. Elle seule peut les partager entre les mondes. C'est donc elle qui meut tout, comme elle forme et décompose tout. C'est sous l'action alternative de ses deux forces exactement égales, l'une tendant au centre, l'autre à la circonférence, que les mondes sont maintenus dans la course qui leur est assignée, avec autant de précision et de sûreté que dans un étau. Si les deux forces agissaient à la fois, les mondes seraient immobiles. Ils se meuvent parce qu'elles agissent tour à tour. Une fusée volante peut nous donner une idée de ces mouvements : mettez-y le feu, la force, ici artificielle, d'expansion, la fait monter jusqu'au point où finit la force de concrétion de la terre, et là, ces deux forces, en équilibre, la maintiennent sans mouvement, jusqu'à ce que, la première s'épuisant, l'autre fasse retomber le tube vide. C'est ainsi que les mondes sont alternativement éloignés et rapprochés les uns des autres dans des limites où chacune des deux forces s'en empare à son tour. Seulement, la nature ne s'exposant jamais à l'impossible, chacune cesse de dominer avant le point extrême auquel elle serait épuisée. C'est ainsi que jamais le mouvement ne s'arrête; c'est une suite perpétuelle de circuits faits par les corps, et dont chacun a pour causes une expansion et une contraction consécutives.

Circuit. — Il est important, dans ce système nouveau, de se rendre bien compte des circuits dont le mouvement se compose. Bien que celui que fait un aérostat n'ait pas lieu en vertu d'une opération de la nature, il nous donne l'idée de ceux que la nature fait faire, et il en doit être ainsi, pour qu'elle soit bonne, de toute invention humaine : plus elle se rapproche des procédés de la nature, mieux elle vaut ; nous ne pouvons pas créer des forces, nous ne pouvons qu'étudier celles qui existent dans la nature, et en faire notre profit. Voyons donc tout ce qui se passe dans une expérience aérostatique complète. Elle va nous offrir deux *circuits* complets. J'en pourrais montrer autant dans tout autre corps ; je prends mon exemple au hasard.

1° Le ballon est chargé de gaz plus léger que l'atmosphère, au moyen de la combustion d'une certaine quantité de charbon, et il s'élève à une certaine hauteur en raison de cette légèreté. Voilà la première moitié d'un *circuit* parcourue en vertu d'une expansion de la matière, d'une conversion de solide en gaz.

2° En l'air, le ballon est poussé dans telle ou

telle direction. Le vent est l'effet de la chaleur opérant sur l'air entre les tropiques, comme le feu opère sur le charbon, le faisant monter en gaz jusqu'à une région plus froide, où il redevient lourd en se condensant, et d'où il redescend sur la terre, non pas en droite ligne, parce que d'autres colonnes, montant sous lui, lui font obstacle, mais en biais vers les pôles, pour y prendre la place de l'air qui est allé de son côté le remplacer entre les tropiques, quand la chaleur l'y a élevé. Voilà une impulsion extérieure produite par une expansion et une contraction des atomes contenus dans l'air.

3° Le ballon, arrivé au point d'où il veut descendre, opère sa descente, en laissant échapper le gaz qu'il renferme, et en redevenant ainsi, sous un volume moindre, plus lourd qu'un volume d'air égal, tandis qu'avec le gaz il était devenu, sous un volume plus grand, plus léger qu'un égal volume d'air. Il n'y a pas ici contraction naturelle de tous les éléments avec lesquels il s'est élevé ; mais si l'on avait trouvé moyen de reconvertir, sans danger, le gaz en charbon, ce serait par l'effet de cette contraction qu'il redescendrait sans rien supprimer de ce dont il se compose. Voilà la deuxième moitié de son circuit propre.

Son voyage entier se peut donc diviser en trois sections : l'une, effet de l'expansion, ou répulsion loin de la terre, et première moitié de *circuit;* l'autre, effet de l'expansion et de la contraction d'air qui causent le vent, c'est-à-dire d'un *circuit* étranger et complet ; la troisième, effet de la contraction, ou attraction vers la terre, et qui complète, avec la première, son *circuit* à lui.

Animaux. — La vie n'est dans les animaux qu'une suite d'expansions et de contractions du sang, comme le mouvement n'est dans la machine à vapeur qu'une suite de dilatations et de condensations de l'eau.

Dans la machine, le principe actif est le feu. Appliqué à la chaudière, il force l'eau qu'elle contient à s'épandre en vapeur. Celle-ci, pour se faire place, pousse un piston jusqu'à ce qu'elle rencontre un orifice par lequel elle s'échappe pour aller se condenser au froid de l'air et se rendre dans un réservoir, d'où une pompe alimentaire la ramène à la chaudière. C'est un mouvement perpétuel tant qu'il y a de l'eau, du feu, de l'air, et que les organes de la machine sont bons. Que l'eau, que l'air, que le feu manque, et, bonne ou mauvaise, elle s'arrête.

Dans la machine animale, le principe actif est

l'électricité. Ses conducteurs sont les nerfs, sa batterie le cerveau. Les poumons sont à la fois le foyer où s'entretient le calorique dégagé par l'électricité, et la chaudière dans laquelle le calorique contraint le sang à s'épandre. L'oxygène que nous aspirons est l'aliment du feu. Le carbone que nous exhalons est la fumée. Le cœur est, d'un côté, la pompe alimentaire qui fournit le sang aux poumons, après l'avoir reçu noir des veines, dans lesquelles l'estomac l'a envoyé ; de l'autre, le cylindre dans lequel le sang, devenu rouge, passe aux artères. La peau, avec ses pores et les extrémités, est le condenseur dont le froid balance la dilatation produite par le calorique des poumons. Nous avons une seule fonction de plus que la machine : la génération du sang par les aliments, tandis que la chaudière reçoit l'eau toute faite. C'est une circulation continuelle qui nous fait vivre, tant que nous avons du sang, de l'air, de l'électricité et des organes sains. Que le sang, l'air ou l'électricité nous manque, et, sains ou malsains, nous mourons.

Voulez-vous plus de force à une machine bien pourvue d'eau, mettez plus de charbon au feu. Voulez-vous plus de force à votre corps convenablement alimenté, aspirez plus d'air. L'air contient le combustible que brûle notre électricité.

Une expérience curieuse a démontré, il y a une quinzaine d'années, à Venise, qu'il est possible de faire ainsi des tours de force surprenants. De cinq hommes, le plus lourd se prêta à s'étendre, les épaules sur une chaise, les jambes sur une autre; quatre cherchèrent à l'enlever, deux par les épaules, deux par les jambes, et ne purent y parvenir. Ils recommencèrent, en respirant à pleins poumons tous ensemble, porteurs et porté, à un signal donné par un sixième, et, à la surprise de tous, l'homme à enlever se trouva ne peser pas plus qu'une plume. Ses quatre amis le soutinrent en l'air sur leurs index tant qu'ils purent tous les cinq retenir leur respiration. L'un était-il plus léger, ou les autres plus forts? Je n'assure rien, et ne garantis pas l'expérience; mais elle est si facile à répéter, qu'il y aurait faute à ne le point faire. Observez seulement de respirer bien ensemble. Si l'un des porteurs manque au signal, le poids est fort augmenté.

Galvani, de Bologne, est le premier qui, sur quelques convulsions provoquées dans les poumons d'une grenouille par le contact d'instruments de métal, ait conçu l'idée d'une électricité innée dans tous les animaux. L'appareil électrique soumis dans la torpille à la volonté de cet animal était déjà connu des philosophes. Mais cela n'empêcha pas Volta, aussi célèbre que Galvani par ses découvertes et par ses appareils, de nier l'électricité animale, et de soutenir que les convulsions et autres phénomènes observés provenaient de l'électricité générale mise en action par le contact mutuel de corps dissemblables, tels que métaux, charbons ou matières animales, rapprochés les uns des autres, ou unis à certains fluides. Une seule chose est incontestablement démontrée, l'action de l'électricité; mais encore aujourd'hui on n'est pas d'accord sur la question de savoir si l'électricité est innée dans l'animal et s'y développe par sa seule volonté, ou si elle est générale et lui doit être communiquée par des conducteurs extérieurs. Ce doute est naturel : le plus grand nombre des expériences faites depuis Galvani et Volta l'a été avec les éléments indiqués par celui-ci.

C'est ainsi qu'une batterie voltaïque mise en rapport, par deux baguettes, d'un côté avec le bas de l'épine, de l'autre avec le nerf sciatique, a causé des mouvements convulsifs, pareils à ceux d'un fort frisson;

Que la baguette en contact avec le nerf sciatique ayant été portée au talon a fait allonger la jambe avec une force irrésistible;

Que, du nerf phrénique du col au haut du diaphragme, l'appareil a provoqué autant de soulèvements et de resserrements dans les poumons qu'il a fait de décharges galvaniques ;

Que du talon au nerf du sourcil il a déterminé toutes les grimaces imaginables ;

Que de la moelle épinière au coude il a fait mouvoir les doigts comme pour jouer du violon, etc., etc. (1);

Qu'appliquée à la peau du dos d'un lapin, dans l'estomac duquel on a introduit du persil par une incision faite à son cou, après avoir coupé la huitième paire de nerfs, qui conduit à l'estomac, une plaque d'argent l'a fait, trente-six heures de suite, respirer et digérer le persil, tandis que, sans l'appareil voltaïque, il n'a ni digéré ni respiré.

Mais traitez un lapin de même, sans lui couper la huitième paire, il fera les mêmes fonctions sans avoir besoin d'appareil. Donc le fluide nerveux et l'électricité envoyée par l'appareil voltaïque sont identiques.

Rapprochez un membre d'animal à sang froid

(1) Dans toutes ces expériences, appliquez le pôle positif ou zinc aux nerfs, le pôle négatif ou cuivre aux muscles.

d'un membre d'animal à sang chaud, par exemple les nerfs et les muscles d'une grenouille de la chair sanglante du col d'un bœuf nouvellement tué, vous verrez de puissantes contractions musculaires. Mettez en contact mutuel certains nerfs et certains muscles d'un même animal, ou certains nerfs d'un animal avec certains muscles d'un autre, vous verrez des effets semblables. Donc l'animal a son électricité propre, ainsi que l'a pensé Galvani, et cette électricité n'a pas besoin, pour se développer, d'un agent extérieur.

Suivant Ritter, l'électricité du pôle positif augmente l'action vitale, et l'électricité du pôle négatif la diminue. L'une produit certains gonflements; l'autre les déprime. Tenu en contact quelques minutes avec le pôle positif, le pouls s'élève; en contact avec le négatif, il s'affaiblit. Le premier de ces phénomènes est accompagné d'une sensation de chaleur; le second d'une sensation de froid. A un œil électrisé au positif les objets paraissent plus grands, plus brillants et rouges; à l'œil électrisé négativement ils paraissent plus petits, moins distincts et bleuâtres. Or, le rouge et le bleuâtre sont les deux couleurs extrêmes du prisme.

On sait de sir Humphrey Davy comme quoi les deux électricités, alternativement appliquées à la langue, y développent alternativement le goût acide et le goût alcalin ou salé.

Enfin, Ritter assure encore qu'elles produisent sur l'ouïe, l'une, un son plein, l'autre, un son aigu; sur l'odorat, l'une, un sentiment d'acide oxymuriatique, l'autre, un sentiment d'ammoniac.

Il y a à tirer de toutes ces données un parti inappréciable contre les maux de nerfs. Il n'y en a pas moins à tirer, pour tous les secrets de la vie, d'une dernière expérience que je vais encore citer.

Un M. Cross, de Broomfield, voulait tenter, il y a une vingtaine d'années, une cristallisation par l'appareil voltaïque. Il avait, en conséquence, chauffé un caillou au blanc, l'avait plongé dans l'eau pour le réduire en poudre, et l'avait, après l'avoir ainsi réduit, saturé d'acide muriatique. Sa mixture était dans une jarre. Une pièce de flanelle, plongée dedans, avait un de ses bouts au dessus d'un entonnoir et la filtrait doucement, par l'attraction capillaire, dans cet entonnoir, d'où ladite mixture tombait en gouttes sur un morceau de minerai de fer du mont Vésuve, préalablement chauffé lui-même au blanc, pour qu'aucun germe vital ne s'y pût maintenir. Enfin, deux fils, partant chacun d'une extrémité de la batterie voltaïque de M. Cross, étaient placés sur ledit morceau de minerai, et il venait chaque jour voir le progrès de son expérience. Le quatorzième jour, il aperçut quelques petites taches blanches sur le minerai. Quatre jours après, ces taches s'étaient allongées, et avaient pris la forme ovale. Il crut que c'était des commencements de cristaux; mais grande fut sa surprise le vingt-deuxième jour: chacun de ces petits corps blancs avait projeté huit pattes. Il ne pouvait se décider à croire que ce fussent des êtres vivants. Son doute fut dissipé le vingt-sixième jour: il les vit se mouvoir, se nourrir; c'étaient des insectes parfaits; il y en avait 18 ou 20. Beaucoup de personnes les ont vus, et n'avaient jamais vu d'insectes pareils. C'étaient comme des mites, ayant huit pattes, quatre poils à la queue, et les côtés très velus. Leurs mouvements étaient visibles à l'œil nu, leur couleur grise, leur substance charnue. Ils paraissaient se nourrir des molécules caillouteuses du fluide, et, ce qui rendait la chose encore plus étrange, c'était la nature même du fluide: un acide qui détruit instantanément la vie.

M. Cross voulut savoir si ces insectes provenaient de l'acide ou du silex. Il réduisit, en conséquence, un autre caillou en gélatine, sans y ajouter d'acide, et y plongea un fil d'argent attaché par ses deux bouts aux deux poles de la batterie, de manière à apporter au fluide un courant électrique incessant. Trois semaines après, il alla voir ses pôles, et à l'un des deux bouts du fil il aperçut un de ces étranges insectes.

En voilà assez, je crois, pour démontrer que l'électricité est le principe non seulement du mouvement, mais de la vie animale. Ceux qui veulent absolument tirer d'ailleurs leur principe vital peuvent persister dans leur prétention, s'ils la trouvent plus satisfaisante. Je reste, moi, dans ma conviction qu'il n'y a pas moyen de perfectionner la condition physique et morale de l'homme tant que nous ne voudrons pas asseoir nos systèmes moraux sur les faits matériels et incontestables que nous découvrons dans la nature.

Végétaux. — Les végétaux, comme les animaux, sont des combinaisons de matière sous les trois formes spécifiques, solide, liquide et gazeuse. Les fluides ou sucs s'assimilent en eux aux solides, par des procédés invariables, comme dans les animaux. Seulement la circulation de ces sucs est extrêmement lente, comparée à celle du sang, dans les animaux à sang chaud, et elle ne s'opère pas de même.

Dans l'animal, le sang tourne toujours dans le même sens. Il passe toujours par la totalité des artères et des veines, et laisse à chaque tour sur son passage, pour alimenter l'action vitale, seulement quelques parties de lui-même, élaborées par l'air dans les poumons.

Dans le végétal, la masse des sucs entière est convertie, à chaque tour, toute en solide, de la manière que voici :

Introduite en eau par les racines, elle en part pour s'élever, par certains canaux, jusqu'au plus haut de la plante, en fait sortir des feuilles, et, une fois celles-ci développées, y est travaillée par l'air à travers leurs pores, pour en revenir, par d'autres canaux, en jus d'un autre aspect, alimenter la plante depuis ses extrémités supérieures jusqu'à la plus ténue de ses racines. Ses canaux ne sont pas non plus des tubes d'une seule venue, comme dans l'animal ; ce sont des groupes de petits vaisseaux, tenant l'un à l'autre.

Une longue série d'expériences a démontré que le mouvement des sucs est dû, comme celui du sang, à l'électricité. En voici quelques unes :

Un vase fermé, d'une surface métallique de 42 pouces, chargé d'électricité, en a été déchargé par la pointe d'un végétal en 4 minutes 6 secondes, et ne l'a été qu'en 11 minutes 18 secondes par une pointe métallique.

Un électroscope à feuilles d'or a été affecté à 6 pieds 3 pouces de distance par un autre vase de métal chargé, quand son bout de cuivre a été armé d'une branche de l'arbrisseau appelé genêt de boucher; et, armé de pointes métalliques, il ne l'a été qu'à 11 pieds 10 pouces.

Des électromètres armés de branches semblables donnent des signes d'électricité au passage de nuages qui n'affectent nullement d'autres électromètres armés de pointes de métal.

Présentez un brin d'herbe et une pointe métallique à un conducteur, la distance à laquelle ils resteront l'un et l'autre éclairés sera quatre-fois plus grande, si c'est en juin, pour le brin que pour la pointe, et ne le sera que deux fois si c'est en octobre (preuve que, dans le moment de la végétation, l'absorption électrique des plantes est deux fois plus grande que lorsque la végétation est finie).

Faites pour les végétaux une expérience bien simple et bien facile : Prenez de la graine de moutarde ou de cresson; laissez-la tremper quelques jours dans de l'acide oxymuriatique étendu d'eau. Semez-la en pot dans une terre bien légère. Couvrez le pot d'une plaque de métal. Puis, mettez cette plaque en contact avec le conducteur d'une machine électrique. Votre graine germera et poussera comme par magie, et vous aurez en peu de minutes une récolte à couper, une salade à mettre sur la table.

Les Japonais ne se bornent pas à électriser ainsi des graines dans des pots. Ils fertilisent des champs entiers de légumes, en y attirant, par d'ingénieux appareils, l'électricité atmosphérique.

Cette énergie conductrice des bouts de branches, cette relation entre les feuilles et les nuages électrisés, cette action double au printemps de ce qu'elle est à l'automne, et qui fait si vite germer des graines, pousser leurs produits, ne démontrent-elles pas jusqu'à l'évidence que l'électricité est le principe de vie des végétaux?

Après l'expérience de M. Cross, et le fait des petits animaux créés par sa batterie voltaïque, mes lecteurs ne doutent pas, j'espère, que l'électricité ne puisse créer aussi des végétaux. S'ils en doutaient, qu'ils aient la bonté de réfléchir à un fait tellement commun, qu'il échappe, par cela même, à notre attention, comme beaucoup d'autres de semblable nature : c'est que, pour faire naître des végétaux du dernier ordre, il ne faut que le concours de trois circonstances, de l'humidité, de l'air et des rayons du soleil. Partout où ces éléments sont mis en contact, il y a végétation. Or ce contact est un procédé galvanique. Il ne produit plus de grands végétaux, parce que l'humidité et l'atmosphère de la terre ont perdu une partie de leur chaleur primitive. Mais il les produit en rapport avec la chaleur actuelle. Aussi long-temps donc qu'il y aura sur la terre un animal, un végétal vivant, c'est à l'électricité que cet animal et ce végétal devront la vie.

Voici comment s'expliquent et son origine et ses effets.

C'est du soleil qu'émane, dans ses rayons, le fluide électrique à l'état simple. Comme l'air a la propriété de s'électriser par le contact, le fluide se répand dans l'air; là, une partie s'en neutralise, soit en se combinant avec l'eau ou l'oxygène, soit en s'absorbant dans la substance de notre globe. Ce qui n'est pas absorbé ou combiné reste flottant à l'état simple, y produit les effets électriques ou galvaniques que nous connaissons, et y resterait en bien plus grande quantité, surtout dans les régions hautes où se trouvent flottantes moins de matières avec lesquelles il puisse se combiner, sans les végétaux qui, par la pointe de leurs feuilles, l'attirent vers la terre et l'entretiennent d'oxygène, dégagé de l'acide carbonique de leur sève et de leur suc. L'organisation des végétaux, qui consiste en matière non conductrice et en troncs percés d'une infinité de tubes capillaires, offre un admirable passage à l'ascension de la sève vers les feuilles et à la descente vers la terre de l'électricité de l'atmosphère, attirée par les extrémités aiguës des feuilles; c'est ainsi introduite en eux que l'électricité y excite toutes les fonctions de la vie, et que sa surabondance, en s'échappant par les racines fibreuses des plantes, est à la fois ce qui les met à même d'absorber une humidité nouvelle, et ce qui maintient dans la terre la quantité de fluide électrique nécessaire à l'équilibre dont dépendent l'harmonie et la tranquillité de l'univers. Je le répète, l'air garderait trop d'électricité sans les plantes. De ce que leur action est moins forte à l'automne, où la végétation est finie, qu'au printemps, où elle est dans sa force, résulte l'absence d'orages au printemps, et leur fréquence à l'automne. Enfin, ce sont les courants d'électricité établis dans notre globe par toutes ces pointes de végétaux qui le font tourner constamment, ainsi que les autres planètes, en vertu de l'action reconnue de tout courant galvanique sur toute sphère placée de façon à le recevoir au bout et à angle droit de ses rayons.

Cette rotation perpétuelle, imprimée par le soleil à la terre et à son immense appareil conducteur, a pour objet de distribuer le principe de végétation au règne végétal en même temps que la lumière et la chaleur à toute la création.

MINÉRAUX. — Les minéraux n'ont point d'organes vitaux. Je n'ai donc rien à dire d'eux et de l'électricité sous ce rapport. Mais pour être habituellement inertes, ils n'en ont pas moins, par intervalles, de terribles moments d'énergie, et l'on peut, sans crainte d'être démenti par les faits, attribuer à l'électricité ces moments-là. Ce sont des courants électriques qui, en traversant les minéraux, doivent évidemment déterminer leur ignition, les tremblements de terre et les éruptions volcaniques.

AIR et EAU. — Dans les trois règnes que nous venons de parcourir ne se trouvent ni l'eau ni l'air : l'eau, qui constitue l'Océan, les mers, les lacs, les rivières, etc. ; l'air, qui, sous le nom d'atmosphère, enveloppe entièrement le globe terrestre. Voyons si leurs mouvements et leurs transformations ne sont pas dus aussi à l'action électrique.

Je prie le lecteur de se rappeler l'expérience du

litre d'eau changé en 2,000 litres de vapeur par le contact d'une pile; puis de ces mêmes 2,000 litres de vapeur reconvertis en un litre d'eau par une étincelle électrique. Cette expérience n'est-elle pas sur une petite échelle ce qui se passe en grand dans l'air? Ne réunit-elle pas en elle les matériaux et les effets d'un orage? Nous ne pensons pas à cela quand nous voyons briller l'éclair, quand nous entendons gronder le tonnerre, et quand, à la suite de ces éclairs et de ces détonations, des masses d'eau tombent sur nous. Les deux pouvoirs de répulsion et d'attraction que l'électricité seul possède et qui produisent successivement, sur le litre d'eau et les 2,000 litres de vapeur, expansion et contraction de matière, sont pourtant précisément ceux que la nature met alors en jeu sans nous. L'eau qui tombe en pluie n'a pas été tout entière dilatée jusqu'à l'état de gaz. Une grande partie en a monté dans l'atmosphère à l'état de vapeur seulement, y est resté quelque temps en suspension, et n'a eu besoin que d'un courant d'air froid pour se condenser en gouttes et redescendre. C'est un fait incontestable, un fait dont chaque brouillard, chaque goutte de pluie rend témoignage, que celui d'une immense quantité d'eau passant continuellement de l'Océan dans l'atmosphère, et retombant continuellement de l'atmosphère, partie sur l'Océan, partie sur la terre, où ce qu'en reçoivent les collines et les montagnes forme des ruisseaux, des torrents, puis des rivières et des fleuves qui retournent à l'Océan.

L'électricité gouverne donc les mouvements et les transformations de l'air et de l'eau comme ceux des animaux, des végétaux et des minéraux.

Système général. — Depuis long-temps l'étude de tout ce qui appartient à la terre a été singulièrement facilité par la division en trois règnes : animal, végétal et minéral. L'étude de ce qui existe dans la nature ne le sera pas moins désormais par la division en trois empires : gazeux, fluide et solide. Je n'ai fait jusqu'ici qu'indiquer comment la matière passe de chacun de ces empires aux deux autres. Il me reste à démontrer que toute matière est continuellement en train de préparer ou d'effectuer un de ces passages, de l'empire gazeux au fluide et de l'empire fluide au solide, ou de l'empire solide au fluide et de l'empire fluide au gazeux; passage dont la succession constitue la grande chaîne des causes et des effets, le grand circuit de l'univers physique, dont chaque circuit d'un de ses êtres n'est autre chose qu'un anneau.

Voyez, par exemple, combien de transformations subit la matière d'une chandelle. C'est un corps solide qui ne passerait à l'état gazeux que lentement, laissée à elle-même ; mais allumez-la, ce sera bientôt fait. De suite le solide commencera par se décomposer en fluide, dans une petite coupe qui se formera autour de la mèche. Du liquide, elle passera à l'état gazeux en deux gaz ou plus, qui, combinés avec l'oxygène de l'air, donneront immédiatement chaleur et lumière.

Au bout de quelques heures, quand la chandelle est consumée, y a-t-il une seule de ses molécules qui soit perdue? Non, le tout se retrouve dans l'empire gazeux. L'hydrogène et le carbone qui étaient en elle ont continué, tout le temps qu'elle a brûlé, à se combiner avec l'oxygène. La partie d'oxygène unie à l'hydrogène a formé une vapeur, et la partie unie au carbone, un gaz acide carbonique ; gaz et vapeur se sont mêlés à l'atmosphère. Quelque temps encore, et la vapeur condensée en eau par le froid, à une certaine distance de la terre, retombe sur la terre, sous forme de pluie, tandis que le gaz acide carbonique, à cause de sa pesanteur spécifique, est resté flottant près du sol. Continuons. L'eau et l'acide carbonique sont la substance des végétaux ; l'herbe s'en empare, vit et grandit ; des moutons ou d'autres herbivores se nourrissent, vivent et grandissent de l'herbe à leur tour. Engraissés, ils sont tués, nous les mangeons, et refaisons de leur graisse de la chandelle. Voilà un circuit complet d'expansion et de contraction, circuit qui peut recommencer toujours.

Autre exemple : prenez un morceau de houille, qui, dans la condition où nous la trouvons, peut être considérée comme un minéral, quoiqu'il suffise d'une inspection légère pour reconnaître qu'elle a existé à la surface de la terre sous une forme végétale. Jetez ce morceau dans le feu, il se convertira à l'instant en acide carbonique, en vapeur, en d'autres gaz encore, et tout cela, obtenu de la décomposition d'un lit de charbon, ira alimenter une forêt qui, à son tour, pourra devenir un lit de houille.

Dans la chandelle, nous avons circulé de l'état animal au végétal, et réciproquement; dans le charbon, nous avons passé du minéral au végétal, et nous sommes revenus au minéral; et ce sont des expansions et des contractions successives qui, dans ces deux cas, nous ont conduits. Eh bien, il n'y a point de vide dans l'univers, il est plein de matière divisée presque à l'infini (1);

(1) Un pouce cube de matière solide, décomposé jusqu'à ses der-

et toute cette matière est l'objet de transformations perpétuelles comme celle que je viens de citer. Si l'homme pouvait suivre les expansions et contractions de la matière sous toutes ses formes et dans toutes ses conditions, les secrets de la nature lui seraient tous révélés.

Soleil, Comètes, Planètes. — Le soleil est un centre de force d'expansion qui tient jusqu'à une certaine distance de lui, dans tous les sens, la matière à l'état de gaz.

Les comètes sont des agrégats de molécules de ce gaz, formés à diverses doses, et conséquemment à diverses distances du soleil, de la même manière que la vapeur est condensée en eau loin de la terre par la force d'attraction mutuelle de ces molécules, et par le mouvement de rotation que leur imprime en sens inverse d'elle-même la rotation du soleil. Ces agrégats ne sont encore qu'à l'état de pâte molle, tendant à se solidifier.

Leur queue est leur portion la moins condensée; portion qui, par cet état où elle est encore, tend à les tirer loin du soleil, comme le ballon d'un aérostat tire loin de la terre sa nacelle, et qui di-

nières limites, est capable, Newton l'a dit, de s'épandre en assez de gaz pour remplir le système solaire tout entier, et, réciproquement, le gaz du système entier peut se réduire de façon à tenir dans un pouce cube.

minue de longueur à chaque révolution, en même temps que le noyau, en se condensant davantage, parcourt un plus grand espace.

Les planètes sont des agrégats de même nature, non plus gazeux et fluides, mais en partie fluides, en partie solides, capables de végétation, parvenus à un orbite elliptique en rapport avec leur densité, et conservant jusqu'à une certaine distance sur les gaz qui les entourent la force d'attraction qui les a formés.

Toute la matière du système solaire va se contractant et se solidifiant graduellement ainsi, et si ce procédé de contraction se continuait quelques siècles, sans que la force d'expansion qui la balance travaillât dans le sens contraire, il est évident que l'empire gazeux finirait par être absorbé tout entier dans l'empire solide. Quand la nature entière en serait arrivée là, elle serait obligée de s'arrêter; il n'y aurait plus de mouvement : car tout mouvement mécanique, c'est-à-dire de matière à l'état solide, n'est qu'un effet d'expansions et de condensations alternatives, qui sont elles-mêmes des effets d'un éternel combat entre l'attraction et la répulsion.

Mais le mouvement est impérissable comme la matière. Les principes qui la régularisent sont des propriétés essentielles de la nature, propriétés qui ne peuvent pas plus être séparées de la matière que la sensation ne peut l'être de l'animal vivant. Les deux pouvoirs opposés sont toujours en action. A mesure que la matière quitte l'empire gazeux pour se convertir en solide dans les comètes et planètes du système solaire, une quantité équivalente de matière solide est rendue au gazeux par l'action du soleil lui-même, et l'équilibre se maintient et se maintiendra probablement toujours, les mondes se formant et se décomposant alternativement, mais le système solaire restant le même.

Déluges, Fin de la terre. —J'ai déjà dit que, par l'action du soleil sur l'Océan, une partie de l'eau, transformée en gaz, s'élève dans l'atmosphère, est portée par le vent aux régions les plus froides de l'atmosphère, s'y condense en gouttes de pluie, et, par la loi de contraction, est forcée de revenir à la terre. Celles de ces gouttes qui tombent sur les hauteurs forment, en grande partie, des ruisseaux. Ceux-ci descendent, se joignent à des rivières, et ces dernières, à leur tour, vont se jeter dans la mer. Pour cette portion de l'eau vaporisée, le circuit est complet. Elle rentre directement dans le lit d'où elle est partie. Mais une autre portion s'en introduit dans la terre, la pénètre, y alimente des vé gétaux, et ceux-ci nourrissent des animaux dont les excréments et les débris forment avec le temps, comme le détritus des végétaux, de la terre qui se change elle-même plus tard en rocs et en toute sorte de minéraux.

Or, les végétaux et les animaux sont des composés, à diverses doses, d'oxygène, d'hydrogène, d'azote et de carbone, c'est-à-dire des mêmes gaz, à d'autres doses, que l'eau (oxygène et hydrogène), et que l'air (oxygène, hydrogène, azote et acide carbonique, ou combinaison d'oxygène et de carbone). L'empire solide gagne donc lentement sur le fluide et le gazeux; et toute la matière contenue dans l'Océan et dans l'atmosphère est capable de passer dans le règne minéral. Si l'on concevait là dessus quelque doute, les preuves ne manqueraient pas pour les dissiper. Donnons-en une.

Un lit de houille, enseveli dans la terre à des milliers de pieds de profondeur, ne consiste-t-il pas presque entièrement en matière végétale, serrée et minéralisée? Est-il possible de supposer que cette matière se soit formée dans les entrailles de la terre? Ne doit-elle pas avoir poussé à sa surface ou à celle d'un de ses satellites, exposée au soleil et à l'air? Ses racines ne doivent-elles pas s'être abreuvées d'humidité, et cette humidité avoir été entretenue par la pluie tombée de l'atmosphère, et la pluie de l'atmosphère s'être formée comme aujourd'hui de la vaporisation de l'Océan? Ce sont des bouleversements qui ont enterré ces végétaux, ce sont des siècles qui les ont minéralisés, et il en est de même de presque tout ce qui se trouve en fait de minéraux et de pierres, soit dans la terre, soit à sa surface. Des débris d'animaux et de plantes qui ont vécu sous l'influence du soleil, de l'air et de la pluie, s'y reconnaissent en foule, soit par l'analyse, soit même par la seule inspection.

Maintenant, tirez attentivement les conséquences de ces lentes opérations de la nature, vous trouverez que, l'Océan perdant chaque année, par l'évaporation, un peu plus que ne lui rendent les pluies, puisqu'une partie de l'eau convertie en végétaux devient terre et minéraux par les détritus des végétaux, la terre, qui a en lui, tant qu'il dure, un aliment à fournir à la force d'expansion du soleil, doit finir, quand cet aliment sera épuisé, par être calcinée, fondue, volatilisée elle-même.

Subira-t-elle avant cette fin quelque catastrophe semblable au déluge qui l'a inondée il y a cinq mille ans? On va en juger.

Ce n'est pas seulement une fois que la terre a été bouleversée. Son intérieur présente, dans les jointures apparentes de quatre couches en partie superposées, en partie mêlées les unes aux autres, et qui seraient régulièrement horizontales si elles s'étaient tranquillement agglomérées, les vestiges évidents de quatre catastrophes différentes.

Le terrain de première formation consiste dans des rocs durs et de la nature de l'ardoise, qui se distinguent, par leur contexture cristalline et l'absence de tous autres cailloux, de tous débris fossiles, soit d'animaux, soit de végétaux. C'est la croûte du noyau qui a été d'abord la terre.

Un second terrain, composé de craie, d'argile, de chaux, de marne rouge, de houille, de sable rouge, etc., etc., contient des coquilles, des plantes fossiles marines, des débris d'animaux qu'on ne connaît plus, entre autres d'amphibies gigantesques, ressemblant à des crocodiles, et qui ne devaient pas avoir moins de 36 pieds de long.

Le troisième se compose, comme le second, de couches de différentes natures, beaucoup moins unies et étendues que celles du second. Les animaux et végétaux dont il offre les débris sont terrestres ou d'eau douce et d'espèces qui existent encore.

Enfin, il y a une quatrième sorte de terrain, dont les parties affectent la forme cristalline, sont divisées par fragments ou rognons, et non par couches uniformes, ne contiennent aucun débris de végétaux et d'animaux, et sont capables, presque toutes, de recevoir un brillant poli. Or, cette variété de couches, cette houille ensevelie si profondément dans la terre, tandis que son inspection prouve qu'elle est composée de végétaux qui ont eu besoin d'air et d'eau, par conséquent de vivre à la surface du sol; cet état irrégulier du terrain secondaire, du tertiaire, du quatrième surtout, mêlés tous trois de tant de façons avec la matière du premier, sont des preuves évidentes, d'abord, que trois fois avant le déluge dont la mémoire est parvenue jusqu'à nous, le globe primitif a été couvert de matières étrangères à sa formation primitive, et l'a été violemment, puisque, de ces superpositions, aucune n'est régulière et horizontale, c'est-à-dire parallèle à sa surface, comme les couches de matière de son noyau; ensuite, que celles-ci ont été en fusion, circonstance sans laquelle les autres ne les auraient point pénétrées; enfin, que le système newtonien de force centrifuge est complétement faux : car, s'il était vrai, aucun corps du système solaire n'aurait jamais pu venir choquer la terre, y déterminer des inondations générales, et se joindre à elle en morceaux, tandis que nous savons positivement par les éclipses, dont nous avons connaissance jusqu'à 2700 ans en arrière, que la lune s'approche de nous, d'où nous devons conclure qu'elle avait commencé de s'approcher avant cette époque, et que ce sont quatre autres satellites qui, par une loi semblable à la sienne, se seront approchés de la terre pendant des siècles, et se seront successivement brisés contre elle. On objecte que les matières de la seconde, de la troisième et de la quatrième formation, ne font pas en tout la grosseur de quatre satellites comme la lune. Mais rien ne nous prouve que ces satellites fussent pleins, ils peuvent avoir été creux. Creuse, la lune ne formerait pas, si elle tombait dans l'Océan, une île plus grande que l'Australie ou la Nouvelle-Hollande; pleine, elle ne remplirait pas tout le lit de l'Océan. Qu'elle soit solide ou creuse, il est certain, par son mouvement constant vers la terre, qu'il n'y a pas dans le soleil une force pour la retenir. Elle doit donc, à une époque calculable, se précipiter sur la terre. Celle-ci se couvrira alors de la matière qui la compose; un déluge général aura lieu; végétaux et animaux, tout périra; ce sera une catastrophe semblable à celle que notre planète a déjà subie quatre fois, et un démenti de plus aux forces centrifuge et centripète.

Résumé. — L'électricité seule, avec son action

positive et son action négative, peut aussi bien tenir les mondes à distance fixe les uns des autres, en leur distribuant également l'attraction et l'expansion, que les approcher et les éloigner en les leur distribuant inégalement.

C'est elle qui, par cette double propriété, a produit les mondes et peut en produire de nouveaux; qui détermine les évolutions de la lumière et du feu, la vie et la mort des végétaux, des animaux, la formation, le mouvement de tous les corps, leur conflagration et leur décomposition, soit par la fusion, soit par la volatilisation; qui, en un mot, anime et conduit tout l'univers sous les ordres de Dieu, comme tous nos membres sous les ordres de notre volonté. Ces derniers ordres, c'est notre cerveau qui les transmet, soit en lançant l'électricité jusqu'à nos extrémités, soit en la retirant avec la même célérité. Que dis-je? Sous le nom de magnétisme, nous pouvons apprendre à la lancer hors de nous.

Les personnes magnétisées pour la première fois déclarent sentir quelque chose de semblable à l'effet produit par des étincelles électriques. D'autres, parvenues à l'état de somnambules lucides, disent voir sortir des doigts, de la bouche, des yeux de leurs magnétiseurs, comme des aigrettes lumineuses, ou se voir graduellement envahir elles-mêmes par un fluide blanc ou rouge de feu et brillant si le magnétiseur est bien portant, bleu et moins brillant si le magnétiseur souffre. Il y a plus, une de ces somnambules, assistant à une agonie, a vu, dit M. Chardel dans sa *Psychologie physiologique*, se dégager des plexus solaire et cardiaque, monter de là au cerveau, puis du cerveau dans l'air, au moment de la mort, une sorte de flamme légère, apparemment l'âme du mourant unie à son intelligence. Or, tous les métaux dégagent de même aux yeux des somnambules des vapeurs plus ou moins claires, plus ou moins brillantes, et ces vapeurs des minéraux sont de l'électricité. C'est donc de l'électricité que ce fluide, qui non seulement circule dans l'homme, en émane et lui forme une atmosphère, mais par qui il soumet, sans savoir qu'il le lui doit, soit ses semblables, soit les autres animaux, et pourrait, s'il en savait user, hâter, arrêter à son gré leur développement et celui des végétaux (1). L'atmosphérique qui s'observe dans l'air, la voltaïque qui s'obtient de l'action des corps aci-

(1) A Saint-Quentin, un médecin nommé Picard a singulièrement accéléré, en les magnétisant, la végétation de quelques arbustes. A Caen, le magnétiseur Lafontaine, en magnétisant un géranium malade, non seulement l'a guéri, mais l'a fait bientôt dépasser tous ceux qui se portaient bien.

des ou salés sur des surfaces métalliques, et celle résultant des frottements comme dans les machines électriques, sont de même nature et produisent les mêmes effets. Nous sommes donc désormais en mesure de tout étudier et de presque tout découvrir, soit hors de nous, soit en nous.

M. de Reichembach, celèbre physicien allemand, donne un nouveau nom tiré du sanscrit, OD, d'où serait venu ODIN, à l'électricité produisant les effets décrits par Ritter et Humphrey Davy, et d'autres effets aperçus devant lui par des personnes maladives, ou d'une finesse d'organes tout à fait extraordinaire, les uns dans une obscurité complète, les autres en exposant la moitié seulement d'un corps à l'action du soleil. Tous les hommes, dit-il, apparaissent, dans l'obscurité, à ces personnes, comme des fantômes bleus ou luisants qui prennent peu à peu leur forme, mais en conservant autour de la tête une auréole radieuse. Leurs mains, qui commencent par représenter une fumée grise, deviennent transparentes comme devant une bougie allumée, et lancent par le bout des doigts, la droite une lueur bleuâtre, la gauche une lueur jaune rouge. — Ces lueurs sont de l'OD, positif et négatif comme l'électrité. Le positif occupe tout le côté droit du corps, le négatif tout le côté gauche.

Les animaux et les plantes placés dans la même condition apparaissent également à ces malades comme autant de nuages qui deviennent d'abord des points clairs, puis prennent leur forme incandescente; et le soleil produit, au moyen de cet OD, dans un fil de cuivre dont on lui présente un bout, de la lumière qui se prolonge d'un doigt au delà du bout resté dans l'ombre; dans un prisme placé entre lui et une muraille, de la fraîcheur quand le reflet est bleu ou violet, une tiédeur désagréable quand ce reflet est jaune ou rouge; dans un verre d'eau recevant le reflet bleu, un bon goût; dans le même verre placé au reflet jaune, de l'amertume, etc., etc.

Et l'on ne peut appeler cela, continue M. de Reichembach, ni électricité, attendu que l'électromètre n'en est pas affecté; ni lumière, attendu que la lumière ne produit pas de fraîcheur; ni calorique, attendu que le prisme n'est que tiède quand son reflet est bleu; ni magnétisme, attendu que le cristal est, dans ces expériences, supérieur à l'aimant.

L'électricité renferme en elle lumière et calorique, et elle prend le nom de magnétisme quand elle a passé par un corps. Les effets que je viens de reproduire n'étant ressentis que par certaines personnes dans un état exceptionnel, il ne semble pas démontré qu'il soit nécessaire de changer à propos d'eux en OD ce nom de magnétisme donné jusqu'à présent à la cause de phénomènes qui leur ressemblent et qui se produisent pour tout le monde.

En 1824, Delobel, repoussant comme Mackintosh le système de Newton, avait attribué le double mouvement de rotation et de translation des corps célestes à d'autres causes que la double action de l'électricité.

Suivant lui, deux matières, l'une lumineuse et active, qui compose le soleil et les étoiles fixes, l'autre opaque et passive, qui compose les planètes, leurs satellites et les comètes, existent de toute éternité, et sont douées toutes deux d'une force d'attraction agissant en raison directe des masses, en raison inverse des volumes et des distances. C'est cette force qui a fait les divers corps de l'univers, en rassemblant des masses de molécules de chacune d'elles sur des points de l'espace d'où elles pussent agir les unes sur les autres et se modifier incessamment à leurs dépens respectifs, de façon à ne se point permettre de prendre la forme sphérique, qui les eût mises en équilibre et amenées à l'immobilité. Ainsi maintenus irréguliers, tous ces corps se présentent successivement de plus grands et de plus petits diamètres, se rapprochent quand ce sont les plus grands qu'ils présentent, se reculent, rappelés par le vide, quand ce sont les plus petits, et recommencent continuellement ce va-et-vient, en cherchant sans l'atteindre leur équilibre, plus ou moins mobiles et plus ou moins rapides dans cette mobilité, suivant que leurs figures sont plus ou moins irrégulières.

L'attraction, le vide et l'irrégularité des corps sont, comme on voit, dans ce système, les trois causes de mouvement. Tout corps vivant est un corps mixte où la matière lumineuse anime la matière opaque. Tout corps inerte est un corps simple où manque la matière lumineuse.

EXTRAIT D'UNE LEÇON DE M. DUMAS

— 1841 —

Les plantes, les animaux, l'homme, renferment de la matière. D'où vient-elle? Que fait-elle dans leurs tissus et dans les liquides qui les baignent? Où va-t-elle quand la mort brise les liens par lesquels ses diverses parties étaient si étroitement unies?

Tous ces phénomènes de la vie, si compliqués en apparence, se rattachent, en ce qu'ils ont d'essentiel, à une formule générale si simple, qu'en quelques mots on a pour ainsi dire tout énoncé, tout rappelé, tout prévu.

Il est constaté, en effet, par une foule de résultats, que les animaux constituent au point de vue chimique de véritables appareils de combustion, au moyen desquels du carbone, brûlé sans cesse, retourne à l'atmosphère sous forme d'acide carbonique; dans lesquels de l'hydrogène, brûlé sans cesse, de son côté, engendre continuellement de l'eau; d'où enfin s'exhale sans cesse de l'azote libre par la respiration, de l'azote à l'état d'oxyde d'ammonium par les urines.

Il est constaté d'autre part que les plantes, dans leur vie normale, décomposent l'acide carbonique pour en fixer le carbone et en dégager l'oxygène; qu'elles décomposent l'eau pour s'emparer de son hydrogène et pour en dégager aussi l'oxygène; qu'enfin elles empruntent tantôt directement de l'azote à l'air, tantôt indirectement de l'azote à l'oxyde d'ammonium, ou à l'acide nitrique, fonctionnant de tout point ainsi d'une manière inverse de celle qui appartient aux animaux.

Ce que les uns donnent à l'air, les autres le reprennent à l'air, de sorte qu'à prendre ces faits au point de vue le plus élevé de la physique du globe, il faudrait dire qu'en ce qui touche leurs éléments vraiment organiques, les plantes, les animaux dérivent de l'air, ne sont que de l'air condensé (1), et que, pour se faire une idée juste et vraie de la constitution de l'atmosphère aux époques qui ont précédé la naissance des premiers êtres organisés à la surface du globe, il faudrait rendre à l'air, par le calcul, l'acide carbonique et l'azote dont les plantes et les animaux se sont approprié les éléments.

Les plantes et les animaux viennent donc de l'air

(1) Thalès l'a dit il y a 3,000 ans.

et y retournent donc; ce sont de véritables dépendances de l'atmosphère. Les plantes reprennent sans cesse à l'air ce que les animaux lui fournissent, c'est-à-dire du charbon, de l'hydrogène et de l'azote, ou plutôt de l'acide carbonique, de l'eau et de l'ammoniaque.

Reste à voir maintenant comment à leur tour les animaux se procurent ces éléments qu'ils restituent à l'atmosphère, et l'on ne peut voir sans admiration pour la simplicité sublime de toutes ces lois de la nature, que les animaux empruntent toujours ces éléments aux plantes elles-mêmes.

Il est reconnu, en effet, par des résultats de toute évidence, que les animaux ne créent pas de véritables matières organiques, mais qu'ils les détruisent; que les plantes, au contraire, créent habituellement ces mêmes matières, et qu'elles n'en détruisent que peu, et pour des conditions particulières et déterminées.

Ainsi, c'est dans le règne végétal que réside le grand laboratoire de la vie organique; c'est là que les matières végétales et animales se forment, et elles s'y forment aux dépens de l'air.

Des végétaux, ces matières passent toutes formées dans les animaux herbivores, qui en détruisent une partie, et qui accumulent le reste dans leurs tissus.

Des animaux herbivores, elles passent toutes formées dans les animaux carnivores, qui en détruisent ou en conservent selon leurs besoins.

Enfin, pendant la vie de ces animaux ou après leur mort, ces matières organiques, à mesure qu'elles se détruisent, retournent à l'atmosphère, d'où elles proviennent.

Ainsi se forme ce cercle mystérieux de la vie organique à la surface du globe. L'air contient ou engendre des produits oxydés, acide carbonique, eau, acide azotique, oxyde d'ammonium. Les plantes, véritables appareils réducteurs, s'emparent de leurs radicaux, carbone, hydrogène, azote, ammonium. Avec ces radicaux elles façonnent toutes les matières organiques ou organisables, qu'elles cèdent aux animaux. Ceux-ci, à leur tour, véritables appareils de combustion, reproduisent à leur aide l'acide carbonique, l'eau, l'oxyde d'ammonium et l'acide azotique, qui retournent à l'air pour reproduire de nouveau et dans l'immensité des siècles les mêmes phénomènes.

Et comme si dans ces grands phénomènes tout devait se rattacher aux causes qui en paraissent le moins proches, il faut remarquer encore comment l'oxyde d'ammonium, l'acide azotique, auxquels les plantes empruntent une partie de leur azote, dérivent eux-mêmes presque toujours de l'action des grandes étincelles électriques qui éclatent dans les nuées orageuses, et qui, sillonnant l'air sur une grande étendue, y produisent l'azotate d'ammoniaque que l'analyse y décèle.

Ainsi, des bouches de ces volcans dont les convulsions agitent si souvent la croûte du globe s'échappe sans cesse la principale nourriture des plantes, l'acide carbonique; de l'atmosphère enflammée par des éclairs et du sein même de la tempête descend sur la terre cette autre nourriture non moins indispensable des plantes, celle d'où vient presque tout leur azote, le nitrate d'ammoniaque que renferment les pluies d'orage.

Mais à peine l'acide carbonique et l'azotate d'ammoniaque sont-ils formés qu'une force plus calme, quoique non moins énergique, vient les mettre en jeu : c'est la lumière. Par elle l'acide carbonique cède son carbone, l'eau son hydrogène, l'azotate d'ammoniaque son azote. Ces éléments s'associent, les matières organisées se forment et la terre revêt son riche tapis de verdure.

C'est donc en absorbant sans cesse une véritable

force, la lumière et la chaleur émanées du soleil, que les plantes fonctionnent et qu'elles produisent cette immense quantité de matière organisée ou organique, pâture destinée à la consommation du règne animal.

Et si nous ajoutons que les animaux produisent de leur côté de la chaleur et de la force en consommant ce que le règne végétal a produit et a lentement accumulé, ne semble-t-il pas que la fin dernière de tous ces phénomènes, que leur formule la plus générale se révèle à nos yeux ?

L'atmosphère nous apparaît comme renfermant les matières premières de toute l'organisation; les volcans et les orages comme les laboratoires où se sont façonnés d'abord l'acide carbonique et l'azotate d'ammoniaque dont la vie avait besoin pour se manifester ou se multiplier.

A leur aide, la lumière vient développer le règne végétal, producteur immense de matière organique; les plantes absorbent la force chimique qui leur vient du soleil pour décomposer l'acide carbonique, l'eau et l'azote d'amoniaque, comme si les plantes réalisaient un appareil réductif supérieur à tous ceux que nous connaissons, car aucun d'eux ne décomposerait l'acide carbonique à froid.

Viennent ensuite les animaux consommateurs de matière et producteurs de chaleur et de force, véritables appareils de combustion. C'est en eux que la matière organisée revêt sa plus haute expression sans doute; mais ce n'est pas sans en souffrir qu'elle devient l'instrument du sentiment et de la pensée; sous cette influence, la matière organisée se brûle, et, en produisant cette chaleur, cette électricité, qui font notre force et qui en mesurent le pouvoir, ces matières organisées ou organiques s'anéantissent pour retourner à l'atmosphère, d'où elles sortent.

L'atmosphère constitue donc le chaînon mystérieux qui lie le règne végétal au règne animal.

Les végétaux absorbent de la chaleur et accumulent donc de la matière qu'ils savent organiser; les animaux, par lesquels cette matière organisée ne fait que passer, la brûlent ou la consomment pour produire à son aide la chaleur et les diverses forces que leurs mouvements mettent à profit;

Comme si, empruntant aux sciences modernes une image assez grande pour supporter la comparaison avec ces grands phénomènes, nous assimilions la végétation actuelle, véritable magasin où s'alimente la vie animale, à cet autre magasin de charbon que constituent les anciens dépôts de houille, et qui, brûlé par le génie de Papin et de Watt, vient produire aussi de l'acide carbonique, de l'eau, de la chaleur, du mouvement, on dirait presque de la vie et de l'intelligence;

Comme si nous disions que le règne végétal constitue un immense dépôt de combustible destiné à être consommé par le règne animal, et où ce dernier trouve la source de la chaleur et des forces locomotives qu'il met à profit.

Ainsi, un lien commun entre les deux règnes, l'atmosphère; quatre éléments dans les plantes et dans les animaux, le carbone, l'hydrogène, l'azote et l'oxygène; un très petit nombre de formes sous lesquelles les végétaux les accumulent, sous lesquelles les animaux les consomment; quelques lois très simples que leur enchaînement simplifie encore.

CRÉATION D'APRÈS L'ANTIQUITÉ.

Figurons par un point Dieu à l'état d'unité.

Le premier mouvement qu'il a fait a produit une ligne, le second une autre ligne, laquelle a fait avec la première un angle.

L'Espace a donc commencé par un angle.

Une ligne qui s'écarte incessamment d'une autre par un de ses bouts seulement décrit à son extrémité, si elle en a une, une courbe qui devient un demi-cercle, quand, devenue elle-même un prolongement de la première ligne, elle forme avec elle un diamètre, et un cercle entier lorsque, continuant sa courbe, elle vient s'appliquer sur l'autre. Le temps qu'il a fallu pour cette formation est, puisque, si le mouvement continuait, il ne ferait que se répéter, une unité de mesure pour le temps.

Supposons que Dieu ait produit une infinité d'êtres se mouvant ainsi plus ou moins jusqu'à une certaine distance, voilà l'*espace* et le *temps* occupés et formant ensemble une sphère dans laquelle se coupent et se croisent une multitude d'autres sphères, toutes de différentes grandeurs. Telle est la figure de l'univers.

Maintenant, pour nous rendre compte de l'harmonie possible dans l'univers, supposons que chaque ligne est une corde sonore d'une certaine longueur. Pincée tout entière, elle rend un son d'*ut*. Voilà le ton fondamental.

Un chevalet placé sur son point milieu, le son qu'elle rendra, si elle est pincée de nouveau, sera un autre *ut* plus haut de 8 degrés. Voilà l'octave.

Poussez le chevalet jusqu'à ses deux tiers, vous aurez un *sol*, quinte d'*ut*, et la proportion de 2 à 3 avec *ut*.

Poussez le chevalet aux trois quarts et pincez encore, vous aurez la quarte et la proportion de 3 à 4 avec *ut*.

Placez le chevalet de manière à ne retrancher de la corde que la différence des deux tiers à ses trois quarts. Le son du long bout de corde devient *ré*, qui est à *ut* comme 8 à 9, et celui du petit bout est un *ré* plus haut de 8 degrés.

L'intervalle entier d'un *ut* à son octave peut donc se diviser, sur une corde, en trois longueurs égales entre elles, d'*ut* à *ré*, de *fa* à *sol*, et de *sol* à *la*; plus deux longueurs aussi égales entre elles, de *ré* à *mi* et de *la* à *si*; plus deux autres, de *mi* à *fa* et de *si* à *ut*; en tout, sept.

Les trois grandes longueurs fournissent ainsi

trois tons majeurs; les deux suivantes, deux tons mineurs; les deux dernières, deux majeurs. On appelle diatoniques tous ces tons, à chacun desquels il faut une des longueurs ci-dessus indiquées pour se produire; chromatiques ceux, au nombre de cinq, à qui il ne faut pour se produire qu'une moitié de longueur, et qui sont distingués des autres par le nom de bémol ajouté au nom de la note dont ils n'atteignent pas la division, ou par celui de dièse ajouté au nom de celle qu'ils ont dépassée, par exemple *ut dièse* ou *ré bémol*.

Eh bien, chaque chose, comme les astres dans l'espace et les êtres ou familles d'êtres sur la terre, exprime ou vaut une octave, une quinte, un ton, un demi-ton, un dièse, un double dièse ou un quart de ton. Chaque être, chaque âme d'être a sa note distincte à produire, et par conséquent sa place hiérarchique d'exécutant dans le grand concert cosmique. Il en doit d'autant plus être ainsi que les couleurs franches du prisme sont, comme les notes diatoniques, au nombre de sept; les couleurs intermédiaires, comme les notes chromatiques, au nombre de cinq.

Un architecte de nos jours, M. Ramée, a reproduit cette théorie avec une remarquable lucidité dans une Théo-

LOGIE COSMOGONIQUE, toute pleine de savantes recherches.

La philosophie de l'antiquité avait pénétré bien d'autres secrets. Hermès enseignait en Égypte, 1500 ans avant J.-C., comment l'esprit universel, source intarissable de lumière et de feu, s'élance sans interruption du centre de l'univers, traverse toutes les sphères célestes et flue continuellement vers la terre, en se condensant par degrés, de même que par l'action du feu central de la terre, il s'échappe de celle-ci de continuelles émanations, qui s'élèvent vers la voûte des cieux pour s'y dégager de leurs impuretés.

Cette éternelle rotation, qui est peinte dans la Genèse sous l'emblème de l'échelle mystérieuse de Jacob, était représentée bien avant la Genèse par une chaîne de cette forme, liant tous les êtres de l'univers.

Orphée, Origène, Thalès, Anaximène, Héraclite, ont enseigné que les étoiles fixes sont des masses immenses de feu autour desquelles tournent d'autres corps que nous n'apercevons pas, et que chacune d'elles est, comme notre soleil, le centre d'un système composé d'une certaine quantité de planètes disséminées dans un fluide d'une subtilité infinie.

CRÉATION DES MONDES

Suivant J.-A. Duran.

— 1841 —

L'espace immense était à l'état de vide absolu. Dieu créa une molécule d'oxigène qui peupla bientôt tout l'espace en se multipliant d'elle-même comme fait le polype d'eau douce, et en changeant de mode de vitalité pour former l'hydrogène, principe de la matière.

De l'oxigène et de l'hydrogène est sorti un éclair électrique, qui, en rentrant dans un espace à lui destiné, a commencé par le parcourir comme une comète, puis a fini par se fixer : c'est le soleil. Cet astre, en tournant rapidement, a projeté des planètes formées, dans un rapport mutuel inverse du sien, des mêmes éléments que lui, et qui, en vertu de la force centrifuge due à la loi de pesanteur, combinée avec la force centripète, due à l'attraction magnétique, tourneront éternellement autour de lui, retenues dans leurs orbites par l'équilibre entre ces deux forces. Leur mouvement de rotation est dû à la matière en fusion formant leurs centres, et poussée par la force projective dans le vide élastique. Le refroidissement de leur surface est ce qui cause l'attraction existante entre elles et le soleil, resté incandescent au dehors comme au dedans. Le dégagement des gaz résultant de la fusion centrale est ce qui provoque en elles des éruptions, et dans leur écorce des déchirements.

L'écorce de la terre sollicite l'émission des rayons solaires; le soleil, de son côté, sollicite les vapeurs de la terre, qui lui servent d'aliments.

L'air est le résultat de l'oxygène que fournit le soleil, combiné avec l'azote et l'hydrogène que fournissent les planètes, dont la terre fait partie.— La densité de l'atmosphère de chaque planète est relative au volume de la matière en fusion dans son sein.

Les marées sont dues à la pesanteur des eaux qui sont successivement entraînées par leur poids vers les pôles et vers l'équateur.

La vie animale est le résultat de la combinaison du calorique solaire et du calorique terrestre; la vie de la terre, idem. La terre est donc sujette à finir, comme l'homme, le jour où la transmission réciproque des deux principes sera interrompue.

Le jaillissement des puits artésiens vient de ce que le gaz oxygène attiré du soleil par la terre y vient presser le fluide et le forcer de monter.

Le mouvement de la sève vient de ce que la chaleur centrale de la terre attire, par la capillarité des feuilles, l'air ambiant, et la chaleur solaire, par la capillarité des racines, les gaz émanés du centre du globe.

L'écorce terrestre peut être évaluée à 8 myriamètres d'épaisseur.

La terre en tout doit avoir 1,296,000 ans de durée, et être sortie du soleil il y en a 541,200.

En effet, d'après les observations faites en Chine par Tcheou-Chong, 1,100 ans avant Jésus-Christ, et par Ptolémée, dans le Puits de Siene, sur lequel le soleil, parvenu au Tropique du Cancer, était vertical, l'obliquité de l'écliptique diminue progressivement de 50 secondes par siècle. Évidemment l'axe de la terre était perpendiculaire au soleil quand elle en est sortie. En ce moment l'axe de la terre est incliné de 75 deg. 10 m. sur le plan de l'équateur solaire. Un degré d'inclinaison exigeant 7,200 ans, elle a 541,200 ans. Son axe sera parallèle au plan solaire dans 106,800 ans. Le double de $\left.\begin{matrix}541,200\\106,800\end{matrix}\right\}$ 648,000 = 1,296,000.

RÉVOLUTIONS DES PLANÈTES

Système Lavezzari.

— 1842 —

Il a été reconnu par des annotations d'une exactitude rigoureuse :

1° Que les planètes placées, au nombre de onze, à différentes distances du soleil, se transportent toutes autour de cet astre dans une même direction et dans un plan qui est à peu près le même pour chacune d'elles, à l'exception de trois qui s'en écartent un peu, au sud et au nord de leurs orbites ;

2° Que la direction de leur mouvement de translation est aussi la direction du mouvement de rotation du soleil sur son axe ;

3° Que plus une planète est placée près du soleil et plus la vitesse de son mouvement est rapide : ainsi Mercure, la planète la plus voisine du soleil, se meut plus rapidement que Vénus, qui la suit dans l'ordre des distances, Vénus plus rapidement que la terre, etc., en sorte que les plus éloignées non seulement ont des orbites plus grandes à décrire, mais y mettent relativement plus de temps ;

4° Que les planètes ne restent jamais à une distance uniforme du soleil, mais qu'elles s'en éloignent et s'en rapprochent alternativement, tout en tournant autour de lui ;

5° Que, chaque fois et tout le temps qu'elles se rapprochent du soleil, leur mouvement de translation augmente de vitesse, et qu'il diminue, au contraire, chaque fois qu'elles s'en éloignent ;

6° Que leurs absides, c'est-à-dire les points où elles sont alternativement le plus près et le plus loin du soleil, ne sont pas les mêmes à chaque révolution, et font à la longue, en changeant constamment de place, le tour du ciel ;

7° Que ces points diffèrent aussi de lieu pour chaque planète, ou ne coïncident que rarement et accidentellement ;

8° Que les satellites qui circulent autour de la Terre, de Jupiter, de Saturne et d'Uranus, sont soumis à leur égard aux mêmes lois.

Descartes a cherché à expliquer ces révolutions des planètes par un fluide invisible répandu dans l'espace, tourbillonnant autour du soleil et les entraînant dans son cours. Descartes avait raison : c'est là en effet ce qui a lieu, ainsi que nous allons le voir tout à l'heure. Mais il a mêlé à cette idée de tourbillons celle d'une force centrifuge inadmissible, puisqu'elle rendrait les tourbillons tellement denses à leur circonférence que les planètes et leurs satellites ne pourraient pas s'y mouvoir, et de l'incompatibilité de ces deux idées on a conclu que les tourbillons n'existaient pas, au lieu de conclure que la force centrifuge pouvait ne leur être pas appliquée. Descartes n'ayant pas séparé ses deux idées, l'ensemble en a été abandonné; et c'est précisément la fausse, quant au mouvement des planètes, si ce n'est quant à leur formation, que Newton a reprise en la rectifiant par sa fameuse loi d'attraction.

C'est vainement qu'à mesure qu'il apercevait un défaut dans sa théorie, il a imaginé successivement cinq hypothèses les plus ingénieuses du monde; il n'est pas possible de se rendre compte avec elle des divers phénomènes célestes. Comme nos savants s'y cramponnent, il est bon de la disséquer.

Tout mouvement, a dit Newton d'après Descartes, est par lui-même rectiligne (Mackintosh a aussi émis cette opinion), en sorte que, sans la force centripète qui attire les planètes vers le soleil, les planètes s'éloigneraient indéfiniment de lui. — Tout corps qui décrit une courbe, ajoutent MM. les savants, la décrit la plus grande qu'il peut, un grand cercle étant moins courbe, moins différent d'une droite qu'un petit.

Or lancez une toupie, vous verrez tout de suite s'il est vrai que le mouvement curviligne n'ait pas pu être imprimé aux astres et s'il tend à devenir rectiligne en s'élargissant. Ne tirez pas ou ne poussez pas la toupie, le cercle qu'elle décrira non seulement ne s'étendra pas, mais encore se resserrera, jusqu'à ce qu'elle s'arrête sur un point dans une apparente immobilité. Contraignez-la un moment, en la tirant ou la poussant, à décrire une ligne droite, puis abandonnez-la, elle reprendra sa courbe. Que devient, en présence de ce fait, la prétendue force centrifuge?

Reste la force centripète. C'est, dit-on, la chute d'un fruit sur la tête de Newton qui lui en fit faire la découverte. Il pensa que, puisque tout corps grave abandonné à lui-même dans l'air tombe en droite ligne sur la terre, la force qui l'attire ainsi peut s'étendre jusqu'à la lune, et forcer celle-ci, en corrigeant son mouvement, qui sans cela serait de projection, à décrire une courbe autour de la terre, exactement comme la corde d'une fronde la force de décrire un cercle autour de la main qui la tient. Puis, comme il remarqua que la lune se rapproche constamment de la terre tout en tournant autour d'elle, ce qui détruisait son système d'équilibre entre les deux forces, il se mit à mesurer la force centrifuge de la lune sur sa vitesse moyenne, et, la trouvant beaucoup trop faible pour la puissance de la gravité de la terre, telle qu'elle se manifeste aux régions les plus élevées où nous puissions pousser nos expériences, il se dit qu'apparemment l'efficacité réciproque de la gravité des corps diminue à mesure d'augmentation de la distance qui les sépare, chercha la proportion qu'il fallait entre cette diminution et cette augmentation pour qu'à la distance où nous sommes de la lune sa force centrifuge ne fût pas complétement vaincue, et trouva que l'attraction devait diminuer en raison inverse du carré de la distance.

Il voulut voir si la force d'attraction du soleil à l'égard de la terre était d'accord avec la règle, et, trouvant qu'ici ce serait la force centrifuge qui serait trop supérieure pour ne pas emporter la terre, il fut obligé de supposer que l'attraction des corps célestes est en raison directe de leurs masses, chercha combien la masse du soleil devait être supérieure à celle de la terre, et trouva 334,936, nombre qui, n'étant que le quart du nombre de fois que le soleil est plus gros que la terre, l'obligea encore à supposer que la densité de cet astre n'est que le quart de celle de notre globe. Enfin, considérant que l'attraction des corps terrestres électrisés ne suit pas les mêmes lois que celle désignée par lui pour les corps célestes, il en conclut, comme cinquième hypothèse, que la gravité de ces derniers corps est d'une nature à eux particulière.

Voilà bien des suppositions sans autre base que le besoin d'une mauvaise cause. Elle n'en est pas devenue meilleure. Tout enthousiastes qu'en sont nos géomètres, je les défie de mettre tout cela en harmonie avec ce qui a lieu.

En effet, nous avons vu que les planètes accomplissent leur révolution autour du soleil en se rapprochant et s'éloignant alternativement de cet astre, accélérant leur mouvement quand elles se rapprochent, le ralentissant quand elles s'éloignent. Comment arranger cela avec une force centrifuge dont la vitesse fait la force, et qui seule empêche les planètes d'être attirées dans le soleil? D'après cette théorie, puisque cette force est dans leur vitesse, le moment de leur plus grande vitesse devrait être celui où elles montrent, en s'éloignant, le plus de force, non pas celui où, en se rapprochant du soleil, elles font voir que leur force est vaincue par la supériorité de la gravité.

Autre objection : s'il était vrai que la force centrifuge de la planète augmentât en raison de sa vitesse et la force attractive du soleil en raison inverse du carré de la distance, chaque fois qu'une planète se meut avec une même vitesse à une même distance du soleil, l'effet résultant des deux forces devrait être le même. Eh bien, de deux points opposés l'un à l'autre, mais juste aussi éloignés l'un que l'autre du soleil, la terre traverse l'un en ralentissant sa course pour s'éloigner de cet astre, l'autre en l'accélérant pour s'en approcher. Chacune des deux forces domine donc à son tour sa rivale dans des conditions identiques. Cela n'est vraiment pas soutenable. La cause véritable du mouvement curviligne des planètes autour du soleil et des satellites des principales autour d'elles est la matière non employée dans tous ces corps, tour à tour un peu dilatée, un peu resserrée, par la double action de l'électricité dans l'espace que remplit Dieu (de même que nos poumons sous l'influence électrique se gonflent et se dégonflent par notre respiration), mais forcée par la rotation rapide de ces grands corps de former autour d'eux autant de tourbillons se dominant l'un l'autre depuis le plus grand jusqu'aux plus petits. Faites tourner la toupie, approchez-en un flocon de coton : vous le verrez tourner dans le même sens qu'elle. C'est la matière à l'état de gaz qui tourbillonne autour de ce petit corps grave et qui entraîne l'autre corps plus léger.

C'est ainsi que toutes les planètes, situées à diverses distances du soleil, sont entraînées par le mouvement de son tourbillon, qu'elles suivent toutes la même direction, et vont d'autant moins vite qu'elles sont plus éloignées de lui.

On comprend sans peine, une fois ce principe trouvé, que la masse de gaz qui reçoit l'impulsion du soleil ne se meuve pas avec autant de rapidité à l'extrémité de son tourbillon que près de lui; on comprend de même comment un tourbillon peut se trouver dans un tourbillon plus grand : car, si les planètes se sont élancées du sein du soleil au milieu de son atmosphère, il suffit que chacune d'elles ait eu la propriété de tourner sur elle-même pour qu'il se soit établi dans le tourbillon solaire autant d'autres petits tourbillons, lesquels subsisteront aussi long-temps que ces corps conserveront leur mouvement de rotation. Tous ces effets sont simples, et le double mouvement de contraction et de dilatation de la matière divisée dans l'espace explique à la fois le va-et-vient des planètes à l'égard du soleil, le déplacement de leurs absides, la forme de leurs orbites, le phénomène des marées, la précession des équinoxes et la nutation de la terre.

Voulez-vous avoir la preuve qu'il existe dans la nature? Laissez tomber dans de l'eau très chaude un peu de beurre fondu, vous le verrez tourner sur lui-même, et se dilater et se contracter tour à tour, de manière à augmenter et à diminuer successivement dans une proportion assez forte. Jetez sur le bord de l'œil qu'il formera une miette quelconque. Elle sera entraînée autour du centre de l'œil par son mouvement de rotation, se rapprochera du centre tout le temps que l'œil se contractera, s'en éloignera au contraire tout le temps qu'il se dilatera.

Cet effet ne se produit que sur un liquide extrêmement chaud, parce que, sans cela, il serait trop peu pénétré du principe électrique pour ne point résister à sa double action de dilatation et de contraction; mais il démontre clairement comment le soleil et les planètes, placés chacun au milieu de son tourbillon, se trouvent soumis au mouvement oscillatoire de la matière à l'état de gaz pénétré d'électricité qui le compose, et se rapprochent et s'éloignent alternativement de son centre, en même temps que l'action des tourbillons les uns sur les autres détermine leur mouvement de translation à travers l'espace, où cette même matière existe encore, mais à un tel état de divisibilité, qu'elle n'oppose plus aucune résistance.

Le déplacement continuel des absides et la forme des diverses orbites des planètes s'expliquent si bien par ces deux causes qu'il est impossible de les méconnaître.

Il n'est pas besoin, en effet, de recourir aux mathématiques transcendantes pour comprendre que, puisqu'en faisant le tour du soleil les planètes s'en éloignent et s'en rapprochent alternativement, par suite de l'élasticité toujours en action de son tourbillon et des leurs propres, elles ne peuvent atteindre à chaque révolution leurs plus grandes et leurs plus petites distances dans les mêmes lieux du ciel qu'autant que le tourbillon du soleil, le plus fort de tous, met à se dilater et à se resserrer tour à tour exactement le même temps que leurs révolutions à s'accomplir. Ce temps n'est pas le même. Dès lors les absides doivent se déplacer à chaque révolution.

De même pour les orbites. Elles seraient toutes les mêmes si la différence de temps entre la révolution de chaque planète et le double mouvement du tourbillon du soleil était la même pour toutes les planètes. Mais dans une année qu'il faut au tourbillon du soleil pour que son double mouvement soit accompli tout entier, la Terre accomplit une révolution, Mars n'accomplit que moins d'une moitié de la sienne, Mercure qu'à peu près le quart, Jupiter qu'un douzième environ, etc. Il en résulte que toutes les orbites sont différentes.

Celle de la Terre est un cercle un peu allongé d'un côté, un peu raccourci de l'autre, et ses absides ne font que lentement, en avançant à chaque révolution, le tour du ciel, parce que le tourbillon solaire ne la repousse et ne l'attire alternativement qu'une fois pendant sa course autour de lui.

Celle de Mars est une ellipse, c'est-à-dire un cercle deux fois allongé, deux fois rentré, parce qu'il est, dans sa course, repoussé deux fois, attiré deux fois, et ses absides font le tour du ciel en à peu près 32 ans, parce qu'il met 687 jours à faire le tour du soleil, tandis que les deux mouvements du tourbillon solaire ne se répètent complétement qu'en 730 jours.

Celle de Mercure est une spirale centrifère, parce que Mercure fait deux tours attiré, deux repoussé, et ses absides doivent avancer avec une grande vitesse, parce qu'il décrit en sus de quatre tours exacts un arc supplémentaire de 62 degrés.

Celle de Jupiter est un cercle ondulé, parce que

Jupiter a besoin de 11 ans 315 jours pour accomplir sa révolution, et qu'il est repoussé et attiré douze fois. Ses absides varient, parce qu'il y a 50 jours de différence entre sa révolution et 12 années, etc., etc.

Cérès et Pallas sortent de leurs orbites aux époques de leurs conjonctions, parce que leurs tourbillons élastiques se repoussent mutuellement, comme pour les préserver du choc, et l'ellipse que décrit la terre est chaque mois très légèrement altérée, parce que le tourbillon, ou atmosphère de la lune, presse un peu le sien.

Toutes les orbites sont parfaitement ce qu'elles doivent être, d'après le rapport de temps entre les révolutions des planètes et les mouvements oscillatoires tant du tourbillon solaire que de leurs propres tourbillons.

Les marées (qu'explique mal l'attraction de la lune, car, si elle était vraie, l'eau se retirerait des rivages pour s'élever, au lieu de s'étendre sur eux comme elle fait) s'expliquent parfaitement par la pression du tourbillon de la lune sur le nôtre, parce qu'il est tout simple que sous une pression dont le point change sans cesse par la rotation des deux planètes, l'eau gagne en étendue ce qu'elle perd en hauteur.

Enfin la précession des équinoxes et la nutation de la terre sont les suites d'un renflement et d'un aplatissement alternatifs que produit sur le tourbillon du soleil le tourbillon d'un astre encore plus grand que lui.

Donc les tourbillons et leurs mouvements oscillatoires sont aussi complétement la vérité que le système tant vanté des forces centripète et centrifuge est complétement l'erreur, et l'électricité possédant seule, je le répète, la double force d'attraction et de répulsion, elle seule est l'agent de Dieu, comme la matière est son sujet.

EXPLICATION DES DÉLUGES

Par M. Adhémar.

Les équinoxes avancent un peu chaque année. Ce fait, pour chaque équinoxe, d'arriver un peu plus vite que l'équinoxe antérieur, s'appelle *précession* des équinoxes, action de *précéder l'heure*.

Par suite de ces précessions, il y a inégalité entre les sommes des heures de jour et de nuit des deux hémisphères : l'un a sept jours d'hiver et d'automne de plus que l'autre, et de l'eau et des glaces de plus en proportion. Le centre de gravité de la terre s'est déplacé en conséquence de cette inégalité; au lieu de rester au point central du globe primitif, il a passé au point central du globe, augmenté, à l'un de ses côtés, d'une calotte de glace et d'eau, qui ne forme pas une addition de moins de vingt lieues.

Mais, au bout de 10,500 ans, la supériorité de calorique produite par sept jours d'hiver et d'automne de moins dans celui des pôles qui jouit, pendant ce temps de plus, du voisinage du soleil, passe au pôle le plus glacé et le plus aquatique, fond ses glaces, et produit une débâcle qui reporte le centre de gravité de la terre non seulement à son point primitif, mais plus loin, à cause des eaux qui se précipitent des continents voisins du pôle le plus glacé, lequel devient le plus chaud, vers celui le plus chaud, qui devient le plus glacé. Cette émigration de glaces et d'eau fait le déluge, et se renouvelle en sens inverse tous les 10,500 ans. — Il ne faut pour cela que cette quantité de 10,500 années, produisant, à 168 heures d'été et de printemps de plus (1), un degré de chaleur par 1,000 ans, en tout 10 degrés et demi, parce que la période de 25,900 ans nécessaire à la terre pour que le moment des équinoxes corresponde au même point du ciel se réduit à 20,937 ans pour son orbite, à cause de l'attraction des planètes, qui fait marcher, en quelque sorte, le périhélie à la rencontre du point de l'orbite coïncidant avec le moment de l'équinoxe.

(1) 168 journées de différence font 336 pour la différence de chaleur, puisque l'un des hémisphères perd autant que gagne l'autre, ce qui fait le double. Il se forme ainsi, au bout de 10,500 ans, neuf fois plus de glaces et d'eau dans un hémisphère que dans l'autre.

LE CHRISTIANISME.

Un immense abîme, des ténèbres, et Dieu étendu sur les eaux, voilà tout ce qui existait il y a un peu moins de 6,000 ans. Tout à coup Dieu fit d'un seul mot la matière et la lumière.

Le lendemain il fit un firmament;

Le surlendemain il sépara le ciel de la terre, et ordonna à la terre de produire toutes les espèces d'herbes et de fruits avec leurs graines;

Le 4e jour il fit le soleil, la lune et tous les autres astres;

Le 5e jour, les poissons et les oiseaux;

Le 6e jour, les animaux et l'homme, qui fut d'abord mâle et femelle à la fois et à qui il ordonna de croître et de multiplier;

Le 7e jour il se reposa; après quoi il plaça l'homme dans un jardin, lui apprit les noms des animaux, tira de sa côte la femme, la lui donna pour compagne, et leur interdit un seul fruit.

A l'instigation du démon, la femme mangea de ce fruit et en fit manger à l'homme. Dieu, irrité, les chassa du jardin, et les condamna à d'éternelles peines, eux et toute leur descendance. Puis il se ravisa, et prit la forme d'un homme pour nous racheter de ces peines en se faisant crucifier. Mais cet acte d'indulgence ne nous profite qu'à la condition de croire tout ce que je viens de dire, et que Dieu se fait aussi quelquefois colombe.

Ainsi je ne conçois Dieu qu'éternel (1), et il me faut croire que de cette immense existence il a passé une partie sans lumière. Je ne le conçois que bon, et il me faut croire qu'il a fait deux êtres faillibles pour punir une faute d'eux sur des milliards d'innocents. Je ne le conçois qu'infini, et il me faut croire qu'il s'est réduit à deux corps. Je ne le conçois que la raison même, et il me faut croire qu'il s'est fait crucifier pour se fléchir lui-même.

J'ai fait long-temps ce que font aujourd'hui trois cent millions d'individus (2). Imprégné de tout cela dès mon enfance, je n'y ai pas réfléchi. Mais à la suite des études qu'on vient de lire, mon esprit s'y est arrêté, et, un peu ébranlé dans ma foi, je suis remonté aux premières religions connues, pour voir en quoi nous sommes d'accord ou en désaccord avec elles. Puis j'ai observé la nature et moi-même, persuadé que, s'il y a une façon de trouver Dieu, c'est de le chercher dans ses œuvres.

(1) Rien ne saurait produire un être, puisque rien n'existe pas. Il y a donc quelque chose qui a dû toujours exister. Ce quelque chose est Dieu, ou Dieu et la matière. (Le grand FRÉDÉRIC.)

(2) Catholicisme.	139	millions d'individus.	
Église grecque.	62	—	
— protestante.	59	—	
Judaïsme.	4	—	737,000,000
Mahométisme.	96	—	
Brahmisme.	60	—	
Bouddhisme.	170	—	
Confutzée et autres.	147	—	

C'est ainsi qu'en 1829 les religions se partageaient la terre.

TRINITÉ. — DÉMON.

Mythologie indoue.—Brahm (Dieu) est l'être par excellence. Il existe de toute éternité par lui-même. Il n'est limité ni par le temps ni par l'espace. Il est l'âme du monde, l'âme de chaque être en particulier. L'univers vient de lui, subsiste en lui et retournera en lui. Sa volonté est en toute chose ; elle se révèle dans la création, dans la conservation et dans la destruction, par l'intermédiaire de ses trois émanations, Brahma, Vishnou et Siva. Brahma a tout créé, et, dans ce tout, des demi-dieux, dont une partie s'est révoltée contre lui. Par un sacrifice dont lui seul était capable, Vishnou, entres autres incarnations, s'est soumis, sous le nom de Chrishna, à toutes les faiblesses de l'humanité, à toutes ses misères et à une mort cruelle pour abattre l'empire du mal, relever l'empire du bien et sauver la terre d'une perte certaine. Siva préside à toutes les transformations, destructions et reproductions.

On appelle *Trimourti* la Trinité indoue, composée de Brahma, Vishnou et Siva.

Mythologie égyptienne. — Il existe un esprit éternel, irrévélé, absolu, incorporel, immuable, infini.

Des ténèbres étaient répandues sur un abîme plein d'eau ; il y résidait.

Soudain brilla une lumière sacrée : c'était Knef, émanation mâle et femelle du grand Esprit. Un grand mouvement se fit dans les eaux; il en sortit une voix appelée Neith, verbe, laquelle s'unit à Knef, et cette union produisit le Dieu du feu et de la vie, Phta. Celui-ci créa le ciel, la terre, puis le soleil (Osiris) et la lune (Isis).

Knef, Neith et Phta forment la Trinité égyptienne qui se composait, à Thèbes, de Ammon Cnoufis, père ou esprit, Mouth, mère ou matière, Knous, enfant. Il y a un génie du mal : Typhon.

Mythologie étrusque. — Dina, lumière, principe mâle; Cupra, matière, principe femelle; Menfra, verbe.

Ainsi cette Trinité que nous adorons sans pouvoir nous l'expliquer, dans les trois personnes du Père, du Fils et du Saint-Esprit, voilà trois peuples d'une civilisation antérieure à la Grèce qui l'avaient sous d'autres dénominations, ainsi que notre création et notre démon. Seulement il n'y avait pas Création, mais Émanation.

La Trinité est figurée par un triangle, parce qu'il n'est pas possible de faire un corps avec moins de trois côtés.

PARADIS PERDU.

Mythologie phénicienne. — L'Esprit et la nuit sont les deux premiers principes; le limon est le troisième. Jaho (l'Esprit) a débrouillé Khautereb (le chaos). Il a arrangé muth (la matière), formé (calpi) l'homme, donné à l'homme l'Eden (un jardin), et l'a défendu contre Ophionée (le serpent).

Voilà littéralement notre histoire du paradis.

MÉTEMPSYCHOSE.

Les Égyptiens comme les Indous ont établi que l'âme est immortelle, et que, de l'homme mourant, elle passe dans le corps d'un animal, puis pendant trois mille ans d'animal en animal, après quoi elle rentre dans un corps humain, y subit une dernière épreuve, et va droit au soleil ou parcourt plusieurs astres avant d'y arriver, suivant qu'elle a été plus ou moins vertueuse.

Les Druides, de leur côté, ont enseigné que, l'homme étant composé de matière fournie par la terre, d'une âme venue de la lune et d'une intelligence émanée du soleil, à sa mort la matière retourne à la terre, l'intelligence au soleil et l'âme à la lune, d'où, après avoir été punie ou récompensée un certain temps, suivant qu'elle a obéi à l'intelligence ou au corps, elle est renvoyée sur notre globe pour y animer de nouveau un homme ou un animal.

UN PRINCIPE, DEUX GÉNIES, L'ENFER.

Mythologie persane. — Les Persans ont d'abord adoré le soleil, la lune et un Etre suprême nommé Mithra. Puis Zoroastre, émanation de ces divinités, leur a enseigné qu'il existe de toute éternité un principe appelé Zervan Akerene, lequel en a produit deux autres ;

celui de la lumière, appelé Ormuzd, celui des ténèbres, appelé Ahriman. A mesure qu'Ormuzd a produit la terre et les astres, Ahriman a produit d'autres êtres destinés à les combattre. La lutte doit durer entre eux douze mille ans, dont six sont déjà écoulés. Quand le terme approchera, Ormuzd enverra un prophète nommé Soliosch qui convertira tous les hommes vivants. Une comète viendra heurter et réduire en cendres la terre. En attendant, les âmes des mourants arrivent toutes à un pont nommé Tchinevad. Celles des justes le passent et pénètrent chez Ormuzd; celles des méchants tombent chez Ahriman. Toutes seront purifiées par le feu de la comète, et il en renaîtra un nouvel univers qui, cette fois, sera immortel. Ormuzd et Ahriman rentreront dans Zervan Akerene.

Ainsi l'antiquité a cru plus généralement à la métempsycose qu'à un enfer, et les peuples qui ont cru à l'enfer n'en ont pas cru les peines éternelles.

De plus, saint Augustin est le premier qui l'ait présenté comme suite d'un péché originel. Il n'en est question nulle part avant lui.

HABITS SACERDOTAUX ET USAGES (1).

Les prêtres de Mithra portaient une soutane noire.

Ceux d'Isis se piquaient de chasteté, avaient la tête

(1) Ragon : *La messe dans ses rapports avec les mystères et les cérémonies de l'antiquité.*

Soleil de justice éternelle. Trois bûchers annonçant l'embrasement futur du monde. Justes tendant leurs mains vers le soleil. Au dessus d'eux, scarabée vert et ibis blanc, symboles de résurection. Hommes sans tête ou réprouvés tournant le dos au soleil et destinés à l'anéantissement. Au dessus d'eux, chouette, symbole des ténèbres.

Antiquité expliquée de Monfaucon.

rasée, portaient la chape tombant jusqu'aux pieds, l'aube, la chasuble appelée alors calasiris et nouée au col.

Le bonnet carré noir était la coiffure des flamines, qui le portaient surmonté d'une houppe appelée flammeum.

Les prêtres romains avaient le bâton augural, la mître, l'anneau, l'aube, l'étole, un pectoral d'or et d'argent, et l'amict, qu'ils mettaient sur leur tête.

Le sacrificateur était tout en blanc.

Il posait sur la tête de la victime un gâteau de farine de froment, goûtait le vin et en donnait aux assistants. Il lavait ses mains, récitait des prières, se prosternait, se relevait, portait la paume des mains vers le ciel, les étendait vers l'hostie, se tournait vers les assistants, offrait le vin et l'encens aux dieux du ciel en leur adressant trois fois la parole, puis faisait encore des libations et congédiait les assistants.

Le curion trempait une branche de verveine ou un goupillon de crin dans l'eau lustrale, et les en aspergeait à leur sortie comme à leur entrée.

La confession était un usage presque général. Elle était pratiquée à la Chine par les vice-rois et les gouverneurs de provinces, comme aux Indes, en Egypte et en Grèce, dans toutes les initiations. Les Juifs, après avoir fait la leur, se donnaient réciproquement trente-neuf coups de fouet.

JÉSUS.

Notre *Pater* est presque littéralement le kodisch, chaldéen et juif, et non seulement l'histoire de Jésus contient plusieurs particularités dont les unes ressemblent à celles d'une des incarnations de Vishnou, et dont les autres, sa naissance à Noël par exemple, conviennent merveilleusement au soleil, mais notre *Credo* contient quatre mots qui se disent très bien de cet astre : *Natum ante omnia secula*, puisque sans le soleil il n'y aurait ni jours, ni ans, ni siècles, et qui vont assez mal à Jésus, puisqu'il ne s'est incarné qu'il y a moins de 1900 ans. De plus, d'anciennes prières portent *Domine sol*, seigneur soleil, au lieu de *Domine Deus*, seigneur Dieu, et en anglais et en allemand le dimanche s'appelle jour du soleil.

Enfin Jésus n'a été reconnu Dieu qu'au concile de Nicée, par 318 évêques contre 80, trois cent vingt-cinq ans après sa mort. Il n'avait jamais dit qu'il fût égal à Dieu, et saint Paul avait dit expressément, dans une épître aux Hébreux, que Dieu a créé Jésus inférieur aux anges. La Vierge, sa mère, date du concile d'Ephèse en 431 ; et c'est en 1059, par le concile de Latran, que le pain et le vin de la messe ont été déclarés son corps et son sang.

Rappelons-nous donc qu'à l'époque même où un Egyptien fut tué et mangé tout cru pour s'être permis, dans une dispute, une raillerie sur ce que l'Egypte mangeait ses dieux, leurs prêtres, sans le dire ; au peuple ne reconnaissaient qu'un Être suprême ou la Trinité, ainsi qu'on

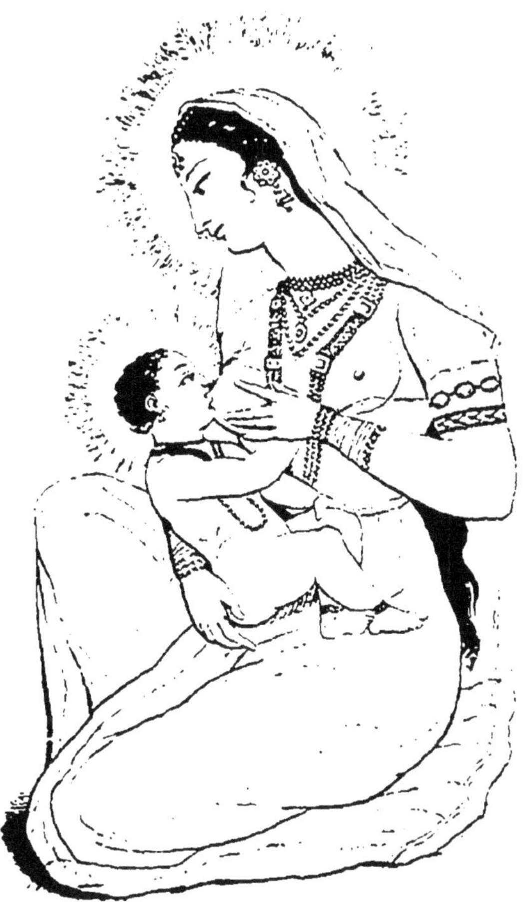

Devakí nourrissant Chrishna, incarnation de Vishnou.

Hindou Pantheon.

l'a vu plus haut; et puisque saint Augustin a dit : *omnia per allegoriam dicta*, tout est allégorie dans la religion, ne craignons pas de demander aux sciences que Dieu nous a permis d'acquérir ce qu'il y a au fond de nos mystères et des dogmes de l'antiquité.

L'HOMME.

Il est démontré que la matière, c'est-à-dire tout ce qui tombe sous nos sens dans les trois règnes de la nature, est susceptible de trois états : le solide, le fluide, le gazeux, et que sa divisibilité est infinie.

Il est également démontré que, tantôt latente, tantôt visible, c'est l'électricité qui, avec sa double faculté d'attraction et de répulsion, est le principe du mouvement, de la lumière, de la chaleur, de la sensation, de la force, et qui compose, décompose et recompose tout dans l'univers.

En nous examinant nous-mêmes, nous nous trouvons bien positivement ces deux principes, dont le plus sub til donne, un certain temps, au plus grossier ce pouvoir d'aspirer l'air, de s'assimiler les aliments, de sentir, de parler et d'agir, qui s'appelle vie.

Il est donc démontré que l'homme est un composé, partie solide, partie fluide, partie invisible, de substances qui se trouvent toutes dans l'air, et qu'il n'y distingue point, parce qu'elles s'y trouvent à l'état de gaz. Il se multiplie de graine. Chaque femelle en porte quelques unes. Son union avec un mâle doue pour un certain temps une de ces graines de la double faculté de concréter et de dissoudre, apparemment en produisant un courant d'électricité : car cette double faculté, l'électricité seule la possède. Et voilà un être nouveau, qui, prenant dans sa mère comme dans un moule une forme mâle ou femelle, puis aspirant de l'air et s'assimilant avec son aide d'autres êtres végétaux ou animaux venus de graine comme lui, composés d'air comme lui, à d'autres doses, se développera jusqu'à un certain point, restera quelque temps stationnaire, perdra ensuite peu à peu sa double force, et lorsqu'il ne lui en restera plus rien, ou qu'un accident dérangera sa construction, retournera à l'air d'où il est venu, soit en fumée et sur-le-champ si on le brûle, soit plus ou moins lentement et en passant par d'autres êtres qui se l'assimilent à leur tour, si on le laisse sur la terre, ou si on l'enfouit ou le noie (1).

Ce que nous appelons la mort ne détruit donc pas plus les parties, soit subtiles, soit grossières, de l'homme, que la conception ne les a créées : elles existaient dans l'air ; elles ont pris une forme en se concrétant et la perdent en se séparant ; mais elles sont toutes également immortelles, leur forme seule périt.

Sous cette forme leur éphémère ensemble a éprouvé du plaisir et de la peine, suivant que ses besoins d'ab-

(1) Les insectes qu'a fait naître d'un silex liquéfié et saturé d'acide muriatique un courant d'électricité tiré d'une pile voltaïque ont prouvé que l'électricité est le principe de la vie.

sorption et de restitution, de mouvement et de repos, ont été ou non satisfaits; puis des sentiments d'amour ou de haine pour les êtres avec qui il s'est trouvé en rapport, suivant que ces êtres lui ont causé du plaisir ou de la peine; puis une aspiration continuelle à ne rencontrer que du plaisir, et, pour y parvenir, un travail intérieur d'où sont nées en lui des idées.

Ces idées constituent son intelligence. Est-ce un être à part que cette intelligence qui semble chargée de juger des sensations de notre âme et de notre corps, et de diriger en conséquence par l'une les mouvements de l'autre, mais qui, tantôt ignorance, tantôt faiblesse, ne leur fait pas toujours faire le bien, et souffre plus ou moins quand ils ne le font pas?

Suivant Épicure, Démocrite et plusieurs philosophes modernes, c'est une faculté de sentir, de penser, comme dans les arbres celle de végéter. On sent par les nerfs, on pense par la tête, comme on touche avec les mains, comme on marche avec les pieds. Mais la plupart des hommes ont adopté, de temps immémorial, l'idée contraire que l'âme est une essence à part, pure, immortelle et responsable. Cette idée, qui est à la fois la plus répandue, la plus sage, la plus consolante et la plus politique, n'est pas plus prouvée que l'autre.

Descartes nous a bien expliqué nos sensations ainsi que nos mouvements, et comment tels ou tels de nos nerfs, qui sont de petits tuyaux, transmettent à notre cerveau, par le moyen de ses pores, une vapeur subtile que produit la chaleur de notre sang, et qui, ressortant de là par le même moyen dans d'autres nerfs qu'elle raccourcit en les gonflant, tandis que le surplus reste vide, fait tirer par eux nos muscles dans tous les sens.

Il nous dit bien aussi comment c'est vraisemblablement une petite glande suspendue au milieu de notre cerveau, au-dessus du conduit par lequel les cavités antérieures communiquent avec les postérieures, qui dirige vers tels ou tels nerfs la sortie de ladite vapeur, suivant e sens dans lequel cette vapeur l'a poussée elle-même en entrant.

Il se comprend que le moindre changement dans le point d'où vient la vapeur change beaucoup les mouvements de la glande et que le moindre déplacement de celle-ci change beaucoup le cours de la vapeur. Il se comprend aussi que du passage plus ou moins fréquent de cette vapeur par les mêmes pores dépende notre plus ou moins d'aptitude à telle ou telle action, et tous ces effets supposés de la vapeur de notre sang n'ont rien que de conforme aux principes de la physique; mais outre qu'ils sont repoussés par tous nos médecins, ils n'expliquent que les actes décidés en nous par nos sensations physiques, point ceux qu'y détermine si souvent en opposition, et après une lutte avec elles, le principe que nous appelons notre raison.

Nous ne savons pas si notre sang et nos nerfs sont chargés de deux électricités contraires dont l'alliance est nécessaire à notre vie, et dont l'une sert exclusivement nos sens, l'autre notre raison. Nous sommes seulement portés à supposer ce dualisme, pour peu que nous réfléchissions à la fatigue que nous causent les luttes entre notre raison et nos sens, ainsi que le calme qui rentre en nous aussitôt la décision prise.

En un mot la question reste entière. Est-ce un être à part que l'intelligence? La graine humaine la contenait-elle en germe? ou voltigeait-elle en l'air et a-t-elle été aspirée parmi toutes les molécules que la graine, en se développant, s'est incessamment assimilées? ou bien encore est-ce tout simplement un produit, une élaboration de ces molécules assemblées, comme le parfum est un produit des molécules que s'assimile la rose?

Je ne puis douter, quant à moi, qu'il y ait en nous trois principes: car, si l'électricité, c'est-à-dire l'âme, était une faculté ou une modification de la matière, c'est-à dire du corps, elle ne quitterait pas celui-ci quand il meurt, et, si l'intelligence était une faculté ou une modification de l'électricité, elle reparaîtrait avec la sensation et l'action dans le corps mort quand nous le faisons respirer et mouvoir au moyen d'une pile galvanique.

DIEU.

Examinons, comme nous nous sommes examinés nous-mêmes, l'univers, c'est-à-dire 1° les mondes, en d'autres termes, les nébuleuses, les comètes, les planètes et leurs trois règnes; 2° les étoiles fixes ou soleils; 3° l'immensité qui nous semble vide. Nous serons obligés de reconnaître que, dans les mondes, c'est la matière qui domine, et qu'elle domine même à l'état de gaz dans leurs atmosphères : car, si ce n'était pas, notre sang ne serait pas retenu, jusqu'à la limite de l'atmosphère de la terre, dans nos corps, quand nous nous enlevons en ballon ;

Que, dans les soleils, c'est de l'électricité : car, sans cela, ce ne serait pas de notre soleil que partiraient, pour nous, la lumière, la chaleur et la vie ;

Que, dans l'espace, il n'y a hors des mondes, des soleils, et de leurs tourbillons, que de l'électricité de passage et presque point de matière: car, aux confins de notre atmosphère, notre sang s'échappe, ce qui prouve excessive raréfaction de matière, et si, ne pouvant aller plus loin, nous nous formons un diminutif de l'éther en faisant le vide dans une sphère creuse de verre, nous voyons paraître et disparaître instantanément un éclair dans cette sphère, pour peu que nous la secouiions de manière à faire traverser de force ses pores par l'électricité de l'air : preuve que cette électricité n'y reste pas.

Il deviendra donc évident pour nous que, dans l'univers tout entier, il n'y a, comme en nous, que trois substances ; que celle appelée en nous intelligence est, dans l'univers, l'éther, lequel, impalpable, impondérable, invisible et pénétrant tout, connaît les sensations des mondes et des soleils, et leur communique ses volontés avec une rapidité instantanée par le moyen de l'électricité, de même que par le moyen de l'électricité notre part d'intelligence connaît nos sensations et dirige nos actions ; que par conséquent l'Être éternel, l'Être suprême, l'Être dont tout procède, Dieu, en un mot, c'est l'univers, Trinité immense dans laquelle ne sont limités que l'un par l'autre les trois éléments dont elle fait, à doses inégales, tous les êtres, et dans laquelle l'intelligence occupe une telle place, l'espace infini, tandis que l'électricité et la matière occupent des points seulement dans cet espace, qu'il est impossible de concevoir plus grande la supériorité d'intelligence d'où résulte la perfection de Dieu.

Maintenant pourquoi ce travail incessant de l'intelligence universelle, qui est l'éther, sur la matière universelle, qui sont les mondes, par l'électricité universelle, qui sont les soleils? Pourquoi ces transformations perpétuelles de gaz en nébuleuses, en comètes, en planètes ou minéraux, et de ces planètes en végétaux, en animaux, puis en gaz?

C'est apparemment que ce grand être, l'Univers, trouve sa béatitude dans cette perpétuelle activité de son intelligence, de sa matière et de son électricité; ou que, sa matière lui semblant indigne de son intelligence, il éprouve un besoin perpétuel de la perfectionner; ou bien encore qu'il se passe en lui, entre l'éther, l'électricité et la matière, des combats semblables à ceux qui se passent en nous, entre notre part d'intelligence, notre part d'électricité et notre part de matière, et qu'il modifie sans relâche ces deux principes l'un par l'autre, pour que ces combats, qui se sont produits et se produiront probablement toujours, ne se produisent plus.

LES ESPRITS.

La terre contient quatre sortes de terrain dont la superposition horizontale, çà et là mêlée de roches ou rognons de formation cristalline, ici inclinés, là verticaux, prouve à la fois quatre catastrophes successives, et que ces catastrophes ont été produites ou par des satellites de la terre, qui, s'approchant constamment d'elle comme fait la lune, ont fini par se venir briser sur elle, perturber ses eaux et la pénétrer de leurs débris; ou par des fontes de glaces qu'auront causées alternativement à chacun de ses deux pôles les huit jours d'inégalité de ses hivers à ses étés, et par des explosions de la matière en fusion de son centre, au contact, à travers ses fissures, de ses masses d'eau déplacées.

Or, dans ces terrains divers se trouvent des squelettes d'animaux et de végétaux que nous ne connaissons plus, et d'autres dont la race subsiste encore, pas un seul d'homme. L'homme n'existe donc que depuis la dernière de ces catastrophes. Pour que des molécules de l'atmosphère terrestre l'électricité qui part du soleil pût enfin composer un être si supérieur aux autres, il n'a pas suffi de je ne sais combien de transformations des gaz de cette atmosphère en eau, en végétaux, en animaux, et du retour de ces formes à l'état de gaz; il a fallu quatre bouleversements de la planète elle-même.

Cela nous autorise à penser que, de toutes les formes

successivement revêtues par des parcelles de l'intelligence divine, nous sommes la dernière sur la terre. Mais est-ce à dire que, dans notre atmosphère ou ailleurs, il n'en est pas de moins matérielles par lesquelles, quand ces parcelles sont dégagées de nos corps, elles doivent encore passer avant de rentrer dans l'éther?

Il faut bien qu'il en soit ainsi

Pour que sir Ed. B. L., baronnet et membre du parlement d'Angleterre, qui me l'a raconté lui-même à son dernier voyage d'il y a six mois à Paris, ait pu, défiant un sien ami de dissiper, par un fait quelconque, ses doutes sur ce point, voir successivement, à sa grande surprise, une table massive se précipiter sur lui, et du vin s'agiter dans un flacon de cristal sans que le flacon bougeât;

Pour que M. Cahaignet, qu'il est facile de trouver à Paris, rue de la Fidélité, n° 23, ait pu, dans un livre intitulé *les Arcanes de la vie future,* rapporter cinquante apparitions de personnes mortes, dont la somnambule, qui voyait leurs ombres et ne les avait pas connues pendant leur vie, a dépeint, aux visiteurs à la demande de qui elles étaient évoquées, les traits et les derniers habits;

Pour qu'enfin un homme de beaucoup d'esprit, qui demeure rue de la Verrerie et se pique de matérialisme, m'ait affirmé ceci de telle façon qu'il m'est impossible d'en douter :

Comme il s'amuse quelquefois à faire du magnétisme, une femme du peuple et d'une cinquantaine d'années était venue le prier d'essayer si elle serait bonne somnambule, et au bout d'un quart d'heure, cette femme, en état d'extase, les bras étendus, les yeux grands ouverts : « Ah ! mon cher oncle, est-ce bien vous ? que je » suis heureuse de vous revoir ! — Comment ! votre » oncle, dit le magnétiseur, mais je ne vois personne. Où » est-il donc ? — Vous ne le voyez pas ? Regardez, il est » là, sur un escabeau, avec son vieil uniforme et son » bonnet de police. — Qu'est-ce qu'il était donc ? — » Tambour. — Eh bien ! demandez-lui une faveur : » qu'il prenne son instrument et que je puisse l'entendre, puisque je ne puis pas le voir. »

Et deux ou trois minutes n'étaient pas écoulées que la femme de mon ami s'évanouit, sa servante se sauve, et lui-même est frappé d'une stupeur à laquelle, pendant plusieurs semaines, il ne peut s'empêcher de penser. Le rappel s'était fait entendre à ses deux témoins comme à lui. Il avait commencé, faible, à un coin de sa chambre qu'il m'a fait voir, s'était renforcé en la traversant, et s'était affaibli par degrés, comme s'il s'éloignait, après être sorti par un autre coin.

Seconde Partie.

TABLES.

Il paraîtra moins étrange à présent que je descende sans transition de ce qui précède à des réponses faites par des tables. N'est-il pas naturel de chercher ce que devient cette intelligence de l'homme quand elle remonte, comme son électricité, dans l'espace, au moment où celle-ci quitte le corps? N'est-il pas intéressant de savoir si, gardant son individualité, elle emporte ou non avec elle jusqu'à l'image immatérielle de sa forme passagère, pour subir des récompenses ou des peines, ou plutôt pour rester plus ou moins long-temps dans notre atmosphère avant d'arriver à l'éther ou à Dieu, selon que, dans sa vie de ce monde, elle s'est dégagée plus ou moins des influences de la matière? N'est-il pas doux de nous rapprocher, si nous le pouvons, des parents et des amis que nous avons perdus, et lors même qu'ils n'auraient rien d'utile à nous révéler, est-ce une raison pour ne pas tâcher de ressaisir, en attendant que nous allions les rejoindre, nos relations avec eux?

Enfin, comment sonder un tel mystère, si ce n'est à l'aide de tables ou de somnambules? Jusqu'à présent, nous n'en savons pas d'autre moyen ; et si l'on convient que la chose ait droit de nous occuper, on ne peut nier qu'entre les réponses d'un corps inerte, dénué d'idées à lui, et celles d'un être humain, qui a son imagination propre, les préférables soient celles d'un corps inerte, car celui-ci ne peut en tirer de son fonds. Si ce qu'il dit n'est conforme ni à mes idées ni à celles d'aucune des personnes qui le magnétisent avec moi, il faudra bien qu'un Être invisible l'inspire.

Je vais donc, au risque d'être pris pour fou, écrire ce que m'ont dit des tables. Je n'en ai interrogé qu'avec des personnes incapables de se jouer de moi.

1re Expérience. — Chez M. et Mme T., rue Basse-du-Rempart, 20.

M. T., Mlle Is., M. le capitaine P. et moi, faisant la chaîne autour d'un guéridon d'acajou. Après une douzaine de minutes, le guéridon a paru s'émouvoir. Mlle Is. a dit : Y a-t-il là un esprit? Qu'il fasse lever un des pieds du guéridon. Le guéridon a levé un pied.

Mlle Is. Voulez-vous nous parler? Quand vous voudrez dire oui, frappez un coup de pied; quand vous voudrez dire non, frappez-en deux ; quand vous voudrez écrire une phrase, suivez-moi bien, j'appellerai l'une après l'autre toutes les lettres de l'alphabet, et vous frapperez un coup au moment où j'en prononcerai une dont vous ayez besoin. Est-ce convenu ?

Réponse : Un pied se lève et frappe un coup, oui.

Mlle Is. : Pour qui êtes-vous là? Pour M. T.?

Réponse : Deux coups, signifiant non.

— Pour le capitaine P. ? — Non. — Pour moi ? — Non. — Pour M. G*** ? — Oui.

Moi : Est-ce un ami ? — Non. — Est-ce mon père ? — Non. — Est-ce ma mère ? — Oui. — J'ai un procès, le gagnerai-je ? — Non. (Je l'ai perdu.) — L'empereur m'accordera-t-il une autorisation que je désire ? — Non. (Elle m'est refusée.) — Aimez-vous toujours une femme qui demeure rue T. ? — Non. — Vous blâmez donc sa conduite ? — Oui. — Est-il à espérer qu'elle se corrige ? — Non. — Il n'y a rien à y faire ? — Non. — Souffrez-vous dans l'autre monde ? — Oui. — Des prières peuvent-elles vous soulager ? — Oui.

Mlle Is. : Etiez-vous catholique ? — Oui. — Sont-ce des messes que vous entendez par ces prières ? — Oui.

Moi : Combien de messes ? Moins d'une dizaine ? — Non. — Des dizaines ? — Non. — Des centaines ? — Oui. — Combien de centaines ? — 18 ! !

Ici nous avons interrompu et sommes allés dans la salle à manger prendre quelques glaces sur une table pouvant contenir une dizaine de personnes. En la magnétisant tous debout, nous l'avons fait tourner avec assez de rapidité pour avoir peine à la suivre.

Rentrés dans le salon, j'ai prié Mlle Is. de nous remettre au guéridon. — Il a recommencé de se pencher et de déclarer que ma mère y était. J'ai alors demandé son nom de baptême, et j'ai appelé depuis A jusqu'à L. Le guéridon ne s'est penché qu'à L. Et comme ma mère s'appelait Jeanne-Victoire, j'ai dit : Vous vous trompez. Voyons le second nom. Le guéridon s'est levé à M. —

Vous vous trompez encore; il n'est pas possible que vous ayez oublié vos deux noms. Vous êtes donc un esprit menteur, et vous avez voulu vous moquer de moi? — Oui.

2e Expérience. — Chez les mêmes personnes.

M. T., une femme de chambre et moi, faisant la chaîne autour d'un petit lavabo contenant une cuvette en porcelaine. Au bout de vingt-cinq minutes le lavabo s'est penché.

M. T. : Qui est là? ma mère? — Non. — Mon frère? — Oui. — Lequel? James? — Oui. — Comment s'appelait notre mère? — Élisabeth. — Voulez-vous répondre à M. G***? — Oui.

Moi : Êtes-vous heureux dans l'autre monde? — Oui. — Suffit-il de ne faire que du bien pour être heureux? — Non. — Faut-il prier? — Oui. — Les saints? — Non. — Jésus? — Non. — Jésus n'est donc pas Dieu? — Non. — Il ne faut donc prier que Dieu? — Oui. — La métempsychose est-elle vraie? — Oui. — Les esprits reviennent-ils animer des bêtes? — Non. — Des hommes seulement? — Oui.

3e Expérience. — Chez Mme D., rue du Houssaye, 5.

A une petite table carrée. Pendant quarante-cinq minutes Mme D. et moi, seuls; puis, sa femme de chambre avec nous, dix autres minutes. Chaîne. Le parquet étant très glissant, la table n'a pas pu lever un pied, et il a été convenu qu'elle glisserait vers moi pour dire oui, vers Mme D. pour dire non.

Mme D. : — Est-ce ma mère? — Non. — Notre grand'-mère ? — Non.

Moi : B***? — Non. — Adolphe P***? (mien cousin et oncle de Mme D.) — Oui. — Es-tu heureux ? — Oui. — Aimes-tu encore Mme ***. — Oui. — Se peut-elle corriger ? — Oui. — Serait-elle plus heureuse si nous nous rapprochions ? — Oui. — Et moi? — Oui. — Es-tu sûr de mieux distinguer le bien du mal, et le parti à prendre dans chaque affaire, que tu ne le pouvais dans ce monde-ci ? — Non. — Le succès de ce que tu me conseilles là n'est donc qu'une espérance, et non pas une certitude ? — Oui.

4e Expérience. — Chez Mme O'C., avenue Frochot, 7.

Autour d'une table d'acajou à quatre pieds : M. O'C. la calant de ses deux pieds pour qu'elle puisse se pencher, sa femme, une femme de 40 ans, deux autres hommes. Point de chaîne.

Est venu s'écrire, en répondant, comme je l'ai dit plus haut, par un coup à l'appel de chaque lettre de son nom, Ezéchiel. — Proudhon a demandé : Qu'est-ce qu'un esprit ? — Réponse par des lettres impossibles à assembler. — Qu'est-ce qu'autorité ? — Pou... et des consonnes. — Combien d'années vivra le catholicisme? — Neuf. — Quelle religion le remplacera? — Lettres impossibles à assembler.

5ᵉ Expérience. — Chez la même.

Est venu le maréchal Faber. — Mme O'C. : Aurons-nous la guerre ? — Non. — Puis questions et réponses sans intérêt.

6ᵉ Expérience. — Chez Mlle B., rue Mogador, 15.

Autour d'un petit guéridon d'acajou : M. D., un petit portier, qui a onze ans, et moi. Chaine. — Moi : Qui est là ? un parent ? — Non. — Un Français ? — Non. — Un Anglais ? — Oui. — Un négociant ? — Non. — Un ministre ? — Oui. — Peel ? — Non. — Pitt ? — Non. — Castlereagh ? — Oui. — Avez-vous regretté de vous être coupé la gorge ? — Oui. — Il ne faut donc pas se tuer quand on souffre ? — Non. — Aurons-nous la guerre ? — Non. — De plus le guéridon a dit l'âge de Mme D. et du fils du portier.

7ᵉ Expérience. — Chez Mme O'C.

Cinq personnes autour de la table. Point de chaîne. Est venu Dbaf, Arabe tué en 1842 par nos troupes. — Es-tu heureux ? — Oui. — Mahomet était donc bien un prophète ? — Oui. — Et Jésus ? — Oui. — Ils sont bien ensemble dans l'autre monde ? — Oui. — Habites-tu une planète ? — Oui. — Laquelle ? — Céré. — Puis questions et réponses sans intérêt.

8e Expérience. — Chez moi.

Mme Hayden, médium américain à moi recommandée par R. Owen, Mme D., M. A. avec moi, à une table de sapin, couverte de lettres et de chiffres qu'elle place en tournant sous une aiguille. Point de chaîne.

Est venu écrire son nom, Napoléon le grand. — Moi : Quelle est maintenant votre idée dominante ? — Love all men (aimez tous les hommes).

Même Soirée.

Mme Hayden avec moi, M. Le T. et M. Al., à un guéridon d'acajou. Autant de coups, mais très faibles, que nous en avons demandé. Ces coups (knockings) ont été frappés sous le plateau du guéridon sans qu'aucun de nous le touchât. Puis moi : Que faut-il être pour réussir aujourd'hui à Paris, vertueux ? — Non. — Vicieux ? — Oui.

9e Expérience. — Chez Moi.

Mlles L., D. et moi, sur la table de sapin à chiffres et à lettres. Chaîne. Au bout d'une demi-heure s'est écrit : Hubert. — Moi : Quel Hubert ? Le notaire de la Villette qui a fait un legs aux ouvriers ? — Oui. — Pouvez-vous me dire l'âge de la plus jeune des demoiselles ? — Oui. — Quel est-il ? — Quatorze ans. — Celui de l'aînée ? — Vingt-trois ans. — Leur frère sera-t-il officier ? — Oui.

— Dans combien de mois ? — Trois. — Sera-ce sur la présentation du général A. ? — Oui. (Les deux âges sont exacts; mais trois mois sont écoulés, et le frère n'est pas officier.) — Pouvez-vous me dire si deux affaires que je suis réussiront ? — Oui. — Vous les connaissez bien ? — Oui. — Nommez-les. — Banq. — Aucune ne s'écrit ainsi. Ma caisse d'épargnes sera-t-elle autorisée ? — Oui. — Et ma société d'échange ? — Oui. — Je n'ai donc pas deux ministres contre moi ? — Non. — M. F. se conduit-il loyalement à mon égard ? — Non. — Et mon vieux camarade M*** me sert-il avec chaleur? — Oui. — Combien durera le catholicisme? — Neuf ans. — Le protestantisme prendra-t-il sa place ? — Non. — Qui le remplacera ? — La fatalité.

10e Expérience. — Chez moi.

Avec Mme D., M. St. et la fille de notre concierge, âgée de six ans. Chaîne, table à lettres et à chiffres. — Moi : Qui est là ? — Lettres impossibles à assembler. — Vous ne savez donc pas écrire ? — Point de réponse. — Voulez-vous nous envoyer un autre esprit ? — Non.

11e Expérience. — Chez Mme O'C.

Moi, avec elle, son mari, M. Th., le baron D., et Mlle Elisa G., du Palais-Royal. Point de chaîne.

Est venu Cagliostro. Mme O'C. : Pourquoi n'êtes-vous pas venu il y a quelques jours ? — Sous domination divine. — Pouvez-vous nous faire entendre des knockings? — Oui. Et nous en avons entendu d'assez forts, autant que nous en avons voulu. — Souffrez-vous dans l'autre monde? — Pardonné. — Qui aimez-vous le mieux de nous? — Elisa. — Pourquoi vous intéressez-vous à elle? — Parce qu'elle a de l'avenir. — Quelle sera sa spécialité? — Être aimée.

Après ces mots, le guéridon s'est penché plusieurs fois sur Mlle Elisa, comme si l'esprit qu'il renfermait trouvait du plaisir à la toucher. Puis, ce guéridon ne répondant plus à des questions sans intérêt que nous lui adressions, Mlle Élisa l'a décidé à répondre en lui donnant un baiser. Après cela : Pouvez-vous nous faire venir l'esprit de Bouet? — Oui. — Dans combien de minutes? — Deux. — Dans le petit guéridon? — Oui.

Suite au petit guéridon d'acajou.

Mlle Élisa, M. et Mme O'C. S'est écrit Bouet.

Élisa : Est-ce bien vous? Dites votre nom de baptême. — Édouard. — Avez-vous souffert en mourant? (Il s'est noyé.) — Oui. — Êtes-vous heureux? — Oui. — M'aimez-vous toujours? — Oui. — Vous fais-je plaisir quand je vais prier sur votre tombe? — Oui. — Marine y va-t-elle aussi? — Non. — De quelle couleur sont ordinairement mes guirlandes? — Jaunes. — Et la dernière? — Noire. — N'y avez-vous pas vu deux lettres? — Deux E en blanc. — Habitez-vous une planète? — Oui. — Laquelle? — Eos.

12e Expérience. — Chez Moi.

Sur la table à lettres, les demoiselles L., D. et moi ; puis comme cela ne tournait pas, ma sœur Chaîne. — Est venu s'écrire Bocace.

Moi : Par quel hasard ? Nous connaissez-vous ? — Oui. — Il y avait donc quelque relation entre les B***, nos ancêtres, et vous ? — Oui. — Pouvez-vous m'être utile ? — Oui. — Comment ? par des conseils ? — Oui. — Que faut-il que je fasse pour réussir ? — Courber.

13e Expérience. — Chez M. C., au château de Lamolle, en Périgord.

Mlle Z. M., M. Ach. Desc., une servante et moi, formant la chaîne autour d'un lavabo.

Quand le lavabo s'est ébranlé, j'ai demandé, comme à mon ordinaire : Qui est là ? Si c'est un esprit, qu'il frappe un coup, etc. — Un des pieds a frappé un coup.

Moi : Est-ce l'esprit d'un homme ? — Non. — D'une femme ? — Non. — D'un animal ? — Oui. — Quel animal, un bœuf ? — Un cochon ? — Non. — Un chien ? — Oui. — Qu'est-ce que ton esprit fait dans l'air ? doit-il venir animer un homme ? — Oui. — Peux-tu soulever tout à fait le lavabo ? — Ici des efforts qui agitaient le lavabo, mais ne lui ont pas fait quitter la terre. — Peux-tu dire l'âge de Mlle Z ? (Mlle Z a 26 ans.) — Le lavabo a frappé 41 coups.

14e Expérience. — Même château.

Mêmes expérimentateurs. Est venu l'esprit d'un paysan.

Moi : Quel est ton nom? — Brul...

Mlle Z : Quoi ? est-ce Brulatour? — Oui. — Souffres-tu dans l'autre monde? — Oui. — Que faut-il pour te soulager? — Des messes. — Combien? — Dix.

Moi : Qui les paiera? Ta femme n'a reçu que 10 sous hier pour solde de sa semaine?—Tuil. (Tuil est un paysan qui était ami du mort.) — Dis l'âge de Mlle Z. — 26 ans.

Je dois ajouter à ce récit que deux jours avant l'expérience dans laquelle est venu le notaire Hubert, j'avais reçu la visite de son exécuteur testamentaire, gérant de *la Ruche populaire,* Duquesne. Je dois de plus faire observer que quelques unes de ses réponses et celles d'Ad. P. ont été contraires à d'autres sur les mêmes sujets, et que Castlereagh, Bocace, Hubert, Napoléon, étaient à cent mille lieues de nous occuper quand ils se sont présentés. Je ne puis pas savoir ce à quoi pensaient les personnes qui ont opéré avec moi chez Mme O'C. Pourtant les noms du maréchal Faber et de Dbaf n'étaient assurément dans la cervelle d'aucun d'elles. Enfin il est bon que l'on sache qu'un chien et un nommé Brulatour sont morts il y a deux ans à Lamolle.

15e Expérience.

M. et Mme T***, leurs deux enfants, deux demoiselles D*** et moi autour de la table à lettres.

S'est écrit Cornichon, et sur notre prière de nous dire quelque chose, le mot du général Cambrone à la bataille de Waterloo. Nous avons alors demandé à l'esprit qui nous raillait ainsi de nous en envoyer un autre.

Est venue Louise.

Moi : Quelle Louise? Une femme? — Non. — Un enfant? — Oui. — A quel âge êtes-vous morte? — Cinq ans. — Etes-vous la petite Louise que j'ai fait placer dans mon caveau? — Oui. — J'ai eu tort de douter de votre mère? — Oui. — Elle n'a pas voulu me tuer? — Non. — M'aimez-vous? — Oui. — Venez-vous pour me conseiller? — Oui. — Que me conseillez-vous? — Vivre tranquille.

Aucune des personnes présentes n'a connu l'existence de cet enfant.

16ᵉ Expérience.

M. le comte d'O***, M. l'abbé Ch., et six autre personnes à une table à manger de dix, en présence de M. Ségouin, de M. Mouttet et de moi, une table a dit les variations de la Bourse du matin. Nous avions un exemplaire de la *Patrie* qu'aucun de nous n'avait lu, et nous avons pu vérifier l'exactitude de chaque réponse à mesure qu'elle nous était faite. Une seule fois la table s'est trompée, et à peine avait-elle fini d'écrire qu'elle frappait quatre ou cinq coups pressés pour avertir de son erreur.

17ᵉ Expérience. — Chez M. le Comte d'O., rue de la Chaussée-d'Antin, 28.

Le comte d'O., M. H. de G., M. le baron ***, M. et

Mme O'C., M., Mme et Mlle Lav., M. et Mme *** et moi, autour d'une table d'acajou dans une obscurité complète.

Au bout de vingt minutes, la table a fait plusieurs craquements, puis des mouvements en tous sens. Chacun de nous s'est proposé à son tour pour interlocuteur. Elle n'a répondu oui qu'à moi. J'ai alors demandé à l'esprit d'écrire son nom. Il a écrit EMUSHACLU. — Étiez-vous Européen ? — Non. — Africain ? — Non. — Asiatique ? — Oui. — Pouvez-vous nous faire entendre des coups ? — Oui. — Frappez-en six. Et nous en avons entendu ce nombre. — Pouvez-vous nous apparaître sous une forme quelconque ? — Oui. — Dans combien de minutes ? — Dans quatre. Et au bout de quatre minutes Mme Lav. a vu paraître sur la table une flamme bleue qui a pris la forme d'un globe renfermant une flamme jaunâtre. Une demi-minute après, le baron l'a aussi aperçue. Mme *** en a dit autant, mais le globe lui a paru rouge. — Moi : Faites-nous lire des caractères. Et la première dame a déclaré qu'elle lisait FOI en lettres blanches. — Que voulez-vous dire par ce mot ? Est-il méritoire de croire ? — Oui. — Pourrions-nous en nous réunissant renverser par la foi une maison ? — Oui. — Avez-vous autre chose à nous conseiller ? Et il s'est écrit CHARITÉ. XVIII. — DIEU SEUL. — La charité est-elle la vertu la plus honorée dans le ciel ? — Oui. — Que veut dire XVIII ? — Que j'ai vécu il y a dix-huit siècles. — Avez-vous connu Jésus-Christ ? — Oui. — Êtes-vous de ceux qui ont demandé sa mort ? — Non, non, non. — Êtes-vous un des trois rois qui l'ont adoré dans une étable ? — Oui. — Était-il fils de Dieu ? — Oui. — Le Saint-

Esprit est-il Dieu? — Non. — Pouvez-vous nous envoyer un autre esprit? — Oui. — Dans combien de minutes? — Deux. Deux minutes après, la table s'est agitée de nouveau. L'esprit, interrogé par chacun de nous, a déclaré vouloir causer avec le baron, et se nommer XAEIN, Africain. — Le baron : Voulez-vous nous apparaître? — Oui. Et au bout quelques instants, Mme Lav. a dit voir un compas en feu. Mme *** l'a vu également. Elles ont vu ensuite une balance tenue par une main sans pouce. — Le baron : Que veut dire ce signe? — Justice. — Justice aux peuples? — Oui. — Cela a-t-il trait à la question du jour? — Oui. — La Russie sera-t-elle punie de son ambition? — Oui. — XAEIN a dit après cela des choses tellement étranges, qu'elles ne peuvent trouver place ici.

Il est fâcheux que ce genre d'expériences, qui est celui de M. de Reichembach, ne puisse être attesté que par des gens qu'il appelle *sensitifs*. Les trois sensitifs que nous avions au milieu de nous sont fort sincères, et nous disaient à tout moment, comme gens qui la voyaient bien, où se portait la boule de feu qui paraît avoir erré sur la table. Mais je dois convenir que pas un des huit autres expérimentateurs n'a vu la moindre lueur. Nous avons entendu les craquements, les coups et senti les mouvements de la table. Voilà tout ce que je puis certifier.

Comment soutenir contre ces faits-là, avec une certitude complète d'avoir raison, que toutes les réponses sortent de nos têtes?

Quant à moi, je suis bien loin d'avoir la certitude

que ce sont des morts qui m'ont parlé, mais je le voudrais de tout mon cœur. Excepté la première expérience, où le nom de ma mère a fait courir un froid dans tout un côté de mon corps, ces conversations-là ne m'ont donné que du plaisir et laissé qu'un seul regret, celui de n'être pas sûr de n'avoir pas causé avec moi-même et mes compagnons d'expériences.

Voici maintenant des expériences faites hors de ma présence : je les donne avec la permission de leurs auteurs, parce que je suis certain de leur sincérité, et parce que l'obstination des académies à nier les faits et à décourager les recherches me paraît inexcusable en présence de toutes les découvertes du siècle.

*A M. G***, à Lamolle.*

I.

Du Mouvement des tables.

Six personnes se placent autour d'une table ronde, de grande dimension ; l'imposition des mains est faite. Après une demi-heure d'attente environ, la table commence un mouvement de rotation ; mouvement faible d'abord, puis très rapide. A mon commandement, la table se soulève, et reste soulevée près d'une minute, ne posant plus à terre que sur deux pieds. Puis, obéissant à la parole, elle frappe autant de coups que je veux.

D'où vient ce mouvement de rotation, quelle est sa cause?

Quelques hommes de science ont donné leur explication. Selon eux, la table soumise à l'action simultanée des mains est entraînée peu à peu par la pression des doigts ; il faut voir dans ce phénomène un fait matériel, et rien de plus.

Cette explication ne me paraît pas satisfaisante. Il est possible que l'action, la pression des doigts, soit pour quelque chose dans la rotation de la table, mais il doit exister encore un autre moteur.

En effet, dans certains cas dix personnes ne feront pas bouger une table après une heure d'attente; l'adjonction d'une seule personne suffira pour déterminer le mouvement. Cette personne, privilégiée peut-être, se retirera, et le mouvement sera interrompu par son absence.

D'un autre côté, quittez pendant quelques minutes la table que vous venez de mettre en mouvement. Il vous a fallu une heure, je suppose, pour obtenir ce mouvement; eh bien! la table reprendra sa marche instantanément aussitôt que vous recommencerez l'imposition des mains.

Si le premier mouvement n'était dû qu'à la pression des mains, ne faudrait-il pas le même temps pour produire le second? Pourquoi dans un cas un mouvement attendu pendant une heure, et pourquoi dans le second un mouvement instantané?

Si l'on suppose, au contraire, que l'action magnétique a fait passer dans la table un agent actif, puissant, invisible, un courant électrique, enfin, on expliquera facilement le mouvement instantané.

Ceci admis, cherchons quel est cet agent.

II.

De l'agent actif et invisible.

Nous opérons sur un guéridon en bois de peuplier. Le plateau est mobile, et peut tourner soit à droite, soit à gauche. Une aiguille fixe est adaptée au pied, qui figure alors un axe immobile. — Sur le plateau sont inscrits nos chiffres de 1 à 0, nos lettres de A à Z, et les deux mots OUI et NON.

L'imposition des mains est faite, le charme a opéré, la table manifeste un mouvement.

Je demande :

— Y a-t-il quelqu'un?

Le mouvement recommence et l'aiguille se fixe sur le OUI.

— Quel est ton nom?

Le plateau, tournant et présentant successivement les lettres de l'alphabet à l'aiguille immobile, et s'arrêtant à chacune de celles qui doivent former les réponses, va nous donner des mots et des phrases. La table va écrire ainsi pendant des heures entières d'une façon intelligente.

Ce n'est pas une jonglerie : nous sommes de bonne foi. Qui donc nous répond ?

Ce n'est pas la table elle-même, bois, matière brute ; et d'ailleurs les conversations ne s'établissent qu'après l'imposition des mains. C'est donc un agent actif et invisible, dont la présence a été déterminée, provoquée, par cette imposition.

Quel est-il? Ici commence le mystère; ici nous entrons dans le monde de l'inconnu.

Je suppose la table imprégnée de notre chaleur vitale, de notre fluide magnétique; une partie de notre moi est maintenant dans ce bois insensible.

J'interroge, et ce bois me répond.

La table n'est-elle qu'un miroir où ma propre pensée vient se refléter?

Voilà la première hypothèse. Voici la seconde :

La table étant imprégnée d'électricité humaine, cette électricité devient l'agent au moyen duquel un ESPRIT, un habitant du monde invisible, une âme enfin, peut entrer en commerce avec notre âme, enveloppée dans ses liens charnels.

Un de nos amis, M. **, place sur la table un livre fermé et dit :

— Lis à la page 37 la ligne 6e...

Et la table lit.

Cette expérience a été répétée plusieurs fois.

Après un fait semblable, il faut admettre, ou une espèce de lucidité pareille à celle des somnambules, ou la présence d'un esprit.

Illusion de l'intelligence, mirage de l'imagination, ou révélations du monde invisible, il y a là dans tous les cas un phénomène extrêmement curieux.

Voici le résumé de nos expériences.

III.

Conversations.

Nous admettons que nous sommes en rapport avec les es-

prits, et nous employons ce mot pour pouvoir nous faire comprendre.

CHEZ MOI.

1re Expérience.

— Ecris ton nom.

— Béfi.

— D'où viens-tu?

— D'une étoile nommée *Fiksifa*. Je ne suis pas votre ami; je vous suis supérieure; je puis vous être utile; je suis femme; je suis un bon esprit.

Abdi, venant d'*Afmi*, autre étoile. — Homme, mauvais esprit. Il indique exactement le nombre des frères et sœurs de chaque personne présente.

2e Expérience.

*Charles ***, un de mes amis.* — Nous avons tort de faire ces expériences; c'est détruire notre force nerveuse.

Toutes les religions se valent; aucune n'est d'essence divine; fais le bien, cela remplace toute religion; une bonne action est une prière. — La vertu est le but de la vie. — Le bonheur, dans l'autre monde, est proportionnel aux bonnes actions; la punition est dans la conscience. — Je suis un esprit; ma nature est celle de l'électricité. — Un esprit est une intelligence servie par l'organisme du monde. — Il y a des esprits bons et des esprits mauvais. — Il y a un principe du bien éternellement bon et un principe du mal éternellement mauvais.

Jésus-Christ a dans le monde invisible la plus grande somme de bonheur à laquelle puisse atteindre un homme.

Il a des devoirs à remplir, ainsi que moi.

— Dis-nous par un seul mot comment nous pouvons arriver à ton bonheur?

— Humanité.

— Peux-tu nous apparaître sous une forme visible?

— Oui.

— Laquelle?

— Fantôme.

3e Expérience.

Malgré notre volonté de faire venir des esprits sérieux, il ne vient que des esprits mauvais, qui refusent de répondre ou se moquent de nous. Voici leurs noms étranges :

Hin.	Ucilev.
Cephik.	Leoc.
Kam.	Pek.
Sos.	Gur.
Raphoaw.	Rocyveu.
Cygobu.	Ocuck.
Gobwe.	Djea.

L'un nous dit qu'il est *puant*; l'autre, que nous sommes curieux, mais que nous avons peur.

Dupuytren. — Nous lui demandons de nous prouver qu'il est bien un esprit, en lisant un mot écrit dans un papier cacheté. Il répond :

— Donne moi la certitude.

C'était la pensée qui nous avait fait écrire le mot, et non le mot lui-même; nous insistons plusieurs fois, il répond à une de nos questions :

— Je suis au dessus de tout cela, et par la volonté de Dieu.

Le beau-père d'une des personnes présentes:

— Je vous vois avec chagrin. Il fut toujours funeste d'évoquer les morts.

— Pourquoi?

— Je ne puis mieux répondre qu'en citant les paroles de saint Louis : *Ma foi, ne veux vaincre sans toi.*

— Explique ces paroles.

— Qui veut croire croira.

Demarno, artiste dramatique portugais.

Il me dit mon caractère avec la plus grande exactitude; il me donne des conseils très justes sur la direction de ma vie et sur différents travaux littéraires.

4ᵉ Expérience.

Molière. — Il y a des manuscrits de moi chez le duc de Choiseul. Le duc seul savait à quelle place ils furent mis. Cherche dans la bibliothèque.

Louis XIV était un grand homme et un égoïste. Pas de cœur. Grande valeur personnelle, indépendante de celle de ses ministres.

Le critique qui m'a le mieux apprécié est Voltaire.

Ma première pièce, *la Perle des Filles*, a été jouée en 1666, à Abbeville. Elle se trouve dans le manuscrit in-18, tout entier de ma main, qui est dans la bibliothèque du duc. (*La Perle des Filles* serait restée dans la possession d'une troupe de comédiens ambulants, qui l'auraient jouée à la date susdite.)

Molière est le nom d'une femme que j'ai beaucoup aimée, et qui est morte dans mes bras à l'âge de 16 ans. — Mes premières amours, Zénaïda, fleuriste, rue Jean-le-Bel.

— L'aimais-tu mieux qu'Armande?

— Ce n'était pas le même amour. J'avais 19 ans. C'était un amour pur. Je résistais aux désirs. Elle est morte d'un saisissement à la sortie d'une fête, où elle avait beaucoup dansé, et dont elle était la reine : c'était la fête des fleuristes. J'avais un ami dans ma confidence, Justin Quacillart. Il était très gai; moi, triste. — Je parlais avec elle de mes projets d'avenir. Je pensais déjà à *l'Ecole des femmes*, au *Mariage forcé*. L'idée du *Misanthrope* ne m'est venue qu'avec la souffrance et la connaissance des hommes. J'aurais mis Zénaïda au théâtre. Nous avions déjà joué ensemble plusieurs petites pièces que je faisais. Son père jouait aussi; il était très comique.

Chassez les mauvais esprits, ils ne viendront plus; alors les bons seuls entreront en conversation avec vous.

— Quel sujet de comédie choisirais-tu à notre époque?

— *L'Homme à la mode.*

5ᵉ Expérience.

Irovemorti, de Pesirkou, province d'Imotuoko, en Laponie, mort en 1234. Il avait 791 rennes.

— Indique-nous un passvar célèbre.
— Hophkioce, près d'Amafut.
— Le nom d'un génie.
— Toubatosquioko. On lui sacrifiait des vierges.
Au Kamchatka, les tables se soulèvent sous la main des prêtres et désignent les voleurs.
Chez un de mes amis, six personnes, après une heure d'attente, ne peuvent faire bouger la table. Je fais l'imposition des mains avec une seule personne. Mouvement spontané.
Béfi vient, et dit, pour expliquer le phénomène :
— Il faut avoir la foi.

Dupuytren. — Il dicte des ordonnances à différentes personnes :
1° Repos, campagne, tisane de houblon et de valériane, pas de café, fumer modérément.
2° Bains de mer, deux saisons; bicarbonate de soude, 3 paquets d'un gramme l'un par jour, dans 4 verres de tisane de valériane.
3° Tous les soirs un bain de pieds de feuilles de poirée; appliquer les feuilles sur les jambes pendant toute la nuit. Repos.
4° La luette est trop malade; rien à faire. La personne ne peut recouvrer sa voix.
Ces différentes ordonnances ont été reconnues parfaitement applicables par un médecin, et il n'y avait aucun homme de l'art parmi les personnes présentes à l'expérience.

Beethoven. — Pour perfectionner le piano, il faudrait avoir des cordes plus flexibles et jouer sur un pied plus petit.
Je préfère ma seconde manière à la troisième; j'étais souffrant quand je fis ma symphonie en *ré* mineur.
Berlioz est un grand musicien, mais je n'aime pas sa musique. Il ne peut changer de manière : il est trop entêté.

6e Expérience.

Nous avons demandé Lacenaire, nous pensons donc à lui; la table écrit *Avril.*

Avril. — Mon corps a souffert neuf minutes après le supplice, mais mon *moi* n'avait pas conscience de la douleur, qui était toute musculaire. — J'étais plus brute que Lacenaire; je sentais le sang. — Je pourrais me repentir, je ne le veux pas; j'étais entraîné, mais libre. Je suis malheureux.

Demarno. — Nous voulons que Demarno aille chercher Molière.

— C'est impossible, répond-il, Molière est trop haut ce soir.

Ecris toujours, continue-t-il, en s'adressant à l'un de nous, et prends une place. Le sujet de ta pièce est bon, mais je ne voudrais pas que cela ressemblât à tous les drames. Il y a là cependant l'étoffe d'une belle pièce. Le caractère principal est bon. Je t'aiderai. J'ai de l'amitié pour toi.

Viennent des esprits moqueurs, dont on ne peut tirer aucune réponse sérieuse.

Nous croyons parler à Stradivarius, nous lui demandons s'il est possible de perfectionner le violon :

— Oui, répond-il, avec la pommade de *Jijikoko*, et en prenant le jeu de Nicolas Job. Vous m'embêtez, je vous déteste.

— Tu es donc un esprit du mal?

— Oui.

— Eh bien! donne-nous un mauvais conseil.

— Buvez, amusez-vous, usez la vie...

— Continue.

— A quoi bon? vous êtes des imbéciles, vous ne m'écouterez pas.

3e Expérience.

Gall. — La phrénologie est une science positive; elle sera populaire dans deux siècles.

Fourier. — Mon phalanstère est une idée mauvaise. Ma théorie de la colonne aromale est vraie, mais il m'est interdit d'en parler.

Cinq personnes sont présentes. — Il trace à chacune, avec la plus haute raison, la voie qu'elle doit suivre pour réussir dans le monde.

L'empereur Auguste. — Que penses-tu de tes persécutions?
— Fatalité.

8e Expérience.

Caligula. — Je me suis repenti, je suis heureux. Et d'ailleurs, je *vacillais* (sic) sur la pourpre, veuf de ma raison. — Je fis de mon cheval un consul pour humilier mon sénat. — Les chrétiens étaient trop pleins de leur Dieu. — Le gouvernement absolu est impossible à votre époque.

— Quel est le meilleur gouvernement?

— Faites le bien sous tous les régimes.

— Explique-toi.

— Le destin est impénétrable pour des esprits qui n'ont pas dépouillé leur enveloppe grossière.

Effmé, femme grecque. — Pour entrer en relation avec nous, vous devez abdiquer votre volonté. Soyez neutres, passifs, sinon vous nous *violentez*, et alors nous ne pouvons écrire ce que nous voulons, c'est vous qui parlez.

Parmi les esprits, les uns voltigent dans votre atmosphère, les autres habitent les étoiles....

Madame *** n'est pas à la table. Je demande combien cette dame a de pièces de monnaie dans sa poche. La table répond 14. — On vérifie : c'est exact. Cette dame elle-même ne savait pas le nombre exact des pièces de monnaie en sa possession.

IV.

Conclusion.

Et maintenant, après tout cela, où suis-je arrivé? Je le dirai franchement : au doute, et voici pourquoi.

1° Si l'on a une phrase, un mot dans la tête, la table *l'écrit*, et n'est plus qu'un reflet de notre propre cerveau. Il serait donc possible que toutes ces réponses ne fussent que le résultat d'un travail involontaire, instantané, fait par toutes les personnes assises à la table. Dans ce cas encore le phénomène est extraordinaire. Il y a parfois une espèce de lucidité, puisqu'on voit dans un livre fermé, puisqu'on devine le nombre des pièces cachées au fond d'une poche. Mais je ne puis me convaincre de la présence d'un esprit.

2° Si les expérimentateurs ferment les yeux, la table remue encore sous les doigts, mais ne trace plus ni phrase ni mot. Elle est complétement inintelligente. Est-ce que l'esprit a besoin du concours de nos organes visuels? Est-ce au contraire que nous seuls avons écrit, et par conséquent dirigé la table?

3° Enfin, sauf quelques exceptions qu'on peut mettre sur le compte du hasard, je n'ai jamais vu la table écrire des choses au dessus de nous, des choses que nous ne pussions savoir ou au moins deviner.

Donc, ces phénomènes sont pour moi très extraordinaires, mais ne prouvent pas d'une façon certaine la présence des *Esprits*.

Tout dans un mot : je doute!!! mot fatal qui est au bout de tout travail humain.

A.

EXPÉRIENCE DU 24 JUILLET 1853,

Rue de la Chaussée-d'Antin, 5.

Autour d'une table qui a tout écrit au moyen de coups frappés pour chacune des lettres dont elle avait besoin. Nous étions cinq hommes dont aucun ne s'est assez occupé de sciences pour pouvoir formuler une seule des définitions qu'on va lire. Quand la table a commencé de s'émouvoir sous nos mains, nous avons prié l'esprit qui l'animait d'écrire son nom. Il s'y est refusé. Nous lui avons alors demandé si, tout en gardant l'incognito, il voudrait bien répondre à des questions. Il a répondu : Oui. — Quel sujet il préférait? — Sciences. — Quelle partie? — Définitions.

Moi : Pouvez-vous nous dire avant chaque définition en combien de mots vous la ferez ? — Oui. — Définissez-nous *Éléments de philosophie*. — (Presque instantanément :) J'emploierai 22 mots : Connaître l'organisme de l'homme, ses sensations, ses phénomènes physiques et moraux, ses rapports avec la cause ou Dieu, et avec ses semblables (1).

— Définissez-nous *Electricité*. — 12 mots : Force directe de la terre émanant de la vie particulière aux mondes.

— Définissez-nous *Magnétisme*. — 12 mots : Force animale, enchaînement des êtres entre eux, lien de la vie universelle.

— Définissez-nous *Somnambulisme*. — 12 mots : Etat particulier de la sensation chez certains êtres organisés supérieurement aux autres.

— Définissez-nous *Extase somnambulique*. — 3 mots : Transport somnambulique concentré.

D***

C'est l'homme le plus vénérable du siècle qui m'a adressé ce qu'on va lire.

Londres, Cox's-Hotel, 20 mai 1853.

Mon cher ami,

En réponse à votre lettre du 12, réponse que j'ai un peu différée pour vous la donner plus complète sur les esprits invisibles, je viens vous dire que je n'ai plus aucun doute sur leur existence, ni sur leurs communications avec nous par médiums sincères et fidèles à leur mission.

A l'aide d'un de ces médiums, j'ai eu dix-huit séances les plus convaincantes possibles. J'ai été mis en communication directe avec ma défunte femme, mes deux filles, mon père, ma mère, mes deux frères et ma sœur ; deux fois avec le président

(1) Une somnambule a défini philosophie : Défiance des théories.

Jefferson, une avec Benjamin Franklin, trois avec le prince duc de Kent et de Strethearn, père de notre reine, et avec d'autres personnages dont la vie n'a pas été publique.

Il en résulte pour moi :

1° Que l'objet de ces manifestations qui ont lieu en ce moment de tous côtés est de préparer la réforme du monde ;

2° De convaincre tous les hommes de la réalité d'une existence immortelle après celle-ci :

3° De leur inspirer une charité, une bienveillance, une mansuétude mutuelles sans bornes ;

4° Que le mouvement des tables sous des chaînes de mains est déterminé par des esprits de personnes mortes ;

5° Qu'ils produisent les coups par lesquels ils répondent par de l'électricité animique ;

6° Enfin que les mediums sur la terre sont choisis par Dieu.

Dans ma dernière séance j'ai demandé quelles étaient les qualités les plus estimées dans le monde des esprits. — La réponse a été : La bienveillance et l'amour.

Je donnerai dans ma *Revue rationnelle* les détails de quelques unes de mes séances.

Si votre empereur savait et voulait réaliser les conditions, les arrangements au moyen desquels, en prenant chaque individu à sa naissance, il est possible et facile de rendre excellente l'espèce humaine, il laisserait bien loin derrière lui tous les princes et potentats qui l'ont précédé dans l'histoire.

Votre affectionné,

ROBERT OWEN.

EXTRAIT DE LA *Revue rationnelle.*

EXPÉRIENCES FAITES A LONDRES.

Le 7 mars, chez Mme Hayden, médium américain, 22, Queen Anne street, Cavendish square.

Des coups se font entendre sous la table de son salon. Je demande qui est là? Le duc de Kent? Point de réponse.— Esprits qui vous êtes fait entendre, pouvez-vous me dire quand le duc de Kent viendra? — Oui. — Demain? Point de réponse. — Aujourd'hui? — Oui. — A quelle heure? — Six heures du soir. — Je reviens vingt minutes avant six heures et demande si Son Altesse royale est là. Point de réponse. A six heures, Son Altesse arrive avec l'exactitude qu'elle avait dans ce monde-ci. Des coups se font entendre, et l'alphabet écrit son nom.

Moi : Votre Altesse veut-elle bien me parler d'intérêts publics? — Oui.—Y a-t-il des distinctions et des degrés dans votre sphère? — Oui. — Dans quelle sphère êtes-vous? — Dans la quatrième. — Dans quel cercle? — Dans le premier. — Instruirai-je S. M. votre fille de cet entretien? — Pas encore, je vous dirai quand il en sera temps. — Vous m'avez présenté la princesse Olive comme votre cousine, maintenez-vous ce fait? — Oui. Elle était ma cousine.— Vous rappelez-vous le système rationnel que j'ai eu l'honneur de vous exposer pour l'amélioration de la race humaine? — Oui.— Mes efforts réussiront-ils? — Oui.—Voulez-vous bien m'indiquer comment je dois m'y prendre? — Oui. — Lord Brougham est-il ce qu'il y a de mieux pour présenter mes pétitions à la chambre des pairs? — Oui. — Qui, de l'Angleterre ou des Etats-Unis, sera le premier pays qui obéira aux esprits? — Les Etats-Unis.

En avril vient s'écrire chez Mme Hayden l'esprit de Benjamin Franklin.

Je demande *mentalement* : Mme Hayden est-elle un médium fidèle, adopté par de bons esprits, pour apporter aux hommes quelque instruction des sphères supérieures? — Oui. — Dans quel but les esprits qui ont quitté la terre se manifestent-ils comme ils font? — Pour réformer le monde. — Puis-je y servir? — Oui, en poussant aux réformes. — Les esprits m'aideront-ils? — Oui. — Dois-je y dévouer le reste de ma vie? — Oui. — Convoquerai-je un meeting pour annoncer ce que vous me dites, ou le ferai-je seulement connaître au Parlement? — Au Parlement. — En informerai-je aussi le congrès américain? — Oui, par l'ambassadeur des Etats-Unis. — Quand aurai-je des nouvelles de ma famille? — Dans deux semaines.

Quinze jours après, chez Mme Hayden, une lettre d'Amérique et de ma fille à la main, je demande, lorsque les coups se font entendre, quels esprits sont là. L'alphabet répond : Vos filles, Anne, Caroline et Marie. Je pose la lettre dans son enveloppe sur la table, demande de qui elle est, et l'alphabet écrit : Jane-Dale-Owen, qui sont les noms de fille de celle qui a écrit la lettre. Je demande si elle n'a pas un autre nom et quel il est. La réponse est Fontleroy. Le nom est Fauntleroy.

Deux jours après, la soirée étant froide, j'avais mis autour de mon cou une grosse cravate neuve qui m'était arrivée d'Amérique. — L'idée me vient de demander, en la posant sur la table, qui me l'a donnée. La table répond : Martha Trist, noms de la jeune femme qui m'a fait ce cadeau, et qui est petite-fille du président Jefferson. Je demande le nom de son père. Elle répond : Nicolas Trist; ce qui est exact.

Forcé par tout ce que j'entends depuis trois mois de renoncer aux opinions de toute ma vie, je crois de mon devoir de proclamer, dans un manifeste, la conviction nouvelle où je suis que l'esprit de l'homme, au lieu de mourir, comme je le croyais, avec le corps, passe en le quittant à une autre existence plus éclairée, plus pure et plus heureuse. Je prends ce manifeste, le porte chez Mme Hayden, et demande à des esprits qui s'y annoncent comme ceux de mes filles et de ma femme, s'ils connaissent le contenu du papier placé sur la table. — Oui. — Ce contenu est-il vrai? — Oui. — Faut-il le publier? — Oui, oui, oui, répondent des coups bien distincts. — Le président Jefferson est-il là? — Non. — Benjamin Franklin? — Non. — Le duc de Kent? — Non. — Pouvez-vous me dire quand le duc sera libre? — Demain à six heures. Et le lendemain à six heures le duc écrit son nom. — Mon manifeste est-il bien ? — Oui. — Faut-il l'adresser à lord Brougham pendant qu'il est en France ? — Oui. — Quel effet produira-t-il sur le Parlement ? — Bon. — Lord Brougham obtiendra-t-il qu'on nomme une commission ? — Oui. — Par quel membre de la chambre des communes faut-il faire présenter à cette chambre ma pétition sur l'éducation ? — Milner Gibson. — Les esprits qui ont quitté la terre se connaissent-ils tous ? — Point de réponse. — Quand les esprits que je désire entendre ne sont pas là, qui me répond à leur place ? — Ceux qui se trouvent présents. — Les esprits connaissent-ils l'avenir comme le passé et le présent ? — Quelques uns d'entre eux seulement. — Est-il inconvenant de leur demander de causer avec eux ? — Non.

ROBERT OWEN.

EXPÉRIENCES EN AMÉRIQUE.

Baltimore, mardi 12 avril 1853.

A Mme Sarah-Hélène Whitman, Providence R. J.

Chère madame,

Je saisis un moment de loisir pour vous informer plus amplement que je n'ai fait jusqu'à ce jour des manifestations physiques dont je vous ai dit un mot. Voici ce qui m'est arrivé avec l'esprit de John C. Calhoun : — Les communications que j'en ai reçues me sont parvenues tantôt par coups (rappings), tantôt par écrit (writing), tantôt de vive voix (speaking). — Elles sont les plus saisissantes du monde. Dans ses meilleurs jours sur la terre elles auraient fait honneur à Calhoun.

A l'arrivée de Mlles Fox à Washington, en février dernier, j'allai leur faire une visite, et l'esprit de Calhoun s'annonça immédiatement chez elles. J'écrivis alors, *mais sans la montrer*, la question suivante : — Pouvez-vous, par quelque phénomène physique, me confirmer la vérité des révélations, et écarter de mon esprit jusqu'à l'ombre du plus léger doute?

Réponse : J'aurai avec vous un entretien lundi, à sept heures et demie ; n'y manquez pas : je vous expliquerai ce qui se passe.

JOHN C. CALHOUN.

Il est bon d'observer ici que cette réponse a été faite lettre par lettre, un coup pour chacune, suivant la méthode ordinaire, et en présence de madame et de mesdemoiselles Fox.

Je revins en conséquence le lundi à l'heure convenue ; voici ce qui me fut écrit : « Mon ami, on vous demande souvent quel » bien peuvent faire nos manifestations. Je réponds à cela : » elles ont pour but de rapprocher les hommes, en convainquant » les sceptiques de l'immortalité de l'âme. » Ceci me rappelle qu'en 1850, à Bridge-Port, en présence d'autres médiums, parmi plusieurs questions posées et plusieurs réponses reçues, la question : Qu'est-ce que se proposent les esprits en se manifestant à nous? provoqua de la part de W. M. Channing une réponse absolument semblable à celle de Calhoun : « Unir le genre humain et convaincre les sceptiques d'une autre vie. » Cette rencontre de deux esprits si élevés, sur un point si important, est digne, ce me semble, d'attention.

Pendant la communication ci-dessus relatée de Calhoun, la table se déplaça, tantôt dans un sens, tantôt dans un autre. Quand ce fut fini, nous nous en éloignâmes. Elle marcha toute seule trois ou quatre pieds, s'arrêta, puis revint à sa place, puis repartit, puis retourna, puis leva un de ses côtés, et forma ainsi quelques instants un angle de 35 degrés avec le sol, puis enfin redescendit et ne bougea plus.

C'était une grande et lourde table ronde, à laquelle douze personnes pouvaient dîner. Pendant tous ces mouvements, personne de nous ne la touchait. Ils me donnèrent la curiosité de la peser : je m'en approchai, m'assis, et mis à la soulever toute la force que j'avais dans cette attitude ; je ne pus pas la soulever. Je me levai, et ne le pus pas davantage. Je priai les trois dames de se joindre à moi : nous la fîmes craquer, mais non quitter la terre. Je demandai aux esprits de me permettre de la soulever, et j'y parvins seul, sans la moindre difficulté.

Alors s'établit entre eux et moi la conversation suivante :

— Pouvez-vous faire perdre entièrement terre à une table? — Oui. — Pouvez-vous m'enlever avec elle? — Oui. Prenez la table carrée.

Cette table carrée était une table à thé de cerisier à quatre pieds; nous l'apportâmes à la place de la ronde, ses deux allonges levées; je me plaçai dessus, au centre; les trois dames se mirent sur les côtés et à un bout, bras et mains appuyés, augmentant ainsi d'autant le poids de la table et le mien. Deux pieds de la table se levèrent d'abord de six pouces, les deux autres se levèrent ensuite, et LA TABLE ENTIÈRE FUT SUSPENDUE EN L'AIR A SIX POUCES DU SOL; assis sur elle, je fus agréablement balancé, après quoi elle se reposa doucement.

Va-t-on dire que ç'a été un effet d'électricité? Je voudrais bien savoir par quelle loi d'électricité la même table peut, non chargée, être rivée à la terre, et, chargée, en être bientôt entièrement soulevée.

A une réunion subséquente, Calhoun m'invita à apporter trois sonnettes et une guitare. Je les apportai. Les sonnettes étaient de différentes tailles, la plus petite une sonnette de table. Il ordonna de placer un tiroir renversé sur la table, et les trois sonnettes sur le tiroir. Nous nous assîmes autour de la table, les bras et les mains posés dessus. Les sonnettes commencèrent une espèce de carillon. De nombreux coups firent entendre comme une marche, et les sonnettes se réglèrent sur eux. La marche était lente, solennelle, parfaite; l'oreille la plus difficile n'y aurait pas découvert une dissonance.

Quand les coups s'arrêtèrent, les sonnettes s'agitèrent violemment. Une d'elles vint me sauter sur le pied, sur la cheville et le genou, et les coups sous la table furent si violents qu'un chandelier en dansait. Je regardai, ils étaient marqués sur le bois. L'électricité peut-elle frapper de tels coups?

Enfin, le bruit cessant, une main se fit sentir à moi aux mêmes places qu'une des sonnettes avait frappées.

Je fus alors invité à mettre la guitare sur le tiroir. Nous

nous assîmes comme pour les sonnettes. Elle résonna d'abord doucement, c'était comme l'accompagnement d'un morceau de musique délicieux. Puis elle joua énergiquement une sorte de symphonie; puis les sons s'affaiblirent, se renforcèrent, s'affaiblirent de nouveau, et cessèrent de se faire entendre comme s'ils s'éloignaient de nous.

Je suis complétement incapable de donner une idée de cette musique. J'ai entendu de charmants airs admirablement joués sur la guitare, jamais je n'entendis rien de si suave.

La musique finie, la table écrivit :

« C'est ma main qui a touché vous et la guitare.

» John C. Calhoun. »

Une autre fois, le général Hamilton, le général Waddy Thompson, de la Caroline du Sud, et moi, avons assisté ensemble à ce qui suit :

Invités à placer une Bible sur un tiroir sur une table, nous l'y plaçâmes fermée. C'était une petite Bible d'une impression très fine. Des coups nombreux frappèrent la mesure de l'air *Hail Colombia*, s'affaiblirent ensuite et moururent, comme avait fait la musique de guitare.

L'alphabet fut employé et écrivit : Regardez. Je regardai. La Bible s'était ouverte à l'évangile de saint Jean, le chapitre 2 sur la page de gauche, le chapitre 3 sur celle de droite. Je dis : Voulez-vous que je lise le chapitre 2? — Non. — Voulez-vous le chapitre 3? — Oui. — Je lus, et des coups significatifs furent frappés à beaucoup de versets, les plus forts aux versets 8, 11, 19, 34.

Nous supposâmes que cette manifestation était de Calhoun, qui avait invité à la séance ces messieurs et moi.

Une autre fois encore, appelé par Calhoun chez Mlles Fox et leur mère, nous étions assis tous quatre, les mains et les bras sur la table. Je suis invité à mettre sur le tiroir du papier et un crayon. Je les y mets. J'entends un bruit, comme du crayon sur le papier; ensuite des coups signifiant : Prends et taille le crayon. Je regarde et ne vois plus le crayon; je le cherche, le trouve à quatre pieds de la table. Le crayon est cassé dans le bois. Je le taille, le replace, entends de nouveau un bruit, regarde le papier, y trouve des marques de crayon, mais rien d'écrit, et la communication que voici nous est faite par l'alphabet : Je n'ai pas assez de force pour écrire une phrase. Ceci vous montre seulement que je puis écrire. Si vous revenez vendredi à 7 heures précises, j'aurai plus de forces.

John C. Calhoun.

Nous revenons le vendredi, prenons nos places, et mettons le papier sur le tiroir. Je dis à mon ami : Je voudrais que vous fissiez usage de votre écriture de la terre, pour que vos amis puissent la reconnaître. On répond : Vous la reconnaîtrez. Pensez à l'esprit de John C. Calhoun.

J'entends un mouvement rapide. Je regarde sous le tiroir, trouve mon crayon tombé, la feuille de papier dérangée et dessus : I'm with you still (je suis encore avec vous).

Je montre la phrase au général Hamilton, ancien gouverneur de la Caroline; au général Waddy Thompson, ancien ministre à Mexico; au général Robert Campbell, dernier consul à la Havane; à d'autres intimes amis de Calhoun et à un de ses enfants : tous disent que c'est bien son écriture. Le général Hamilton fait de plus une observation frappante : que Calhoun avait l'habitude d'écrire I'm pour I am, et qu'il a plusieurs lettres de lui où se trouve cette abréviation. Mme Macomb m'avait déjà dit la même chose. Son mari, le feu général Macomb, lui avait montré une lettre de Calhoun où cette abréviation particulière à Calhoun avait été remarquée par elle. La phrase est d'ailleurs tout à fait dans le caractère de Calhoun : courte et claire, tout ce qu'il fallait.

Il y aurait, à mon avis, des volumes à écrire sur tout cela. J'y trouve une preuve irréfragable 1° de l'immortalité de l'âme, 2° du pouvoir qu'ont les esprits de revenir visiter la terre, 3° de leur aptitude à communiquer avec leurs parents et amis.

Comme le cœur s'épanouit dans ces communications ! et combien sont étranges les hommes qui résistent à de tels flots de lumière !

N. P. TALLMADGE.

Sénateur, aux Etats-Unis.

J'ai vu de plus un homme très spirituel et très savant, dans toute la force de l'âge, qui, après s'être occupé de tables pendant un mois, est arrivé à n'en avoir plus besoin pour communiquer avec les esprits qu'il veut consulter. Il entend ceux-ci ; il sent d'autres idées que les siennes se former dans son cerveau, et sa main les écrit sans qu'il y soit lui-même pour rien. Au lieu de chercher ce qu'il doit écrire, il éprouve la curiosité de le lire. — Ce médium croit qu'il y a un grand danger à se laisser ainsi envahir tout à fait, et qu'il est prudent de laisser toute recherche de côté, quand on s'aperçoit qu'on n'a plus conscience de ce qu'on pense soi-même. Le difficile est de conserver son *moi*, tout en profitant de ces communications étranges. Il m'a paru en être venu à bout.

Ces derniers faits ont fixé mes idées sur ce que peut être notre intelligence.

Il me semble évident que la source en est, comme je l'ai dit, dans l'air; que tous les êtres organisés en aspirent plus ou moins suivant qu'ils sont doués de plus ou moins d'organes, et que ces organes sont plus ou moins perfectionnés ; enfin que quelques unes des parcelles d'éther et d'électricité dont ont été animés les morts que nous évoquons peuvent aussi facilement se laisser aspirer par nous et rester un moment en nous ou passer à l'aide de notre fluide dans d'autres corps que se manifester par quelque bruit ou apparition à l'aide des éléments de l'atmosphère.

Quand un magnétiseur ajoute, en la faisant rayonner de ses doigts, une part de ce qu'il aspire ainsi, à ce qu'en aspire un somnambule, celui-ci se trouve en possession d'une dose plus forte que celle à laquelle Dieu nous a rationnés, et assez forte apparemment pour n'être plus séparée, par la matière qui l'enveloppe, du réservoir commun dans lequel nous puisons tous; ce réservoir étant l'immensité et la substance qu'il contient pénétrant tout sans solution de continuité, il n'est plus rien que le somnambule n'aperçoive; ni les murs ni les distances ne l'entravent. Les tables sont une preuve de ce grand fait. Elles sont plus intelligentes que nous, parce que les doses d'un certain nombre d'entre nous s'y réunissent, et le médium dont je viens de parler est parvenu à la même supériorité qu'elles, à force de servir de passage à des doses de l'intelligence générale. J'en conclus que ce n'est pas une chose vaine que les réponses de tables. En se réunissant autour d'une grande table, quelques hommes d'élite, à esprit vif et bien meublé, doivent pouvoir parvenir à d'importantes découvertes. Le fait seul d'une grande agglomération d'hommes, plus ou moins cultivés, sur quelques hectares de terrain, développe à un point remarquable leur intelligence. Que ne devra point produire la concentration des esprits les plus distingués d'entre eux et peut-être, avec eux, d'autres esprits de philosophes morts, dans un seul corps de deux ou trois pieds de diamètre et d'un pouce au plus d'épaisseur?

Une chose digne de remarque, c'est qu'en Amérique, en Angleterre comme à Paris, les *tables* ou les *coups* ont dit que les phénomènes actuels ne sont que des phénomènes d'initiation destinés à préparer une grande révélation, une immense rénovation de notre monde. — Il faut bien observer aussi que tous ceux qui ont expérimenté se sentent pris d'un amour profond pour l'humanité, et trouvent dans ces conversations mystérieuses un entraînement irrésistible vers le bien moral. La croyance aux *esprits* serait donc le signal d'une régénération nouvelle. Quand le but est si grand, ne doit-on pas encourager les hommes de bonne volonté, et prendre au sérieux ces expériences?

Je ne suis point surpris que les académiciens nient le mouvement des tables, et que les prêtres l'attribuent au démon. L'individualité conservée après notre mort par les esprits qui nous ont animés contrarie l'opinion la plus générale dans l'Académie : qu'ils se confondent en nous quittant dans l'atmosphère ; et la presque certitude qu'ils finissent par être heureux dans l'éther ou dans une planète contrarie l'opinion de l'Église : que les peines ne finissent point.

Mais toutes les fois qu'un corps savant nie une découverte, je me rappelle, entre vingt autres faits, celui que voici :

En 1543, à Barcelone, une machine à vapeur, composée d'un cylindre, d'un piston et d'un mécanisme transmettant l'action de la vapeur à des roues, c'est-à-dire, comme on le voit, tout à fait sur le principe des nôtres, a été essayée en présence de Charles-Quint et de son fils Philippe II, par un capitaine de vaisseau nommé Brasco de Garay, sur un bâtiment de 200 tonneaux appelé *la Trinité*.

Henri de Tolède; Pierre Cardona, gouverneur de Barcelone; Ravago, trésorier; le vice-chancelier François Gralla, et plusieurs autres personnages, assistèrent à l'expérience, qui réussit complétement. Ravago prétendit que l'invention ne procurerait pas une marche assez rapide, que la chaudière ferait explosion, etc., etc. D'autres membres de la commission soutinrent le contraire. Malheureusement Charles-Quint fut distrait par de nombreuses occupations. On se borna à payer les frais de construction et d'essai, à récompenser Garay, et la chose en resta là.

(Registres originaux des archives royales de Semaces et du secrétariat de la guerre, 1543.)

Et pour ce qui est de l'Église, d'abord elle n'a pas plus dit la place de l'Enfer ni du Paradis que Jésus, en parlant de feu éternel, n'a dit que les méchants y resteraient éternellement; ensuite son but étant de nous relier tous à Dieu, elle approuve sans doute en chacun de nous l'idée qui nous le fait plus aimer.

Or, je ne puis ni comprendre ni aimer une intelligence infinie, sous les traits et le costume d'un vieillard qui punit des êtres faits par lui de ce qu'ils sont imparfaits. Je la comprends au contraire si je me figure qu'elle est l'éther, c'est-à-dire l'immensité, et je l'aime autant que je la respecte, ne pouvant pas plus dominer toujours l'électricité et la matière que nos intelligences ne peuvent toujours dominer nos corps et nos âmes; se reconnaissant des molécules impures dont la présence en elle est cause que le mal se fait malgré elle, et les soumettant à une série d'épreuves, jusqu'à ce que, parvenues à la même pureté que le reste de sa substance, elles n'opposent plus aucun obstacle à sa volonté du bien. Je m'explique dans cet ordre d'idées comme quoi, aspirant nos intelligences avec l'air plus ou moins de temps après notre naissance, nous ne pouvons nous les approprier que mélangées et espérer de rentrer un jour pour l'éternité dans l'intelligence universelle qu'après avoir accompli dans ce monde notre mission de morigéner de la matière. Il y a là un grand être à qui je ne puis reprocher le mal, puisque avec le besoin de notre perfectionnement pour se perfectionner lui-même, il ne peut nous vouloir que du bien. Le sacrement de l'Eucharistie, cet admirable moyen d'inspirer à l'homme le désir d'être parfait, satisfait d'ailleurs bien mieux sa raison comme symbole de sa communion perpétuelle avec Dieu, par l'air et les aliments, que comme changement de substances possible à la voix du premier prêtre venu, en mémoire d'une expiation semblable aux sacrifices humains des anciens peuples. Enfin rien dans cette explication ne s'oppose à ce que nous restions sectateurs de Jésus-Christ, celui de tous les hommes qui a été le plus semblable à Dieu par l'immense supériorité de sa part d'intelligence sur ses parts d'électricité et de matière. Qu'on me laisse donc chercher à faire comprendre Dieu ainsi, puisque c'est ainsi que je l'aime et que j'acquiers le plus d'ardeur à me perfectionner pour lui.

ÉDUCATION NOUVELLE A TOUS.

Cette perfection qui devrait être notre but de tous les instants, car elle ne fait qu'un (chose admirable!) avec le bonheur, notre rêve à tous, y a-t-il un ordre social, y a-t-il un système d'éducation, y a-t-il une croyance, y a-t-il un code par lequel une société quelconque s'en soit quelque peu approchée ?

Un ordre social? Le despotisme a révolté ; la monarchie tempérée par une aristocratie a corrompu ; la république, soit aristocratique, soit démocratique, a divisé et ramené au despotisme.

Un système d'éducation? Tous ont produit peu de raison, beaucoup d'orgueil et d'envie.

Une croyance? Toutes ont fait couler des torrents de sang. Il n'en coule moins que depuis qu'on croit moins.

Un code? Tous ont engendré la chicane et une classe d'hommes funestes.

Aussi nous retournons-nous sans cesse, comme saint Laurent sur le gril, et comme lui nous ne trouvons pas de position tolérable.

Je le crois bien.

Il n'y a qu'un grand être dont nous sommes tous des parties, et la société s'est toujours arrangée par classes, comme si nous étions tous de natures différentes.

Une instruction générale peut seule donner à chacun de nous toute sa valeur, et il n'y a jamais eu qu'un petit nombre qui en reçût.

Les croyances exaltent l'imagination, et partout elles sont nées avant la science, qui seule forme le jugement.

Les codes devraient partir des croyances, et tous ont laissé les croyances parler du devoir, pour ne parler, eux, que du droit. A l'accomplissement du devoir, des récompenses futures et incertaines; à l'exercice du droit, des avantages présents et sûrs.

Je demande ce qui peut sortir de bon d'un tel partage, joint à l'attribution par l'ordre social du droit sans devoir aux riches, du devoir sans droit aux pauvres.

Il n'était pourtant besoin que de bien peu de réflexion pour reconnaître qu'elle est tout entière, cette perfection, fin de nos épreuves, dans l'amour pour nos semblables. Cherchez une bonne qualité que ne nous inspirât cet amour, une mauvaise qu'il ne détruisît en nous, une position dans laquelle un seul de nous ne fût plus heureux qu'il n'est s'il aimait tous les hommes et si tous l'aimaient; cherchez, dis-je, cherchez toujours, vous ne trouverez jamais.

C'est donc bien là la loi de Dieu.

En même temps qu'il nous donnait une loi individuelle, la tempérance, avec les souffrances et l'abrégement de notre existence pour sanction, il ne pouvait pas, puisqu'il nous faisait animaux sociables, ne pas nous donner une loi sociale pour contenir les passions antisociales que nous inspireraient les besoins de nos corps; et celle-ci est si courte et si claire; les effets de son accomplissement sont si évidemment la conservation et le bonheur de tous; elle implique si bien cette génération du droit par le devoir et du devoir par le droit, sans laquelle il n'y a ni justice ni paix; sa sanction enfin, c'est-à-dire l'abandon de nos semblables, inévitablement suivi de nos remords, est à la fois si terrible et si impossible à nier avec assurance pour un autre monde où nous serons tous dans la lumière, notre passé sur le front (1), si ce n'est pour celui-ci, où nous parvenons quelquefois à cacher ou à imposer nos vices, que je défie les plus incrédules de méconnaître son auteur.

Nous ne pouvons pas non plus dire qu'elle nous est inconnue. Nous savons tous qu'en Chine Confucius disait il y a trois mille ans : Adore Dieu, et fais pour les autres ce que tu voudrais qu'on fît pour toi; qu'Isaïe a dit : Entr'aidez-vous; Jésus : Aimez-vous les uns les autres.

Dieu nous aurait-il donné cette loi si elle n'était pas exécutable? Les hommes qui lui ont substitué d'autres lois tirées de leur cerveau, en osant dire que leurs peuples n'en pourraient pas supporter de meilleures, ces hommes-là ont calomnié Dieu; nous ne naissons pas tous bons, mais nous naissons tous capables de le devenir, tous aussi également imitateurs, pour pouvoir être pétris, que diversement doués pour pouvoir tous être utiles.

Pourquoi donc, au lieu de nous aimer, sommes-nous toujours prêts à nous haïr? Pourquoi, au lieu de nous entr'aider, nous renvoyons-nous, comme une peine, le travail, qui serait un plaisir, partagé entre nous tous?

(1) Un prêtre demandait, il y a quelques jours, à une somnambule si elle pouvait voir où est l'enfer. Réponse : Monsieur l'abbé, l'enfer n'est pas un lieu, c'est un état.

C'est que les exemples que nous avons reçus jeunes nous en ont donné l'habitude ; c'est que nos ancêtres en avaient puisé de semblables, où? chez un peuple dont nous nous obstinons à admirer les livres comme source de vérité, et qui sont complétement démentis par la connaissance de l'homme et des lois de l'univers ; c'est que les législateurs de ce peuple sont tous pleins de deux idées fausses, et que l'erreur et le mal vont ensemble, comme la vérité et le bien. En représentant Dieu oisif, ils ont dépouillé le travail de sa plus brillante auréole ; en traitant les hommes par les récompenses et les peines, comme s'ils se forgeaient eux-mêmes, ils les ont empêchés de devenir bons. Gouvernements, éducation, religions, codes, sont tous partis de la seconde de ces idées-là. Elle seule, parce qu'on nous l'inculque dès notre naissance, gouverne toute notre vie. Là est la cause primitive de notre imperfection et de tous les maux de la société.

Les individus peuvent être libres d'action ; ils ne le sont pas de volonté. Qu'est-ce, en effet, que la liberté, si ce n'est la faculté de toujours voir et de toujours faire le bien ? La condition pour le voir n'est-elle pas la science? La condition pour le faire n'est-elle pas le capital, et voit-on dans les masses beaucoup d'hommes qui aient science et capital? qui soient dégagés par la première de toute conviction erronée, dégagés par le second de tout besoin irritant? Est-il contestable que nous ne choisissons ni nos organes, ni notre patrie, ni nos parents, ni notre situation ? que de nos organes dépendent nos goûts et nos facultés ? que de nos parents et de notre patrie dépendent nos opinions et nos croyances? que de nos situations dépend le plus ou le moins de satisfaction donnée aux unes, le plus ou le moins de développement donné aux autres, et que de l'excès ou de la privation de cette satisfaction et de ce développement sortent en nous des passions dont l'habitude devient notre caractère, et dont notre ignorance ou nos occupations nous empêchent de nous corriger? Nos sympathies et nos antipathies ne sont-elles pas déterminées par les doses d'électricité attractive ou répulsive qui nous animent? Enfin nos volontés n'ont-elles pas, l'une sur l'autre, un ascendant incroyable pour quiconque n'a pas vu d'expériences magnétiques, et est-il plus difficile à Dieu de nous tenir tous dans sa main, attachés les uns aux autres par ces liens invisibles, qu'à un de nous de faire danser sur une planche un groupe de marionnettes? (1).

(1) On ne peut nier que Dieu, en créant la créature raisonnable, n'ait réservé dans la plénitude de sa science et de sa puissance des moyens certains pour la conduire aux fins qu'il a résolues, sans lui ôter la liberté qu'il lui a donnée.

Id scio, dit ce jeune homme dans le poète comique, *Deos mihi satis infensos qui tibi auscultarerim*. Ce langage, si connu dans les comédies et les histoires, fait voir que c'est le sentiment du genre humain que ce qui se fait le plus librement par les hommes est dirigé par les ordres de la divine Providence.

J'en conclus que deux choses nous sont évidentes par la seule raison naturelle : l'une que nous sommes libres au sens dont il s'agit entre nous; l'autre, que les actions de notre liberté sont comprises dans les décrets de la divine Providence et qu'elle a des moyens certains de les conduire à ses fins. (BOSSUET, *Traité du libre arbitre*.)

L'homme s'agite et Dieu le mène. (*Id.*)

Ce sont là des vérités que tout nous démontre, des faits qui, à une exception près sur cent, se reproduisent dans tous les individus humains, comme dans tous les animaux et dans tous les végétaux; des faits dont saint Paul s'est montré plus frappé que personne quand il a dit : Il n'y a qu'un Dieu, père de tous les êtres, existant au dessus de tous, parmi tous, et EN NOUS TOUS. C'est lui qui donne à tous les êtres la vie, le souffle de toutes choses. Nous ne sommes point capables par nous-mêmes de penser à quelque chose comme de nous-mêmes; cette faculté vient de Dieu. C'est Dieu qui produit en nous la volonté et l'action pour faire le bien. Dieu opère tout dans tous les hommes.

Qui peut donc l'avoir inspirée aux premiers hommes cette idée orgueilleuse et stationnaire que leur volonté était libre? S'il y a un esprit des ténèbres, ce ne peut être que lui, et toute la punition que Dieu inflige à notre race de ce qu'elle l'a accueillie consiste à la lui laisser : car c'est elle qui nous pousse seule à nous rendre le mal pour le mal; et la plus funeste de toutes nos pratiques, parce qu'elle s'exerce à tout instant et entre tous les hommes, c'est celle des récompenses et des peines, qui en est la conséquence; car il faudrait que les hommes fussent des anges pour l'appliquer toujours avec discernement. C'est au contraire une science certaine comme la physiologie que la science des habitudes et des circonstances appelée morale. Elle est conforme à la nature de l'homme : en consultant bien ses sensations, en choisissant d'après elles, et faisant agir sans relâche sur lui les circonstances, les leçons, les exemples les plus propres à développer les bons germes, à oblitérer les mauvais, on peut améliorer non seulement lui, mais en lui toute sa descendance. Le fait-on? Dès que l'enfant voit et entend, ses souris, s'il voit sourire, ses pleurs, s'il voit pleurer, prouvent, à n'en pas douter, ses dispositions à l'imitation, à la sympathie; s'observe-t-on pour ne lui faire connaître que des sentiments de bienveillance et de justice?

On s'emporte, devant lui, ou entre soi, ou contre des tiers. Il crie pour de vrais besoins, et on le rudoie; pour des caprices, et on lui cède, suivant l'humeur dont on est au moment où le fait arrive. Il commet une méchanceté, et on la lui rend ou on le menace de la lui rendre, comme si, avec le peu de sensations qu'il a amassées depuis sa naissance, il savait le mal qu'il fait et devait par conséquent en répondre. Cette responsabilité, on la lui enseigne à tout moment, et on le rend ainsi à la fois fourbe pour obtenir des récompenses ou pour éviter des peines et vindicatif envers qui le froisse, avec la croyance que c'est justice. On est indulgent pour lui quand il ne saisit pas bien la science des faits, c'est-à-dire la vérité, et on lui impose avec irritation les probabilités qu'aucun fait ne prouve, que dis-je? les improbabilités auxquelles sa raison naissante se refuse. Il y a mieux : plus ce qu'on lui raconte est difficile à croire, plus on déploie d'autorité pour l'y obliger, mettant ainsi la croyance au dessus de la science, et ce qui lui semble absurde au dessus de ce qu'il voit, de ce qu'il sent, de ce qu'il touche, de ce qu'il entend.

Non, il n'est pas possible que l'homme s'améliore jamais avec une pareille instruction à son début dans la vie, avec les besoins ou les excès auxquels il est livré quand cette instruction est finie. Quelle autre race d'hommes nous aurions bientôt si nous ne perdions jamais de vue, pour les adultes dont le caractère a pris des plis ineffaçables, que leurs opinions, leurs sentiments, leurs idées leur ayant été inspirés par leur organisation qui leur vient de Dieu, et par les circonstances probablement irritantes dans lesquelles notre mauvais ordre social les a fait naître ou jetés, et contenus, nous pouvons, nous, comme la société, nous éloigner ou nous défendre d'eux s'ils nous attaquent ou nous menacent, mais n'avons pas plus le droit de le faire avec colère que de les mépriser quand ils sont laids ou bêtes, au lieu de beaux et de spirituels qu'ils seraient s'ils s'étaient faits; pour les enfants, que nous avons tous une corde sensible, un point qu'il faut savoir toucher pour nous émouvoir, qui vibre fortement dès qu'on le touche; que, si cet élément de notre force reste assoupi ou ignoré, nous perdons la plus grande partie de notre valeur; et qu'en cherchant avec soin la destination de chaque enfant, en ne l'humiliant pas, en lui inspirant au contraire de l'estime pour lui-même, il n'en est presque point dont nous ne puissions faire un membre utile à la société!

Elle est libre, elle, la société, pourvu qu'elle soit un peu nombreuse et point en guerre civile; elle peut toujours enseigner et faire le bien, puisqu'elle a toujours à son service, entre tous les membres qui la composent, quelques héritiers des trésors de richesse et de science accumulés par les générations passées.

Qu'elle essaie donc d'appliquer à tout le pays à la fois

une éducation nouvelle; que les femmes, qui nous sont si supérieures en patience et en dévoûment, gardent plus long-temps les enfants qu'on ne les leur laisse à présent; que cent mille des meilleures et des plus instruites donnent à ces jeunes cœurs l'exemple d'une bonté constante, d'une abnégation de soi complète. Qu'elles y fondent une mansuétude sans bornes sur la conviction profonde qu'aucun d'eux n'est entièrement maître de lui-même, et sur la sympathie que se doivent entre elles des créatures de Dieu éprouvées ensemble par lui. Que les hommes qui leur seront adjoints, pour les exercices du corps et les choses qu'ils savent mieux qu'elles, prennent comme elles le plus grand soin de ne rien dire aux enfants sans le leur faire voir, toucher, sentir. Qu'ils écartent d'eux toute histoire, toute mythologie, toute langue morte, jusqu'à ce qu'ils soient bien imprégnés de sciences naturelles et positives. Cette génération acquerra ainsi une instruction réelle : car l'instruction est ce que nous apprenons à l'aide de nos propres sensations, non pas ce qu'on nous dit et que nous croyons sans l'avoir vérifié : cela, nous ne le savons pas. Elle l'acquerra avec moins de peine que nous n'avons acquis la nôtre : car les exercices, les beaux-arts, les transformations de la matière, les rapports des hommes entre eux, et l'influence de chaque occurrence sur nous, sont bien autrement intéressants que l'histoire juive, grecque, latine, et que l'étude de langages que personne ne parle plus. Elle s'habituera à ne rien croire dont elle ne soit sûre par elle-même, et cette habitude, jointe à l'absence des ennuis que nous ont causés nos études, préservera à la fois ces jeunes caractères de l'irritabilité que ces ennuis nous ont donnée et d'une grande partie de nos occasions de querelles : car nous en avons à tout moment sur les choses dont nous ne sommes pas sûrs, et je défie d'en avoir une sur un fait comme la clarté du soleil. Les mauvais germes s'oblitéreront donc faute d'exercice, en même temps que par l'exemple de la douceur seront développés les bons, et dans quinze ans toute cette génération sera vertueuse, c'est-à-dire parfaite, c'est-à-dire heureuse : car le bonheur, la perfection, la vertu, je l'ai déjà dit, c'est tout un. Et cette fois il sera durable : car il procédera à la fois des lumières et des mœurs (1).

Va-t-on s'effrayer des dépenses à faire pour cette éducation générale? Mais notre pays est tout organisé pour la donner. N'avons-nous pas avec 28,000 institutrices, 40,000 prêtres et 48,000 instituteurs, deux états-majors complets? Réunissons ces deux classes d'hommes en une seule, et tout ce que nous leur donnons pour enseigner des choses dont nul de nous n'est sûr, donnons-le-leur pour enseigner ce qu'on peut savoir avec certitude. Changeons les séminaires en écoles, les prêches en leçons de physique, de chimie, de physiologie et de morale (2). Envoyons partout des missionnaires de sciences au lieu de missionnaires de ce que nous appe-

(1) Mœurs vient de *mos*, habitude. Morale, science des habitudes.

(2) Croit-on que nous ne gagnerions pas énormément à ce que le dernier de nos agriculteurs et de nos artisans sût la chimie, la physique, la mécanique, la botanique, la géologie et l'histoire naturelle?

lons religion. Faire connaître à fond les œuvres de Dieu sera une bien plus efficace manière de le faire adorer que de nous le représenter avec une figure et des passions d'homme.

Point de croyances surtout à des choses inconnues. Toujours des raisonnements d'après les faits. La vérité est le fait, la vertu l'habitude d'actions utiles aux autres et à soi-même, le vice l'habitude contraire. Les bons sentiments sont ceux qui font du bien au cœur, les mauvais ceux qui le tourmentent. Prêtres, habituez les enfants à étudier leur cœur, à consulter soigneusement leurs sensations après chacun de leurs actes. Ce sera une règle plus sûre que les lois et que le dogme, quand ces lois et ce dogme ne seront pas d'accord avec les témoignages de leurs sens.

Dogme vient du mot grec δογμα, qui voulait d'abord dire décret, et auquel on a fait signifier un point de doctrine qu'il faut croire. Toutes les religions en ont que leurs auteurs ont dit tenir de Dieu.

En quoi la conviction qu'il y a en Dieu trois personnes, que l'homme est déchu, que la mère de Jésus est restée vierge, améliore-t-elle un homme? S'il est bon, elle ne l'empêche pas de l'être, cela est vrai; mais s'il est méchant, l'empêche-t-elle davantage de rester méchant?

Dès le quatrième siècle, les chrétiens de Rome étaient déjà si corrompus, qu'un habitant de la Haute-Égypte, témoin de leurs désordres, dit au prêtre Hilarion, qui l'avait appelé à Rome pour y prêcher, qu'il lui paraissait impossible que Rome païenne eût passé en corruption Rome chrétienne. Tous les jeux sanglants y étaient conservés. Ce vénérable anachorète se fit lapider par la populace en se présentant dans le cirque pour séparer des gladiateurs et reprocher aux spectateurs leur férocité. Entre mille autres preuves qu'il ne faudrait pas aller bien loin pour trouver, en voilà une irréfragable que les dogmes ne rendent pas les hommes meilleurs, et que cet avantage appartient à la morale seule, prise comme science des habitudes à donner.

Si les églises (1) romaine et grecque avaient su à leur naissance ce que nous savons aujourd'hui de la nature et de l'électricité, elles auraient peut-être expliqué par les trois principes dont j'ai parlé plus haut les noms de Père, de Fils et de Saint-Esprit, qu'elles ont donnés à Dieu. Mais ces noms et d'autres points de doctrine qui pouvaient également s'expliquer, elles les ont imposés aux peuples ainsi que la préexistence du Père et la création du Fils et du Saint-Esprit, c'est-à-dire des mondes et de leur âme, afin d'établir, sur l'action de tirer tout de rien, que nulle chose n'est impossible à Dieu, comme si, par exemple, il ne lui était pas impossible d'empêcher ce qui a été fait de l'avoir été. Qu'est-il résulté de cet absolutisme? D'abord leur division sur la façon dont s'est produit le Saint-Esprit, la romaine voulant qu'il procède du Père et du Fils, la grecque qu'il procède du père. Puis d'autres dissidences dans le propre sein de la grecque, puis les protestants, les mystiques, etc., etc. Voilà le danger des doctrines émises sans démonstration.

(1) Eglise vient d'Ἐκκλησία, assemblée.

J'entends parler de négociations entre l'église grecque et l'église romaine. Il serait déplorable qu'elles ne parvinssent pas à s'entendre, car indépendamment de l'immense supériorité qu'elles ont sur le protestantisme dans la Confession qui soulage les cœurs et dans l'Eucharistie qui les élève, le seul moyen non seulement d'ôter aux Russes tout prétexte pour envahir Constantinople et dominer de là toute l'Europe, mais encore de les relier en dépit de leurs seigneurs à la France, à l'Autriche, à l'Italie et à l'Espagne, c'est-à-dire à la grande majorité des puissances continentales, est le rétablissement d'un empire grec soumis à la même autorité spirituelle qu'elle. Mais si les deux églises ne s'entendent point pour dégager notre religion de tout ce qu'elles ne peuvent pas démontrer; si elles ne poussent pas dans leurs séminaires les sciences plus loin que tout le monde; si, au lieu de nous ramener éternellement aux fictions à l'usage de nos ignorants ancêtres (1), elles ne marchent pas devant nous toujours le flambeau à la main, c'est peine perdue, elles ne deviendront pas ensemble catholique, œcuménique, universelle, c'est-à-dire ce que deux d'entre elles prétendent être, n'ont jamais été et ne sont point.

(1) Si Jésus est fils du Saint-Esprit, pourquoi la généalogie de Joseph ?

ECHANGES.

J'ai commencé par nos enfants, parce que c'est la réforme la plus pressée qu'une réforme dont les fruits ne peuvent mûrir qu'en quinze ans. Mais si nous ne voulons pas qu'à peine mûrs ils se gâtent, il est un germe de corruption que nous ne saurions trop tôt combattre. Ce germe, c'est la monnaie d'or et d'argent.

Je sais bien que, de long-temps, aucune autre ne sera reçue partout comme elle; mais, cet avantage, elle ne ne le doit pas seulement à ce qu'elle est d'or ou d'argent, elle le doit encore à son empreinte.

Incapables de servir à nous alimenter, à nous vêtir, à nous loger, à nous transporter, à nous rafraîchir, à nous chauffer, l'or et l'argent ne peuvent avoir été acceptés dans les premiers échanges que par des hommes abondamment pourvus de toutes les commodités de la vie; et, malgré l'influence de ces hommes désormais intéressés à les exalter en même temps qu'à en garder par devers eux le plus possible, ils ne sont devenus, de proche en proche, la mesure de toutes les valeurs, que quand les gouvernements se sont avisés de les faire monnayer. Si donc les services qu'ils ont bien rendus, dans cette fonction nouvelle, ont été dès l'origine payés de mille maux, et si ces maux viennent précisément de ce qui les a fait choisir pour monnaie, c'est-à-dire de ce qu'ils sont de toutes les marchandises la plus durable en même temps que la moins capable de se multiplier à volonté, il appartient aux gouvernements de les renvoyer peu à peu, en leur donnant une monnaie nouvelle d'abord pour auxiliaire, ensuite pour successeur, à l'état de marchandises, état dans lequel ils serviront encore à des échanges, mais sans mélange de maux.

Voyons donc ce qu'ont produit leur durabilité, leur rareté, l'usage de les faire intervenir en toute affaire et leur impuissance à se trouver partout à la fois en assez grande quantité pour la masse des produits à échanger, quelque rapidité qu'ils missent à se transporter de place en place. D'abord une supériorité corruptrice des hommes qui en possédaient sur ceux qui n'avaient que d'autres produits, ensuite des variations continuelles dans le prix des choses et dans la situation des producteurs, suivant que ces signes devenus nécessaires arrivaient à temps ou trop tard sur les points où l'on avait besoin d'eux, puis enfin sur ces mêmes points, quand leur absence se prolongeait, des resserrements de consommation, c'est-à-dire des privations et des souffrances, au milieu d'approvisionnements suffisants.

Bel effet, comme on voit, de l'achat et de la vente substitués à l'échange ! La valeur relative des choses devait dépendre de leur offre ou de leur demande respectives, et la voilà qui dépend de la rareté ou de l'abondance d'une prétendue mesure commune ! voilà qu'elles ne peuvent plus se consommer si cette mesure manque !

Encore si c'étaient là toutes les conséquences de l'adoption pour monnaie de deux métaux rares et d'une extraction coûteuse. Quelques unes n'affectent pas directement tout le monde, d'autres ne sont que périodiques.

Mais il y en a une autre bien autrement grave, puisqu'elle est à la fois continue et fatale à tout ce qui a besoin d'aide. C'est l'intérêt, cette multiplication de l'or et l'argent dans les mains qui en sont déjà pleines, comme si ces métaux engendraient; l'intérêt, cette énormité sur laquelle l'habitude nous a aveuglés au point de lui assurer la protection des lois, et qui, éternisant au profit de l'oisiveté non seulement le prix d'un court travail, mais celui de la violence et de la ruse, fait du monde entier deux parts : les exploitants et les exploités, et justifierait à elle seule toutes les révolutions passées.

J'entends dire que l'intérêt est le prix d'un service, soit que l'emprunteur consomme, soit qu'il s'enrichisse, grâce au prêt. Un service qui ne coûte à rendre ni sacrifice ni peine ne mérite pas de salaire. Si le prêteur n'eût pas prêté son agent, il aurait eu la peine de le garder, peine que l'emprunteur lui épargne; ou il aurait consommé, et il ne lui en resterait rien; ou il n'en aurait tiré parti qu'avec du temps, du travail et des risques, soit de lui, soit payés par lui. C'est ainsi, et non autrement, que l'emprunteur l'a utilisé. Ce qu'on exige de lui est donc un impôt sur son travail ou sur sa vie, et le sens de l'intérêt qu'exige le prêteur est ceci, que disait, il y a trois mille ans, un vainqueur païen à son ennemi : « Sois mon esclave, ou meurs. » L'emprunteur est un vaincu, un esclave. Le riche qui prête au pauvre à intérêt ne sait pas qu'il y a de cela dans son action. S'il le savait, il se ferait horreur.

Toutes ces suites d'un mauvais choix de monnaie ont fait chercher dans le crédit des moyens d'y remédier.

Les lettres de change, tirées à terme contre envois de marchandises, et renouvelées au besoin jusqu'à ce que celles-ci fussent réalisées, ont réduit les déplacements d'or et d'argent à des soultes d'envois réciproques des pays commerçant entre eux. Les banques ont, à leur suite, réunissant en capitaux beaucoup de petites sommes sans elles disséminées et insignifiantes, et avançant ces capitaux sur lettres de change non échues, hâté l'usage comme monnaie du montant de celles-ci; puis ces banques ont créé des billets, ici ne représentant que leurs métaux en cave ou s'arrêtant à une somme dont le remboursement en écus ne pût pas se faire en moins de temps que n'en mettraient à rentrer toutes les lettres de change escomptées, là ne s'arrêtant pas même à cette question de temps et continuant sans hésiter de s'émettre contre toute lettre de change bonne à prendre.

Mais chacun de ces remèdes à l'insuffisance des métaux a, comme eux, produit presque aussitôt qu'appliqué encore plus de mal que de bien.

Par les lettres de change, quelques individus se sont approprié des trésors, en différences ignorées du public entre le cours et la véritable valeur des pièces de métal de tous les pays; concentration de richesses qui est assurément un mal. Puis, tout le monde payant ses achats en signatures, il a été mis en circulation pour une seule et même marchandise autant de fois sa valeur qu'elle a de fois changé de mains, et cette création de faux signes a faussé le prix des richesses. Puis des imprudents et des fripons, tirant les uns sur les autres sans se rien envoyer qui vaille, ont pu faire perdre à des milliers de familles, en ne les payant pas à leurs échéances, des sommes bien autrement importantes qu'ils ne l'auraient pu sans cette invention.

Par les banques, les fondateurs et leurs gérants sont devenus des puissances en ne distribuant le crédit et le numéraire qu'entre eux, et ce succès d'un abus a soumis les propriétaires aux banquiers.

Par les émissions arbitraires de billets, cette aristocratie nouvelle, tour à tour trop confiante et trop craintive, a prodigué le crédit toutes les fois que, la consommation allant bien, la production et le commerce auraient pu aisément se passer de lui, l'a refusé toutes les fois que, la consommation s'arrêtant, tous deux ont eu pour quelque temps besoin de secours, et s'est ainsi rendue la plus grande cause peut-être de tous les bouleversements de fortune qui accompagnent ou suivent chaque embarras financier ou politique.

Enfin les gouvernements se sont servis du crédit au nom des peuples, et il en est résulté d'abord quelque bien, parce que là, divisé entre des millions d'hommes, un travail tributaire au profit de quelques suzerains est insensible. Mais presque aussitôt une grande imprudence de ces gouvernements a fait de ce bien un mal redoutable.

En créant des montagnes d'effets publics, en les confiant à quelques financiers, et en leur donnant pour marché, dans chaque pays, un seul point, la bourse de la capitale, d'un côté, ils ont accru démesurément la disproportion du métal avec les ventes et achats qu'il faut qu'il paie : de l'autre, ils ont mis à même ces spéculateurs sans pitié, parce qu'ils ne voient pas qui ils ruinent, de lui opposer tour à tour ou beaucoup ou très peu d'effets, d'épuiser toutes les bourses comme une pompe aspirante et foulante, à l'aide des variations de prix causées par ces variations de quantités, et de s'approprier ainsi la substance de l'agriculture et de l'industrie.

Je regrette bien que le Grand-Livre de notre dette publique n'existe pas depuis assez long-temps sans banqueroute, pour qu'un millier de francs placé il y a 360 ans par quelque bourgeois, avec injonction à sa descendance d'en replacer à mesure d'encaissement les revenus, nous apprenne aujourd'hui tout ce que sont l'or et l'argent, l'intérêt et notre système de crédit. Il ferait beau voir comment nous nous y prendrions pour payer, à la dixième génération de ce respectable conservateur, cent cinq milliards! plus d'argent que n'en possèdent entre elles toutes les nations de la terre!

Un mélange de bien et de mal, où le bien paraît d'abord dominer, mais où le mal prend le dessus, et finit par devenir intolérable, fut toujours le résultat de l'erreur. C'est donc une erreur qu'avoir pris pour monnaie deux métaux rares et d'une extraction coûteuse.

Les hommes ont commencé par l'or et l'argent, qui sont une complication et un mensonge, parce que ce qui est simple et vrai est toujours ce qu'ils trouvent le dernier. Tant que leurs gouvernements s'obstineront à repousser la substitution d'une monnaie de papier n'exprimant qu'une abstraction, et surtout se multipliant ou se raréfiant en même temps que les produits, à l'or, à l'argent, aux lettres de change et aux billets de banque portant obligation de livrer de l'or et de l'argent, ils rendront, à leur insu, à tout ce qui n'est pas commerçant, c'est-à-dire à tout ce qui ne fait pas métier de vendre quand le signe métallique abonde, et d'attendre qu'il manque pour acheter, le même service que rendrait un tuteur à son pupille en le faisant passer toutes les semaines, pour aller de Madrid à Cadix, ou de Rome à Naples, par un bois où vingt bandes, tantôt réunies contre lui, tantôt se dévalisant entre elles, le mettraient chaque fois à rançon.

L'idée que toute monnaie de papier est un danger si elle n'a l'or et l'argent pour base est celle qui retarde le plus les fondations utiles, en rendant impossible d'en payer beaucoup à la fois. Je reviens donc à mon dire. Si la monnaie d'or et d'argent a développé la richesse en facilitant l'échange de tous les biens que les particuliers et les peuples ne peuvent pas mettre en présence, ou dont la demande et l'offre ne sont pas simultanées, le triple avantage qu'elle a sur chacun de ces biens de pouvoir comme monnaie les acquérir tous, de se conserver comme métal tandis qu'ils se consomment, et de n'avoir, étant plus rare qu'eux, qu'à se montrer ou se cacher pour en changer tous les prix, sans que leurs quantités, leurs qualités, ni le besoin qu'on en avait, aient varié le moins du monde, a non seulement développé l'égoïsme, en permettant les accumulations, mais préparé les révolutions en mettant l'esprit de calcul, ce pouvoir cruel parce qu'il est timide, au dessus des pouvoirs naturels, qui sont le génie, la force et la beauté. C'est elle qui a créé à la longue, par l'égoïsme et par la concurrence, l'état que nous appelons civilisé, et qui est véritablement un état de guerre.

Comment les sociétés ne se déchireraient-elles pas périodiquement, en présence d'une telle usurpation, de la perpétuité que lui a donnée l'invention de l'intérêt, et des incessants emprunts ou concessions de priviléges par lesquels, pour en avoir une part, comme le chien qui portait le dîner de son maître, les gouvernements, abusant de l'honneur des peuples, engagent à quelques hommes tout le fruit de leur travail, et présent et à venir ?

Il n'y a qu'un moyen de mettre un terme à ces colères : c'est une monnaie de papier conçue de telle sorte, que chacun livre contre elle tout ce qu'il a à vendre, aussi bon et à aussi bas prix qu'il le fait contre numéraire, et que par le seul fait du paiement elle se détruise comme se détruit ce qu'elle a servi à acheter. Ce problème est le plus grand que l'esprit humain puisse se proposer, car c'est celui dont la solution peut guérir instantanément le plus de maux. Il est résolu par la formule que voici d'engagements qu'un grand établissement central pourrait échanger entre eux :

Recto.

« A . . . . . jours de vue, je paierai contre le présent billet au porteur la valeur de . . . . . francs, en tels produits, ou tels travaux, valeur reçue comptant.

» J'ai pris connaissance des conditions ci-derrière, et j'y adhère. »

Verso.

« Prévenu ou non que le présent bon lui sera donné en paiement, son souscripteur ne peut se refuser à livrer contre lui ses produits ou travaux aux prix que détermineraient à ses frais, s'il en exigeait de déraisonnables, des arbitres nommés par le tribunal de commerce.

« Tout souscripteur qui n'est pas en mesure de payer à vue ou jours de vue, en produits ou travaux aux cours, se soumet d'ailleurs à ce que ses billets soient vendus publiquement et à l'enchère s'il ne les rembourse pas en espèces, et si la Société aime mieux céder ainsi ses droits que de le poursuivre. »

Billet de la Société elle-même.

« Le présent billet sera pris par nous à vue pour la somme de . . . . . francs, espèces, en paiement, soit de sommes à nous dues, soit d'articles de nos portefeuilles et magasins. »

Comment, allez-vous m'objecter, se rendra-t-on compte de la valeur? Si l'usage de l'or et de l'argent l'abaisse en mettant le producteur à la merci du riche, l'usage de ces bons généraux et spéciaux ne l'exagérera-t-il pas en mettant le riche à la merci du producteur?

Cette exagération ne serait pas un mal, puisqu'elle pousserait le riche à produire. Mais ne saisissez-vous pas la façon dont tous ces bons fonctionneront?

Avec un bon de la société centrale, vous aurez droit de prendre dans ses magasins ou portefeuilles, aux prix de fabrique augmentés d'une légère commission, toutes les choses à votre convenance et d'une valeur égale ou supérieure à votre bon (auquel, dans le dernier cas, vous ajouterez l'appoint manquant), qui s'y trouveront, soit en nature, soit en engagements de fabricants; et il faudra bien que ces engagements soient loyalement exécutés, car, s'ils ne l'étaient pas, vous les rapporteriez à la société, qui vous les remplacerait ou rembourserait, et qui, non seulement romprait toute relation avec leurs signataires, mais dénoncerait sur-le-champ ceux-ci à tout le commerce en mettant leurs noms à l'enchère et les vendant à tout prix.

Vous voyez bien que vous serez garanti de toute exaction, non seulement par la concurrence des producteurs entre eux comme dans le système actuel, mais encore par une certitude complète de déshonneur et de ruine pour ceux qui se conduiront malhonnêtement.

En revanche, au moyen d'avances de la société centrale sur leurs bons, ils auront pu manger en attendant le chaland, au lieu d'être forcés, pour manger, de vendre à perte, comme ils le font trop souvent. C'est bien le moins, ce me semble, quand on ne demande qu'un prix raisonnable de son travail et de son temps.

Donc, obliger les producteurs d'être honnêtes (1) en attendant qu'ils en comprennent d'eux-mêmes toute l'utilité pour eux, et, dans ce but, autoriser la vente à l'enchère des signatures déloyales, sans autre forme qu'une

(1) Supposez une nation composée d'hommes parfaitement honnêtes et un gouvernement digne d'elle, la monnaie métallique est inutile. Des billets, des feuilles de chêne, un signe quelconque des dettes et

mise en demeure et sans autre délai qu'une semaine ou deux, voilà tout ce qu'il est nécessaire que fasse l'État pour que les signes métalliques d'échange puissent être peu à peu remplacés par des signes sans valeur intrinsèque, c'est-à-dire par une chose crue jusqu'à présent impossible, par une mesure invariable de la valeur, mesure qui relèverait et relierait les hommes, changerait en producteurs les intermédiaires inutiles', hâterait l'avènement du libre échange, lui faciliterait à lui-même toutes les créations productives (1) et amènerait naturellement une liquidation au lieu d'un encombrement général, chaque fois que le géant populaire ébranlerait la société en se retournant sous elle. Puisse l'État se prêter à ce grand progrès! Il a cru servir l'agriculture et l'industrie en laissant créer des valeurs à intérêt sur obligations hypothécaires et sur actions de toutes sortes. Il s'est trompé. Ce ne sont que des superfétations dangereuses. On ne soutient solidement un excès d'effets publics, de contrats et d'actions, que par de la monnaie ou des produits de première nécessité; et nous verrons, à la première grande crise, nos crédits foncier et mobilier s'écrouler comme des châteaux de cartes, si l'on ne fait pas alors de la monnaie de papier, c'est-à-dire précisément ce que je demande qu'on fasse dès aujourd'hui. Je le de-

des créances réciproques, suffiraient à toutes les transactions commerciales. Les menues dépenses exigeraient seules une certaine quantité de métal. (Rossi).

(1) *Novator maximus Tempus. Quidne igitur Tempus imitamur?*
Morosa morum retentio res turbulenta est æque ac novitas.
(Bacon.)

mande, parce que c'est le travail qui gagne aux accroissements de monnaie, tandis que c'est le capital qui gagne aux accroissements de valeurs à intérêts; et qu'entre la terre, qui est un monopole, puisqu'elle est appropriée et ne peut s'étendre; le capital, qui est accessible, mais dont ceux qui le possèdent défendent l'accès tant qu'ils peuvent, et le travail, pour qui le nécessaire est plus difficile à acquérir que le superflu pour le capital et la terre, c'est incontestablement au travail que le législateur doit toujours ses premiers soins.

Tout ce qui précède est, j'espère, écrit dans la langue de tout le monde. Pour les économistes, voici quelques lignes d'un Anglais de mes amis, exprimant les mêmes idées, dans leur langue :

Maintenant que nos progrès en mécanique, en physique et en chimie, nous ont mis à même de produire plus qu'il ne faut pour tout le monde, l'unique cause de la misère est dans le consentement de tous les hommes à restreindre leurs moyens physiques de jouissance à la quantité précise qui en peut être échangée contre la marchandise la moins capable au monde de multiplication par le travail humain. Tant qu'ils faisaient leurs échanges en nature, la production était cause de la demande, puisque celui-là seul qui produisait était en état de demander. L'usage du numéraire a changé cela : avec cet usage, pour que rien n'arrêtât jamais le développement de la richesse, il faudrait que le numéraire s'accrût en même temps que la production; autrement les prix de toutes choses montent ou baissent, suivant qu'elles sont en plus grande masse ou en moindre masse que le numéraire. C'est par le numéraire que la production est devenue l'effet de la demande au lieu d'en être la cause, et il y aura toujours encombrement d'un côté, concurrence et souffrance de l'autre, tant que notre faculté de droduire sera supérieure à notre faculté d'échange.

Limiter la production en abrégeant les heures de travail ne remédierait à rien, puisque la limitation de la production limiterait en même temps la demande.

Le problème est donc de créer des moyens d'échange, et, en les prêtant, une demande qui engage ceux qui la feront à produire pour pouvoir s'acquitter.

Il n'y a qu'un grand centre d'échange avec soultes en numéraire qui puisse résoudre ce problème-là.

ASSOCIATION.

Il est un autre moyen de perfectionner les hommes, l'association, qu'il est bien regrettable de ne pas pouvoir appliquer immédiatement, à cause des préventions que les riches sont parvenus à inspirer contre lui aux pauvres. Le bas prix auquel les gouvernements nourrissent, logent et habillent très confortablement leurs armées, démontre assez évidemment, et depuis assez d'années, ses avantages quant aux premiers besoins de la vie, et nos monuments, nos spectacles, nos chemins de fer, nos éclairages au gaz, ne laissent pas plus de doute sur la facilité qu'il donne pour les créations utiles.

Comment se fait-il donc que tous les chercheurs de solutions au malaise de la classe inférieure soient injuriés, conspués, dès qu'ils parlent d'y avoir recours? On trouve la chose admirable pour faire des actions et dévaliser des dupes, et souverainement ridicule pour donner de l'aisance aux pauvres; on leur vote des sociétés de secours, et on objurgue l'arrangement qui donnerait à ces secours le plus d'efficacité. On fait toutes les concessions imaginables pour des chemins de fer, et on n'accorderait pas 10,000 hectares à des essais de communautés, divisés soit par groupes, comme le voulait Fourier; soit par décuries, comme le demandait Louis Napoléon dans son *Extinction du Paupérisme* quand il était loin du pouvoir; soit par catégories d'âges, comme le demande en Angleterre Robert Owen. Il ne se conçoit pas qu'au milieu du mouvement général des idées on ne veuille absolument pas risquer un peu d'argent et de terre pour éprouver ces trois systèmes, ou plus, s'il y en a plus. Rien n'empêcherait d'en surveiller la dépense, qui, pas plus dans l'un que dans les deux autres, ne serait complètement perdue, et l'on saurait en peu de temps ce qu'ils valent.

La famille, la propriété, voilà les mots qu'on leur oppose. Je déclare que pour moi la propriété est sacrée; je la considère à la fois comme l'aiguillon et comme le prix du travail, du travail, qui fait seul la richessse. A Dieu ne plaise donc que je me rende jamais coupable de la moindre attaque contre elle; mais elle est à présent fort inégalement possédée 1° par les propriétaires du sol et des mines ; 2° par les marchands d'argent ; 3° par les fabricants, les navigateurs, les commerçants et les fermiers ; 4° par les professions dites libérales et par le clergé ; 5° par les gouvernements et les corps publics. Quelques capitaux seulement sont accumulés par les capitalistes, les domestiques, les travailleurs, et toutes ces classes ont des intérêts directement opposés les uns aux autres. Un tel arrangement est une cause permanente d'immoralité et de discorde. Les hommes sont tous portés par lui à croire que leur prospérité doit résulter de l'oppression ou du malheur de leurs concurrents, et cette condition leur inspire les plus basses et les plus funestes passions.

Comment les sages entendent-ils resserrer par la famille toute cette société que la propriété divise ? Ils auront beau répéter le mot famille, est-ce que la famille existe en France ? Est-ce que les enfants ne s'éloignent pas de leurs parents et ne plaident pas sans cesse entre eux ?

L'association est donc indispensable, et c'est à ce moyen de renouveler par degrés la société qu'il faut recourir, non pas avec lésinerie, mais avec largeur. Elle substitue la franchise au mensonge, le savoir à l'ignorance, l'affection à la haine. Il est possible de l'appliquer en grand aux ouvriers, puisque avec les capitaux existants on peut les occuper, dispersés comme ils sont dans une infinité de foyers. La même somme qui, distribuée, ne tire pas de la gêne cent individus isolés, leur procurerait, employée en commun, la plus joyeuse abondance, et leur solidarité rendrait le remboursement des avances plus certain que ne le fait le travail de chacun d'eux pris à part.

Que l'on commence donc par des individus pris dans la classe la plus malheureuse et la plus pauvre : l'exemple de leur bien-être décidera bientôt quelques individus de la classe voisine à s'associer comme eux. Une troisième classe imitera la seconde, une quatrième la troisième, et toutes seront ainsi successivement portées à un degré de civilisation véritable, beaucoup plus avancée que tout ce qui s'est vu jusqu'à présent.

Qu'on ne se figure pas que des mesures intermédiaires seraient plus économiques et mieux appropriées à l'état de choses actuel ; ce serait une grande erreur. Fort heureusement pour la France et pour l'Europe, les arrangements les plus parfaits, en principe comme en pratique, sont en même temps les plus économiques et les plus aisés à exécuter. On épargnera un temps, un matériel et un capital immenses, en adoptant tout d'un coup ce moyen, qui est le meilleur de tous, de moraliser une grande partie des hommes qui n'ont que leurs bras. Il y a perte publique comme individuelle à ce qu'une seule personne disposée à travailler soit ou mal employée ou sans emploi, de même qu'il y a dommage individuel et public à ce qu'un enfant qui peut être instruit grandisse dans l'ignorance et prenne de mauvaises habitudes, au lieu de devenir un utile et précieux citoyen.

Je vais raconter une expérience de ce genre, faite il y a vingt ans en Irlande. On verra par elle si le bien est si difficile à faire avec du sens commun et de la bonne volonté.

Expérience de Rahaline.

M. John Scott Vandeleur, propriétaire à Rahaline, dans le comté de Clare, en Irlande, était un homme de bonne famille et d'agréables manières. Hospitalier avec ses amis, doux et secourable avec les pauvres, il joignait à des connaissances variées beaucoup d'esprit d'observation, une grande expérience du monde, des principes libéraux, de l'activité et une science agricole qui faisaient de lui le plus habile gentilhomme fermier du pays. Il avait deux domaines, l'un d'environ 700 acres, affermé; l'autre d'environ 618 acres, appelé Rahaline, situé à 12 milles de Limerick, six d'Ennis, et qu'il cultivait lui-même avec des laboureurs pris dans le voisinage, et un surveillant. Les mauvaises habitudes de ces ouvriers, et entre autres celles de s'enivrer, la difficulté d'en réunir à l'époque de la moisson, et le peu de sécurité des propriétaires au milieu d'une population aussi turbulente que misérable, l'avaient fortement dégoûté de la culture, ainsi que sa famille, et il était décidé à quitter le pays s'il ne trouvait pas moyen d'en écarter la misère, quand le hasard lui fit entendre à Dublin une prédication d'Owen. Il lui demanda la permission de l'aller voir, causa beaucoup avec lui, lut attentivement ses écrits. Il se pénétra bientôt de ce grand principe : « Que l'homme ne » se fait point; que son caractère se forme à son insu; » qu'il est le résultat de son organisation naturelle, des » circonstances dans lesquelles il se trouve placé, et de

» l'action et réaction de chacune de ces deux causes sur » l'autre; qu'ainsi, le grand secret pour réformer le » genre humain consiste à écarter des populations tou- » tes les circonstances qui les rendent pauvres, ignoran- » tes et vicieuses, et que cet arrangement est la mission » des gouvernements et des riches. » Il demeura convaincu qu'en agissant d'après ce principe avec les cultivateurs, soit d'Irlande, soit d'Ecosse, soit d'Angleterre, les propriétaires tireraient facilement un plus grand revenu de leurs terres, tout en faisant jouir leurs colons de dix fois plus d'avantages et de bien-être qu'ils n'en ont avec le système actuel. Il résolut en conséquence de faire de tous les ouvriers qu'il employait à Rahaline une sorte de grande famille, vivant tout entière chez lui sur un capital et des magasins communs, et sous des lois assurant à tous des jouissances égales, lois que lui se réserverait le soin de faire exécuter. Il avait commencé d'établir sur un cours d'eau une filature et un tissage, et il s'occupait d'y ajouter un certain nombre de cottages avec quelques autres dépendances, lorsqu'une circonstance le détermina à commencer ses opérations plus tôt qu'il ne se l'était proposé.

L'usage des propriétaires de cette province était alors de louer par petits lots à des laboureurs, la première année avec fumure pour y cultiver des pommes de terre, et l'année suivante sans fumure pour y semer du blé. Le loyer de cette seconde année était énorme : 8, 10 et 11 livres sterling par acre (200, 250 et 275 fr. par arpent); et il arrivait fréquemment que, le prix du grain ne payant pas la rente, le pauvre locataire abandonnait sa location en perdant son travail et sa semence; puis une partie des propriétaires commençaient de cultiver eux-mêmes. Il en résultait que des multitudes d'indigents se trouvaient sans travail et sans subsistance, et qu'ils formaient des sociétés secrètes appelées *Terry alts*, lesquelles répandaient dans le comté de Clare et les comtés adjacents la terreur et la dévastation. Ils sortaient la nuit, armés de bêches et de fourches, se jetaient sur les champs de ceux qui les avaient mécontentés, les retournaient de telle sorte qu'il n'était plus possible de les cultiver cette année-là, bouleversaient les maisons pour en enlever les armes, et commettaient mille actes de violence. Le surveillant de M. Vandeleur, qui s'était montré avec eux un peu dur, avait été, entre autres crimes, tué d'un coup de feu sur le domaine même, un jour que M. Vandeleur était absent. On soupçonnait de ce fait quelques ouvriers du domaine. Tous étaient indigents, ivrognes, paresseux, vicieux, de la plus crasse ignorance, et il ne pouvait faire son expérience qu'avec ces hommes parmi lesquels étaient probablement les meurtriers. Ajoutez à cela que ses parents et ses amis le traitaient d'utopiste, que sa femme s'opposait à son projet, et que ses voisins se moquaient de lui. Tout cela ne le découragea point. Sur la fin de 1830, il vint à Londres chercher un homme qui pût l'aider à organiser sa petite communauté, et y engagea un M. Craig, de Manchester, jeune homme actif, habile, bien au courant du système, et assez vivement désireux de le voir appliquer pour sacrifier ses habitudes et ses intérêts au plaisir de servir la cause. M. Vandeleur et lui se mirent tout de suite à rédiger des règlements et à préparer les lieux. Ils furent ainsi au début les seuls hommes à qui les principes d'Owen fussent familiers, et l'on va voir qu'il n'est pas nécessaire pour le succès d'une communauté que tous ses membres soient dès le commencement au courant. Il suffit d'un ou deux bons chefs pour que, si leurs prescriptions sont bien suivies, le succès ne laisse rien à désirer.

L'association agricole et industrielle de Rahaline fut donc fondée sur le principe que l'homme ne se fait pas. Elle eut pour objet : 1° l'acquisition d'un capital commun ; 2° l'assurance de ses membres, les uns par les autres, contre l'indigence, les maladies, les infirmités et la vieillesse ; 3° la jouissance de plus de bien-être que n'en ont sous le régime actuel les travailleurs ; 4° le perfectionnement moral et mental de ses adultes ; 5° l'éducation des enfants. Le principe était celui d'Owen. Les arrangements pour la production et la distribution des richesses, ainsi que pour l'instruction et le gouvernement, furent l'ouvrage de M. Vandeleur et de M. Craig.

M. Vandeleur entreprenait là une expérience toute nouvelle. Il allait confier une partie de son revenu et de sa propriété à un certain nombre d'hommes et de femmes ne possédant pas entre eux tous un shelling, et être obligé de leur faire, outre cela, l'avance de leur nourriture et de leur habillement, jusqu'à ce qu'une récolte fût vendue. La prudence la plus commune et le soin qu'il devait aux intérêts de sa famille exigeaient qu'il restât propriétaire du mobilier et des récoltes, qu'il ne se découvrît pas pour nourriture et vêtement de plus qu'il n'aurait payé pour gages s'il eût fait travailler à gages comme auparavant, et qu'il fût maître absolu d'expulser les mauvais membres, ainsi que de choisir leurs remplaçants. Il se garantissait ainsi de toute perte, et il pouvait compter bien davantage sur tous ses ouvriers, que leur intérêt porterait à faire deux fois plus de besogne; ceux-ci, de leur côté, étant pourvus de tout en première qualité aux prix du gros, c'est-à-dire pour beaucoup d'objets à 50 p. 100 de moins que par le passé, et d'ailleurs vivant à beaucoup meilleur marché tous réunis que chacun dans sa famille, se trouvaient gagner par le fait plus du double de leurs anciens gages.

Tous ses préparatifs bien faits, M. Vandeleur convoqua par affiches quiconque dans les environs voudrait faire partie de sa communauté. Il se présenta une quarantaine d'individus, sans asile, sans emploi, sans un shelling, et parmi eux six enfants orphelins. Sa raison pour les prendre tels que fut que, si son expérience manquait, aucun ne pourrait lui reprocher d'avoir rendu sa situation plus mauvaise. Réunis, il leur expliqua ses intentions, leur lut ses statuts, et leur proposa une association. Tous y consentirent. Alors il produisit une boîte à scrutins qu'il avait préparée, leur en expliqua l'usage, et, les engageant à réfléchir sur l'inconvénient de se donner de mauvais associés, il les fit se ballotter entre eux. Deux furent rejetés, et l'utilité de ce ballottage fut prouvé peu de temps après, car les deux rejetés furent transportés aux colonies pour vol.

Rahaline contenait, ainsi que je l'ai dit plus haut, 618 acres, dont environ 267 en pâtures, 285 en terres arables, 63 1/2 en marais, 2 1/2 acres en verger. Le sol en était généralement bon, quoique un peu pierreux. Il s'y trouvait un vieux château et six cottages. On en fit des logements pour les ménages. D'une partie des bâtiments de ferme, des granges, des vacheries, des écuries et des hangars, on fit une grande salle à manger commune, une salle d'assemblée, une école, et des dortoirs, les uns pour les enfants, les autres pour les célibataires de l'un et de l'autre sexe. Il y avait aussi une scierie et une machine à battre mues par un cours d'eau, et la carcasse d'une filature et d'un tissage, non pourvue de ses machines. M. Vandeleur afferma tout cela à la société, moyennant 700 livres sterling par an, franc de dîme et de taxe. Pour l'intérêt à 6 p. 100 du mobilier agricole, évalué 1,500 livres sterling, du cheptel, évalué 1,000, des avances de nourriture et de vêtements jusqu'à la moisson, évaluées 833, l'association dut payer 200 livres sterling par an de plus, en tout 900 livres sterling. Vivre et travailler en commun sur le domaine, entretenir les outils, machines, meubles et troupeaux, dans le même état et le même nombre qu'elle les recevait, enfin payer la rente toujours en produits, excepté la première année, dans laquelle seraient fixées, d'après les prix du marché de Limerick, les quantités de grains, de bœuf, de porc, de beurre, etc., etc., à livrer à M. Vandeleur pour faire 900 livres, tels furent les engagements de l'association. Ces paiements faits, sans qu'aucune amélioration dans le domaine pût jamais donner à M. Vandeleur le droit d'exiger davantage, l'excédant des produits appartenait par portions égales aux membres de l'association au dessus de 17 ans, mâles ou femelles, célibataires ou mariés; aussitôt qu'avec leurs épargnes ils pouvaient acheter le mobilier, le bail se devait réduire à 700 livres sterling.

La première année, 1831, tout fut payé en argent.

Les années suivantes, la société ayant pris pour elle par l'arrangement ci-dessus les risques de bonne et de mauvaise récolte, et M. Vandeleur pour lui ceux de baisse et de hausse dans les prix, la rente consista en :

6,400	setiers de froment à	1 shelling	6 pence	480 l. st.
3,840	setiers d'orge	0	10	160
488	setiers d'avoine	0	10	20
70	quintaux de bœuf	2	»	140
30	quintaux de porc	2	»	60
10	quintaux de beurre	4	»	40
				900

Le produit total de Rahaline fut, en 1832, de	1,700 liv. ster.
Les avances faites à la société pour nourriture, habillement et semences, montèrent à	550

Les avances extra pour bois de construction, vitres, ardoises et autres matériaux nécessaires à l'établissement de nouveaux cottages, emportèrent pendant trois ans l'excédant. Mais les associés augmentaient leurs comforts et se préparaient un avenir de richesse et de bonheur. Maintenant qu'on connaît le plan, je vais donner toutes les lois de M. Vandeleur telles qu'il les rédigea en quatre chapitres : le premier, contenant le bail et le mode de gouvernement; le deuxième, la création de la richesse; le troisième, la distribution; le quatrième, la formation des caractères.

CHAPITRE PREMIER.

BAIL.

Pour atteindre le but de la présente société, les soussignés conviennent de prendre ensemble à bail les terres, bâtiments, machines, outils, animaux, etc., de Rahaline, appartenant à M. John Scott Vandeleur, et s'engagent tant conjointement que séparément à observer et faire observer les conditions ci-après :

I. Tout le mobilier reste propriété de M. Vandeleur jusqu'à ce que l'association ait accumulé de quoi le payer. Alors, seulement, elle en devient propriétaire.

II. La première année M. Vandeleur peut renvoyer tout individu mâle ou femelle qui se conduit mal.

III. Tout individu désirant se retirer en est le maître, pourvu qu'il en avertisse une semaine d'avance l'association.

IV. S'il se trouve que l'association ne soit pas assez nombreuse pour conduire bien et de front les diverses branches d'agriculture et d'industrie, toute adjonction devra être proposée par un membre, appuyée par un autre, et acceptée par M. Vandeleur; après quoi, le candidat sera nourri et logé à l'essai une semaine. A l'expiration de la semaine, un ballottage décidera, à la majorité, s'il doit être définitivement admis.

V. M. Vandeleur sera président d'un comité d'administration pris parmi les associés. Ce comité nommera son remplaçant en cas d'absence.

VI. M. Vandeleur aura la nomination d'un secrétaire, d'un caissier et d'un garde-magasin. Les deux derniers feront partie du comité. Leurs traitements seront supportés moitié par M. Vandeleur, moitié par l'association, et ils auront, de plus, comme membres de l'association, une part égale aux autres dans les bénéfices nets.

VI. Les étrangers qui voudront visiter l'établissement en devront demander la permission au président ou secrétaire, lesquels désigneront un membre pour les accompagner partout.

MOTIFS ET EFFETS.

M. Vandeleur avait en vue 1° d'obtenir une rente plus haute de sa terre; 2° de tirer un intérêt plus bas de son capital mobilier; 3° de bien s'assurer ces deux revenus; 4° de ne courir aucun risque dans ses avances; 5° de ne pas compromettre sa propriété, 6° et pourtant de procurer de grands avantages à l'association qu'il fondait.

En effet, la rente et l'intérêt imposés par lui furent plus hauts que ce qu'il avait jamais tiré de son immeuble et de son capital mobilier. Il pensait même à les réduire.

Comme il résidait sur son domaine, et comme les approvisionnements, tout le mobilier, toutes les maisons, restaient sous la surveillance d'un secrétaire, d'un garde-magasin et d'un caissier choisis par lui et révocables à sa volonté, pas un grain, pas une parcelle n'en put sortir à son insu et sans son consentement. Il eut toujours ainsi le moyen de se payer lui-même par ses mains, et par conséquent plus de sécurité qu'aucun autre cultivateur pour la rentrée de ses loyers, de ses intérêts et de ses avances.

Le point de n'avancer à aucun ouvrier plus que ne lui vaudra probablement, après la récolte, sa part de profits, exige une grande attention au début d'une association de ce genre; tout manque s'il n'est point minutieusement observé. Voici comment M. Vandeleur l'atteignit : chaque colon devait travailler autant d'heures par jour qu'il eût fait à gages, ne pas faire moins d'ouvrage, et ne pas tirer du fonds commun plus qu'il n'eût reçu; tout cela, tant qu'il n'aurait pas un petit pécule à lui. En conséquence, le secrétaire lui ouvrit un compte exact des heures de travail de chaque jour, et à la fin de la semaine on lui payait une somme égale à ce qu'elles lui eussent valu de gages. La perspective d'une part dans les récoltes faisait travailler tout le monde deux fois plus que de simples manœuvres, et M. Vandeleur avait ainsi une garantie double de ses avances. Il ne les faisait qu'en bons de travail échangeables contre des articles du magasin. D'une part, il pouvait ainsi les faire sans débourser; de l'autre, le magasin ne contenant aucune liqueur fermentée, et les colons ne pouvant pas, faute d'argent, s'en procurer au dehors, ils se guérirent de l'ivrognerie et ne prirent bientôt plus que du thé.

Quand ils voulurent bâtir de nouveaux cottages, ils le firent comme suit. Il y avait des arbres sur la propriété;

il leur fut permis de les abattre, à condition d'en planter trois jeunes pour un vieux. Il y avait de la pierre calcaire, et de la tourbe pour la changer en mortier. Tout fut mis à leur disposition. M. Vandeleur consentit à entrer dans les dépenses de vitrerie et de couverture. Ceux d'entre eux qui étaient charpentiers, menuisiers, serruriers, etc., firent le reste. — Les cottages qui furent bâtis au nombre de six devaient retourner à M. Vandeleur, comme étant composés de matériaux à lui. Mais, pour prix de leur main-d'œuvre, les colons en devaient avoir l'usufruit, exempt de taxes.

Tous ces arrangements, inspirés à M. Vandeleur par son bon sens, suffirent pour procurer à tous les avantages qu'il s'était proposés. Sûr de ses revenus, il vit la valeur de son domaine s'accroître par des améliorations et des constructions. Il fut affranchi de toute crainte des *Terry alts*. Il vécut entouré de bons, d'honnêtes et de joyeux ouvriers. Pas un ivrogne, pas un paresseux, pas une occasion de recourir à un avocat ou à un juge de paix. Son intérêt et celui de ses colons ne firent qu'un, et la suprématie de cette association lui donna mille douces jouissances. Il était traité par son monde comme un père; sa résidence était mieux gardée que les résidences des rois, et tout cela s'était accompli en trois ans avec la population la plus misérable et la plus dépravée de toute l'Irlande.

CHAPITRE II.

CLAUSES RELATIVES A LA CRÉATION DE LA RICHESSE.

VIII. Chacun s'engage, quels que soient ses talents intellectuels, musculaires, agricoles, industriels ou scientifiques, à les faire tourner au profit de la communauté, soit en les exerçant lui-même, soit en montrant ce qu'il sait faire à ses associés, et spécialement aux jeunes.

IX. Nul ne sera dispensé du travail des champs, surtout à l'époque de la moisson, si ce n'est du consentement de tous les autres.

X. Les jeunes gens des deux sexes s'engagent tous à apprendre depuis neuf jusqu'à dix-sept ans quelque métier, outre le jardinage et l'agriculture.

XI. Le comité se réunira chaque soir pour décider ce qu'on fera le lendemain.

XII. On travaillera, en été, de six à six heures, et, en hiver, depuis le point du jour jusqu'à sa chute, sauf deux heures d'intervalle pour le déjeuner et le dîner.

XIII. Chaque ouvrier mâle recevra 18 pence (1 fr. 80 c.) par jour, chaque femme, 6 pence (60 centimes). Les gages seront payés en articles du magasin. Ce qu'il ne pourra pas fournir sera seul payé en argent et pourra être acheté au dehors.

XIV. Aucun membre ne sera forcé de faire ce qui ne lui conviendra pas ou ce qu'il ne sera pas en état de faire. Mais tout membre qui trouvera qu'un de ses associés ne remplit pas bien son temps devra le dire au comité, dont le devoir sera de citer devant lui le membre inutile, et de l'expulser au besoin.

XV. Tout ce que font dans l'ordre de choses actuel les domestiques sera fait par les jeunes gens des deux sexes au dessus de dix-sept ans, ou à tour de rôle, ou à leur choix.

MOTIFS ET EFFETS.

Bien que les heures de travail fussent, comme on vient de le voir, limitées, les membres de Rabaline travaillaient plus long-temps toutes les fois que l'ouvrage le demandait. Sous ce rapport, c'est par excès qu'ils ont péché.

L'attribution des travaux domestiques aux jeunes gens avait pour but de leur faire considérer comme honorable toute occupation utile. C'était un juste paiement de l'éducation qui leur était donnée, et la certitude d'être à leur tour servis quand ils atteindraient leur majorité leur faisait trouver la chose si simple, que jamais il ne fut nécessaire de les y contraindre. Pour chaque chose à faire, il y avait plus de volontaires qu'il n'en fallait.

De l'engagement de travailler tous également aux champs, surtout à l'époque de la moisson, et de celui d'apprendre tous, les uns des autres, au moins un métier, il résultait que, rentré dans le monde, aucun membre de l'association ne serait embarrassé pour y vivre. De ce qu'il n'y avait ni inspecteur ni piqueur de travaux, mais des travailleurs classés par âge, tous égaux dans la même classe, et ne se demandant mutuellement rien qu'ils n'eussent déjà fait eux-mêmes, ou qu'ils ne fussent prêts à refaire pour l'enseigner, si c'était nécessaire, il résultait que nul ne se refusait au travail, ou ne le faisait négligemment. Jamais il n'y eut, sur ce point, la moindre discussion à Rahaline. L'ouvrage était distribué de la manière que voici, à la complète satisfaction de chaque individu :

Chaque soir, en décidant ce qu'on ferait le lendemain, le comité ajustait de son mieux les goûts et les aptitudes de chacun. C'était l'intérêt de tous d'en agir ainsi. Chacun en travaillait beaucoup plus et beaucoup mieux, d'autant que les membres du comité ne se ménageaient pas plus que les autres, et étaient simples ouvriers tout le jour, le soir seulement distributeurs.

Les ordres de travail étaient inscrits sur des ardoises qu'on suspendait aux murailles de la grande salle à manger. Chacun allait les consulter avant de se mettre au lit, et se rendait le lendemain matin, à six heures, à son ouvrage, sans commandement, sans observation, sans plainte. Comment en auraient-ils eu à recevoir ou à faire, puisque le comité était de leur choix et existait en conséquence de leurs propres conventions?

L'engagement pris par chaque associé, non seulement de mettre au service de l'association tous ses talents, mais aussi de les donner par l'enseignement à ses collègues, n'était pas le seul moyen qu'eût Rahaline de mettre à profit tout ce qu'il renfermait de talents. Il y en avait plusieurs autres, dont voici un : un livre appelé *le livre des propositions* était constamment ouvert dans la salle d'assemblée, et chaque membre, mâle ou femelle, était invité à y écrire, sans réticence, tout ce qui lui viendrait à l'esprit, ou d'observations à faire, ou de précautions à suggérer, ou d'améliorations à proposer, ou d'économies à communiquer.

Ces notes étaient prises chaque soir en considération par le comité, qui écrivait à côté de chacune, ou son agrément, ou son refus, et ses motifs dans l'un ou l'autre sens. — Le tout était lu, chaque semaine, par le secrétaire, à l'assemblée générale, et cet usage était d'un très grand avantage tant pour le gouvernement de la société que pour chacun de ses membres. — Tous les talents étaient mis en lumière, et d'autant plus honorés qu'ils rendaient plus de services.

Ces détails sur la manière dont le comité s'y prenait pour faire accepter avec joie par les membres de Rahaline les travaux qui inspirent le plus de répugnance dans notre ordre de société, et pour tirer le plus grand parti possible du jugement et de l'imagination de tous, imposeront silence, je l'espère, à tous les sots et stupides arguments qu'on entasse contre les communautés. Ici l'intérêt de chacun était l'intérêt de tous. L'effet immédiat de chaque perfectionnement, de chaque découverte, soit agricole, soit industrielle, soit mécanique, soit scientifique, était un peu moins de travail, un peu plus de félicité pour tous.

Dans le chaos d'absurdités, de concurrence, de folies, auquel nous donnons fièrement le nom de société, il n'est point de particulier ni de gouvernement qui puisse, en fait d'encouragement au travail, de développement et de distribution de richesses, faire rien d'égal à ce qui s'est fait chez ces humbles laboureurs de Rahaline : car « Dieu a dans tous les temps choisi les simples pour » confondre les sages, les faibles pour confondre les » forts, les petits pour anéantir les grands, afin que rien » de ce qui est chair ne se glorifie devant lui. » Voyez notre ordre social : toutes les classes, toutes les professions, tous les métiers, sont opposés l'un à l'autre; dans chaque profession, dans chaque métier, dans chaque classe, tous les individus sont en guerre. Chaque métier a son art, ses mystères, son langage, qu'il cache soigneusement à quiconque n'est point dans ses rangs. Chaque individu armé de patentes et de priviléges s'efforce de garder pour lui seul ses petites découvertes, afin de s'en servir contre ses confrères, qu'il regarde comme ses ennemis. Qu'espérer de bon et de noble d'une telle société? Des intelligences rabougries, des talents étouffés, de la déloyauté, des jongleries, des friponneries, voilà tous les fruits qu'elle peut porter. Les raisins ne se cueillent point sur des épines ni les figues sur les chardons. — Dans une association organisée comme Rahaline, il se ferait plus d'améliorations et de découvertes chaque année que n'en ont fait jusqu'ici par siècle toutes les sociétés.

CHAPITRE III.

CLAUSES RELATIVES A LA DISTRIBUTION ET A L'ÉCONOMIE DOMESTIQUE.

XVI. Le logement, la nourriture, l'habillement, le blanchissage et l'éducation des enfants, seront payés sur le fonds commun de l'établissement, depuis leur sevrage jusqu'à l'âge de dix-sept ans, âge où ils pourront en devenir membres.

XVII. Les parents qui voudront élever eux-mêmes chez eux leurs enfants paieront leur nourriture, leur habillement et leur blanchissage.

XVIII. Les salles et cuisines communes seront chauffées gratis.

XIX. Chaque personne logée à part et faisant cuisine chez elle paiera son feu.

XX. Un sous-comité d'économie domestique sera spécialement chargé de se procurer et de mettre en pratique les procédés culinaires les meilleurs et les moins dispendieux.

XXI. Le blanchissage sera fait en commun, et les dépenses de savon, de feu et de main-d'œuvre, seront supportées par tous les adultes.

XXII. Chaque membre laissera sur ses gages un demi-penny par shelling pour former un fonds de réserve en faveur des malades et invalides.

XXIII. Tout dommage fait par un membre de l'association dans ses logements, meubles ou approvisionnements, sera retenu sur les gages de l'individu, à moins que le comité ne lui en fasse remise.

MOTIFS ET EFFETS.

Dans une société tout à fait rationnelle, il ne serait pas fait de différence de salaire entre les divers genres de travail. Une journée utilement employée serait payée comme toute autre journée employée autrement, mais aussi utilement. C'était le désir de M. Vandeleur. Mais il ne put pas avoir de charpentiers, de menuisiers, de peintres, sans leur donner un peu plus qu'aux travailleurs à la terre.

L'association avait commencé, ainsi que je l'ai dit plus haut, par quarante membres, mais ce nombre ne fut pas trouvé suffisant et fut bientôt porté au double.

Les gages étaient ainsi réglés par semaine au mois de juin 1833 :

Le secrétaire	8 shellings.
Le garde-magasin.	8
Un charpentier	8
Un compagnon	6
Un serrurier	8
Un compagnon	6
Un directeur de l'agriculture . .	8
Un jardinier	7
Un boucher	6
Trois maîtres laboureurs, par tête.	5
Vingt-trois compagnons, id. .	4
Vingt et une femmes, id. .	2
Neuf jeunes gens et enfants. . .	0
En tout 81 individus.	214 shellings.

Le travail de chaque jour était ainsi réparti sur la feuille d'avril 1833 :

15 hommes à la bêche, 4 au voiturage et à l'étendage du fumier, 4 aux charrues, 3 aux vaches et aux mou-

tons, 4 aux compôts, 1 à la boucherie, 3 à la charpente, 2 à la serrurerie, 1 au magasin, 1 au secrétariat, 1 à la cuisson des pommes de terre, 8 femmes à la culture, 3 à la laiterie et aux poules, 1 à l'école.

Le travail des jeunes gens et des enfants n'entrait pas dans la feuille, puisqu'il n'était pas payé; mais pour ceux de 9 à 17 ans il était regardé comme plus que suffisant aux frais de leur entretien et de leur éducation.

Les prix des denrées du magasin étaient ceux-ci :

Autant de pommes de terre qu'un homme en pouvait manger dans sa semaine, 1 shelling.

Idem pour une femme, 6 pence.

Le lait, 1 penny la pinte; le porc, 2 pence et demi la livre; le mouton et le bœuf, 4 pence la livre; le beurre, 8 pence.

La tourbe pour les logements était payée par les ménages, le coût de l'arrachage et du transport. — Chaque cottage était payé, non à M. Vandeleur, mais à l'association, 6 pence par semaine. C'étaient là les seules charges que les ménages eussent à supporter de plus que les célibataires. Mais cela était juste, puisqu'ils avaient plus de jouissances, et de plus c'était une petite indemnité aux célibataires pour la dépense des enfants.

Le temps, le travail, le savon, l'empois, les aiguilles, le fil, la laine, etc., du blanchissage et du raccommodage, étaient payés au moyen d'une cotisation entre les adultes; les articles d'habillement aux prix du gros.

Les laboureurs se contentaient en général d'acheter du lait et des pommes de terre. Les mieux payés prenaient du thé ou du café, rarement de la viande. Dans le verger, pièce de terre de deux acres et demi, que M. Vandeleur estimait peu, il avait planté quelques arbres fruitiers. L'association fit son jardinier d'un de ses membres, l'aida à épierrer, à améliorer, à enclore ce terrain, puis lui en laissa le soin. Il y fit venir toutes sortes de légumes et de fleurs, et chaque travailleur, en s'adressant à lui, en eut pour son usage et sans aucune rétribution tant qu'il en voulut. Tout était en abondance et de la meilleure qualité. Les repas de chacun étaient ainsi agréablement variés. L'Irlande et l'Angleterre n'avaient point d'ouvriers mieux portants, plus dispos, plus actifs, ni plus gais.

Cela se conçoit facilement. Si les gages hebdomadaires étaient à Rahaline fort au dessous de ce que sont ailleurs ceux des mécaniciens et de quelques autres artisans, il s'y trouvait en revanche beaucoup de comforts coûtant peu de chose, beaucoup ne coûtant rien, et voici ce que présentaient en général les comptes de ces travailleurs.

Les simples compagnons, je l'ai dit plus haut, avaient par semaine 4 shellings, c'était là leur revenu. Leur dépense consistait en

10 pintes de lait.	0 sh.	10 p.
Pommes de terre et assaisonnement.	1	0
Autres légumes et fruits de toute sorte.	0	0
Blanchissage et raccommodage.	0	2
Fonds de retraite.	0	2
Habillement.	1	10
	4	0

Les simples ouvriers avaient par semaine 2 shellings

6 pence, et dépensaient pour 8 pintes de lait, pommes de terre, légumes et assaisonnement. 1 sh. 2 p.

Blanchissage et fonds de retraite.	0	3 1/4
Habillement.	1	0 3/4
	2	6

Il ne restait sans doute aux célibataires mâles et femelles que de quoi s'habiller fort simplement. Mais tout ce qui leur était fourni était infiniment supérieur à ce qu'ils auraient eu ailleurs. Ils avaient pour rien feu et lumière toujours, lecture un soir la semaine, école deux soirs, danse deux soirs, et ils étaient assurés de ne jamais manquer. Puis, que d'avantages dès qu'ils se mariaient! Pour 6 pence par semaine un cottage, pour 2 pence peut-être leur feu. Pour rien la subsistance, l'habillement; l'éducation de leurs enfants, depuis 14 mois jusqu'à 9 ans à l'école, depuis 9 ans jusqu'à 17 avec les adultes non mariés. Et point de soucis pour leur vieil âge, ni pour ces mêmes enfants. Venaient-ils à mourir, l'association adoptait les orphelins. Si toutes les populations étaient ainsi organisées, on ne verrait ni veuves ni orphelins dans la détresse.

Soixante shellings par semaine à Liverpool ou à Londres ne donnent pas dans l'ordre social actuel à un ménage les avantages et les comforts que Rahaline a procurés à ses habitants, moyennant 6 shellings 6 pence.

L'Irlande est pleine de familles à demi-nues, sans lit, sans meubles, sans autre ustensile qu'une marmite de fonte pour faire cuire les pommes de terre qui sont leur seule nourriture, couchant pêle-mêle sur la paille avec des cochons, des canards, des oies, des poules, des chiens, des vaches, dans de misérables cabanes sans cheminée, sans croisées, et toujours obstruées de fumier.

A Rahaline tous les cottages étaient pourvus de couchettes, de lits, de couvertures, de tables, de chaises, de fauteuils, aussi propres que chez les artisans les plus aisés de l'Angleterre. L'école, placée à la suite de six cottages occupés par les parents, avait pour chaque enfant un bon berceau à balançoire avec couches et couvertures ; pour ceux plus âgés de bons lits bien garnis, des bancs, des ardoises, une cour, un jardin, un gymnase avec mâts, escarpolettes, etc. ; pour la gouvernante un mobilier semblable à celui des parents. Cette gouvernante était une jeune personne élevée à Dublin pour être institutrice, et que les enfants aimaient beaucoup. Ils n'auraient pas été à beaucoup près aussi bien dirigés par leurs pères et mères que par elle. La salle du comité, celle d'assemblée, celle à manger et la classe des jeunes gens étaient également pourvues de tout ce que l'on pouvait désirer pour chacune d'elles. Au dessus de ces salles étaient les dortoirs, un pour les garçons, un pour les filles. Une femme adulte avait la direction des dortoirs, une autre celle des salles. La cuisine et le blanchissage communs se faisant dans des pièces à ce destinées, et tous les enfants étant réunis dans l'école, les femmes mariées pouvaient à la fois, sans aucune peine, travailler à l'association et tenir leurs cottages en ordre. Le bois et les autres matériaux ayant été fournis par M. Vandeleur, les serruriers et les menuisiers de l'association avaient fait à leur temps perdu tous les bancs, pupitres, tables, chaises, couchettes, etc., dont je viens de donner le détail.

L'appareil pour laver et cuire les pommes de terre était très commode. Un cylindre à jour comme une cage d'écureuil, suspendu horizontalement sur un axe, était tourné au moyen d'une poignée dans un baquet d'eau jusqu'à ce que les pommes de terre fussent propres. Elles passaient de là dans un vase couvert, à fond percé de trous par où pût entrer la vapeur. Ce vase était posé comme un couvercle sur une grande chaudière pleine d'eau qu'on faisait bouillir, et les pommes de terre cuisaient ainsi fort vite. Un homme pouvait en deux heures préparer ce qu'il en fallait pour toute l'association.

La scierie et la machine à battre épargnaient également beaucoup de temps, et on ne négligeait aucun des moyens inventés pour faire avec plus d'économie et de promptitude le blanchissage. L'association inventa elle-même, pour sa moisson, une machine au moyen de laquelle elle fit avec un cheval ce que n'auraient pas fait douze hommes, et elle publia à cette occasion une lettre dans laquelle elle invitait tous les cultivateurs d'Angleterre et d'Irlande à se réunir par groupes pour pouvoir comme elle employer des machines. Je ne sais si ces cultivateurs ont fait leur profit de ce conseil.

CHAPITRE IV.

FORMATION DES CARACTÈRES.

Les mots *formation du caractère* expriment mieux que

le mot *éducation* ce qui se pratiquait à Rabaline. Les arrangements et circonstances n'y tendaient pas seulement à dissiper l'ignorance, ils étaient tous calculés de manière à éclairer les intelligences, à améliorer les dispositions, à régulariser la conduite, et à faire le bonheur de tous les membres de l'association.

XXIV. Nous nous engageons mutuellement à ce que les enfants de ceux d'entre nous qui viendront à mourir membres de l'association soient protégés, élevés et aimés, comme si leurs parents vivaient encore, et soient admis, dix-sept ans arrivés, à tous les priviléges d'associés.

XXV. Chaque membre aura une entière liberté de conscience, d'opinion et de culte religieux.

XXVI. Les différences d'opinion n'altéreront en rien les sentiments et procédés de douceur, de tolérance et de charité, auxquels nous nous engageons les uns envers les autres.

XXVII. Nous ne nous donnerons jamais d'autres noms que ceux sous lesquels chacun de nous aura été enregistré sur les livres de l'association.

XXVIII. Il ne sera joué à aucun jeu par les membres de l'association.

XXIX. Nul n'aura d'animal à lui.

XXX. Il n'entrera dans l'établisement ni liqueurs fermentées, ni tabac; et tout membre introduisant un de ces articles, ou sachant qu'un autre membre en possède et ne le déclarant pas, sera traité conformément à l'article 35 ci-après.

XXXI. S'il s'élevait par malheur quelque dispute entre deux ou plusieurs d'entre nous, elle serait jugée immédiatement, ou par arbitres que les parties désigneraient, ou par la majorité des membres de l'association.

XXXII. Tout associé ou associée désirant se marier en fera la déclaration huit jours d'avance, et immédiatement il sera construit ou mis en ordre une maison convenable pour recevoir le ménage.

XXXIII. Tout associé ou associée désirant se marier à une personne étrangère à l'association le déclarera. L'étranger ou étrangère sera soumis à un ballottage, et en cas de non-admission l'associé cessera de l'être.

XXXIV. Les membres de l'association communiqueront avec leurs amis et parents, et voyageront tant qu'ils voudront. Il sera pris toutes les mesures convenables pour concilier dans ces occasions le plaisir de l'individu avec les intérêts de l'association, et pour recevoir le mieux possible les amis visiteurs.

XXXV. Si quelque membre se conduisait de manière à nuire à l'association, le comité lui exposerait en quoi sa conduite est mauvaise; et s'il continuait à transgresser la règle, il serait cité devant une assemblée expressément convoquée, dans laquelle les trois quarts des membres présents suffiraient pour l'expulser, en lui signifiant que ses services ne sont plus admis, et qu'il n'aura plus ni emploi, ni gages, ni provisions du magasin commun.

MOTIFS ET EFFETS.

J'ai dit en commençant que M. Vandeleur était parti de ce principe « que le caractère de l'homme ne dé-

» pend pas de lui, mais de son organisation naturelle,
» des circonstances dans lesquelles il s'est trouvé, et de
» l'action et réaction de chacune de ces causes sur l'au-
» tre. »

En conséquence de ce principe il chercha à éloigner de sa petite communauté toute circonstance provoquant la mauvaise humeur, l'ignorance et le vice, et à y introduire tous les arrangements qui pouvaient rendre ses membres bons, instruits et vertueux. Ses efforts tendirent à réformer les adultes pour n'avoir pas à les punir, à prévenir le mal dans les enfants pour n'avoir pas à le guérir.

Il pensait aussi que nul n'a droit d'exiger d'un autre ce qu'il ne voudrait ou ne devrait pas faire pour lui ; en d'autres termes, que tous les hommes sont égaux. De là cette obligation qu'il imposait à tous ses travailleurs de faire avec joie tout ce qui pouvait être utile ou agréable à leur communauté, et cette habitude qu'il leur inspirait de considérer comme également honorable tout ce qui est également nécessaire. Du même principe découlait la classification par âges, qui est celle de la nature. Chaque âge faisait ainsi pour l'association ce qui était le plus en rapport avec ses facultés, ses connaissances et son expérience. C'était la règle. Il n'y avait d'exceptions qu'en raison de l'éducation première de ces gens pris tout formés.

La seule religion prêchée à Rahaline était le devoir de travailler sans cesse à rendre heureux autour de soi hommes, femmes, enfants, vieillards, sans distinction de pays, de sexe, de secte, ni de parti. Point de Bible comme livre de dogmes, point de cours ni de discussion sur le culte ni la politique, point de moquerie ni de mépris pour la religion d'autrui : liberté complète. Les parents des enfants pouvaient, s'ils le voulaient, les faire instruire par des prêtres. Mais aucun prêtre n'était payé par l'association, et n'en était plus mal à cause de cela pour elle. Une raison bien simple, c'est que ses membres avaient maintenant quelque petite chose à donner, tandis qu'auparavant il fallait leur faire l'aumône.

Une querelle était à Rahaline un véritable délit qui exposait son auteur à être chassé. Aussi, en trois ans, n'y eut-il pas un seul de ses membres qui se fît citer en justice. Deux assemblées eurent lieu, l'une à l'occasion d'une *veillée de mort* où, suivant l'abominable coutume d'Irlande, on avait enivré de wiskey un membre qui s'y était rendu ; l'autre à propos d'une colère excitée par un sobriquet. Pour la première de ces fautes le coupable fut chassé et ne rentra au bout de huit jours que sous caution qu'il ne recommencerait plus. Pour la seconde, les parties furent excusées, mais donnèrent aussi caution.

Il n'y avait pas d'ivrognerie possible, grâce à la précaution de prohiber l'entrée des liqueurs fortes, et à celle de ne payer qu'en bons de travail qu'on ne prenait pas au dehors. Quant à la paresse, deux ou trois membres seulement y étaient un peu sujets au début de l'entreprise. Mais en faisant travailler chacun d'eux entre deux bons ouvriers qui se moquèrent d'eux, on les eut bientôt corrigés : preuve que tous les hommes ont besoin de l'estime de leurs semblables, et que ce besoin peut préserver de beaucoup de vices et de folies. Dans les grandes villes, où rien ne se sait, il est peu efficace; mais dans de petites communautés comme Rahaline, la chasteté, la douceur et bien d'autres qualités morales sont faciles à tirer de lui.

ENFANTS.

A l'ouverture de Rahaline, chaque enfant était apporté par sa mère à l'école, complétement peigné, lavé, brossé, dès six heures du matin. Il restait là jusqu'à six heures du soir, entièrement confié à la gouvernante, que dirigeait M. Vandeleur lui-même, et pendant tout ce temps les parents ne pouvaient se mêler de rien. Mais bientôt il fut pris des mesures pour que les enfants dormissent tous dans la même salle. Ils ne furent plus obligés de se lever si tôt, et la gouvernante épargna à leurs mères le soin de les laver, de les habiller et de les amener à leur école. Ce fut pour ces pauvres petits une contrariété de moins. Ils apprenaient d'abord la lecture, l'écriture, l'arithmétique, la grammaire, la musique, la danse, le dessin; puis le jardinage, l'agriculture, la morale, l'économie politique et domestique, plus deux ou trois métiers.

Aussi il ne vint bientôt personne à Rahaline qui ne fût surpris du développement moral des jeunes gens, et au mois de novembre 1833 la déclaration suivante fut votée et signée dans une assemblée :

« Nous soussignés, membres de la société agricole de » Rahaline, déclarons devoir à M. Vandeleur et à M. Craig » deux années de calme, de satisfaction et de bon sens.

» Nous étions d'abord opposés à leurs plans ; mais notre
» condition a été si promptement améliorée, nos besoins
» sont si bien remplis, que nous ne saurions leur en
» exprimer trop de gratitude. Nous étions les uns pour
» les autres jaloux, haineux, vindicatifs : nous sommes
» devenus confiants, bienveillants, tolérants; et ce sont
» les leçons et les exemples de M. Vandeleur et de
» M. Craig qui nous ont ainsi métamorphosés. »

GOUVERNEMENT.

Le gouvernement de Rahaline présentait tous les avantages d'une monarchie républicaine, sans aucun de ses inconvénients. M. Vandeleur était un roi. — Rahaline était son royaume ; — L'association, son peuple ; — Le comité, son sénat, nommé par le suffrage universel et direct tous les six mois ; — Le secrétaire, le caissier et le garde-magasin, ses ministres. — Il avait bien un pouvoir que nous ne voudrions confier ni à un roi, ni à un président, celui d'expulser un membre et même de dissoudre la communauté suivant son bon plaisir et sans appel. Ce pouvoir faisait de lui un monarque absolu. Mais il n'en usait que dans la limite des lois qu'il avait faites, et contre ceux qui les violaient. Il n'avait pas, d'ailleurs, l'intention de le garder quand ces hommes, qu'il prenait misérables, ignorants, ivrognes, paresseux, pleins de préjugés et tout à fait hors d'état soit de comprendre la liberté, soit d'administrer convenablement 618 acres de terres, auraient acquis le capital et les connaissances nécessaires pour marcher sans lui et se gouverner eux-mêmes.

C'était là que devait en arriver, sous peu d'années, l'association de Rahaline, quand le succès de ses plans réveilla malheureusement dans M. Vandeleur un funeste goût qu'il avait eu dans sa jeunesse : celui du jeu. Il s'y livra, perdit, emprunta, ne put pas rendre, et fut obligé de fuir; ses créanciers saisirent sa propriété, vendirent tout ce qu'ils y trouvèrent, sans s'arrêter aux réclamations des travailleurs, qui n'avaient pas eu la précaution de faire enregistrer leur bail ; et ces pauvres gens, privés du fruit de leurs peines, furent obligés de quitter leur paradis pour retomber dans un enfer au moment où leur prospérité se développait le mieux.

Puisse cette expérience, son succès de trois ans, et sa fin à jamais regrettable, inspirer à quelques uns de nos propriétaires l'idée d'arracher, par des arrangements du même genre, les indigents de leur canton à la misère et au vice, en prenant, de plus, toutes les précautions nécesaires pour que nul ne puisse les évincer (1) !

(1) Le principe des vertus est la sociabilité; celui des vices, la cupidité. Les peuples qui ont vécu le plus en commun sont ceux qui se sont le plus attachés à leur façon d'être et se sont estimés les plus riches; ceux qui sont le plus exposés à la cupidité sont les plus près de leur fin. Le moyen de moraliser, comme d'enrichir un peuple, est donc de le tourner vers la sociabilité.

QUELQUES PROPOSITIONS DE PHILOSOPHES MORTS

A MÉDITER.

En toute science, c'est par l'épuisement des erreurs qu'on arrive à la vérité. La recherche du vrai est toujours utile; ce qui est nuisible c'est la non-recherche.

Il est impossible, sous un gouvernement qui persécute l'homme qui pense, que la nation produise de grands ministres. Le danger de s'instruire y détruit l'instruction, et le peuple gémit sous le joug d'une orgueilleuse ignorance, qui précipite bientôt dans une ruine commune et le despote et sa nation.

Tout peuple sage doit payer en honneur les services qu'on lui rend. Veut-il les acquitter en argent, il épuise bientôt son trésor, et son impuissance à récompenser le talent et la vertu les étouffe tous deux dans leur germe. Mais les honneurs sont une monnaie qui hausse et baisse selon le plus ou moins de justice avec laquelle elle est distribuée.

Il en est d'un empire comme d'un collége. Les prix et les premières places sont-elles pour les favoris du régent, plus d'émulation parmi les élèves, les études tombent. Or ce qui se fait en petit dans les écoles s'opère en grand dans les empires : lorsque la faveur seule y dispose des places, la nation est sans énergie, les grands hommes en disparaissent. (HELVÉTIUS.)

C'est pour se faire beaucoup de partisans par beaucoup de places à donner qu'on a une marine chère, une armée, des administrations et des colonies qui ne le sont pas moins. — Le traitement étant la moindre partie de ces dépenses, il serait en vérité plus économique de payer des pensions à tous ces fonctionnaires inutiles. Seulement il conviendrait d'examiner à fond de combien le travail et la misère du peuple sont augmentés par la vie voluptueuse et désœuvrée des individus qui ne tiennent à la société que par leur bien-être.

Henri IV disait à ses courtisans, quand il fut devenu paisible possesseur de son royaume, qu'il serait bien aise, puisqu'on jouissait de la paix, qu'ils allassent voir leurs maisons et donner ordre à faire valoir leurs terres. — Il leur montrait par son exemple à retrancher la superfluité des habits, louait ceux qui se vêtaient simplement comme lui, et se riait de ceux qui portaient leurs moulins et leurs bois de haute futaie sur leurs dos.

(MARQUIS DE MIRABEAU.)

Les invalides coûtent fort cher, sont entièrement inutiles à l'état, et mènent dans leur hôtel une vie fort triste. Si on les distribuait dans les départements, en assignant à chacun moitié de ce qu'il coûte à Paris, ils y occasionneraient plus de consommation, et augmenteraient en se mariant le nombre des citoyens. Puis leur hôtel pourrait être consacré à des enfants trouvés, qui y seraient élevés avec soin, pour devenir soldats. On en ferait autant dans d'autres centres, et cette destination toute naturelle suppléerait en grande partie la conscription. Les filles devraient être élevées de même dans des communautés pour devenir les femmes de ces garçons à mesure qu'ils seraient envoyés dans des terres dont le produit leur tiendrait lieu de solde.

La force ou la faiblesse d'un empire dépend de la quantité, non de ses habitants, mais de ses subsistances. Si la quantité des subsistances augmente plus que celle des habitants, il se renforce. Si la quantité des habitants augmente plus que celle des subsistances, il s'affaiblit.

Nous importons annuellement, en moyenne :

40,000	bœufs ou vaches	sans compter les peaux, laines, etc.
170,000	moutons	
25,000	chevaux	
150,000	porcs	

Pour mettre un terme à ces sacrifices, on devrait fonder dans chaque arrondissement une ferme d'une centaine d'hectares, et favoriser les propriétaires et fermiers qui en appliqueraient de cette tenure ou de supérieures à l'élève des bestiaux, en déclarant que parmi eux seuls seraient choisis les administrateurs de département, et que leur cheptel et leur mobilier ne pourraient pas être saisis.

En Ecosse, voici ce qu'on a fait :

A tout propriétaire ou fermier de 150 à 200 acres, avantageusement connu, on a avancé, contre ses engagements de 55,000 fr. à 6 ans, 10,000 de suite, puis 10,000 par an pendant quatre ans, en billets de banque, bien entendu à la condition que des commissaires veilleraient à ce que tout fût employé sur la ferme.

Le prêt était fait, comme on voit, pour une moyenne de trois ans, à l'intérêt de $2\frac{1}{2}$ p. 100 l'an.

L'Ecosse a énormément avancé au moyen de cette combinaison. (RUBICHON.)

La hausse des salaires est un bien quand le travail demandé est appliqué à produire des choses dont les travailleurs peuvent faire usage. Quand il s'applique à ne faire que des choses à l'usage des riches, c'est le contraire. (ROSSI.)

RÉSUMÉ.

Nous savons par nous-mêmes aujourd'hui ce que l'antiquité nous aurait probablement enseigné si les chrétiens et les mahométans n'avaient tour à tour brûlé ses livres : que l'univers est un grand être composé comme nous de trois principes, l'intelligence ou éther, l'âme ou électricité, et la matière (1).

Les religions sacerdotales étaient presque toutes parties de là.

Elles regardaient les deux derniers principes comme *émanés* du premier, et d'émanations en émanations était venu le polythéisme, que le christianisme a détruit en soutenant qu'ils sont, non pas émanés, mais *créés*.

Des phénomènes multipliés nous annoncent une grande rénovation sociale au moment même où nous assistons à une guerre de religion. L'idée d'émanation ne produisait pas de guerre de ce genre, et maintenant qu'il n'y a plus de polythéisme à combattre, toute la question est de *relier* au moins l'Europe. C'est là ce que veut dire RELIGION. Or jamais aucune religion ne deviendra universelle

(1) J'ai passé, en remontant, par dessus les Grecs, parce qu'ils n'ont fait, dans leurs mystères, que répéter les Egyptiens.

si on ne peut l'expliquer par les phénomènes de la nature. Il faut donc prendre cette peine pour nos dogmes, et n'en parler à la jeunesse qu'après l'avoir bien imprégnée de sciences naturelles. Il faut encore plus ne lui donner que des exemples d'abnégation de soi-même et placer soigneusement chaque individu dans les circonstances les plus propres à développer en lui cette qualité : car ce sont les circonstances et les exemples au milieu desquels nous vivons qui nous font ce que nous sommes.

L'usage exclusif de l'or et de l'argent pour signes d'échange n'est pas seulement, comme l'ordre actuel de l'enseignement, une source de division déplorable; il en est aussi une de corruption et de misère. Il sera long et difficile à détruire; on ne saurait s'y prendre trop tôt.

Les marchands, ceux d'argent surtout, luttent pour empêcher cette réforme. Ils se trompent : une monnaie représentant tous les biens de ce monde, excepté l'or et l'argent, pousserait, par la consommation, la production à un tel point que le numéraire aurait à faire, pour les soultes seulement, un service aussi considérable, peut-être, qu'à présent pour les prix entiers. Par elle, les hommes seraient classés en raison de leur loyauté;

le libre échange, un bien-être, un honneur, une sympathie générale en résulteraient, tandis que les restrictions, les privations, l'égoïsme et l'immoralité sortent fatalement du système de l'achat et de la vente, système dans lequel la possession de l'argent est tout, sa source rien.

Sauf l'esclavage, notre société, qui se dit chrétienne, n'est pas aussi bonne païenne que les républiques de l'antiquité; car le principe électoral y forçait les riches ambitieux à donner leur fortune aux petits, et avec le principe monarchique un parvenu qui gagne vingt millions n'a qu'à donner cinquante mille francs pour être porté aux nues. Cet état moral rend impossible de proposer dès à présent une association normale : un pouvoir despotique peut seul décider ceux qui possèdent à en fonder quelques unes. Celle dont je donne le plan ne peut rien compromettre, et peut au contraire leur prouver tous les avantages qu'eux-mêmes tireraient de ce principe fécond. Nous travaillons tous pour nous reposer au plus tôt à 50 ans. Avec lui, tous jouiraient de la vie dès son début, et les jouissances, au lieu de diminuer, ne feraient que croître avec l'âge.

POST-FACE.

Qui pourrait douter, après le fait suivant, que l'éther soit l'intelligence universelle, que chacun de nous y puise la sienne, et que, lorsqu'un magnétiseur ajoute un peu de ce qu'il en a à ce qu'en possède une somnambule, il y ait fusion de cette ration d'intelligence, devenue trop forte pour son corps, avec cet éther immense et infini, qui, pénétrant tout, voit tout, quels que soient la distance et les obstacles?

« Un ancien commerçant en bestiaux de Nogent-le-Rotrou, le sieur Auguste Marchand, qui, après s'être ruiné dans les affaires, s'était fixé à Versailles, où il exerçait l'humble profession de toucheur de bœufs, avait disparu il y a quelque temps à l'issue d'un marché de Sceaux, abandonnant les bestiaux qu'il conduisait, et qui avaient été recueillis errant à l'aventure.

» Depuis lors toutes les recherches faites pour découvrir sa trace étaient demeurées infructueuses, lorsque, sa femme ayant été conduite chez Mme Roger, somnambule, faubourg Montmartre, n° 33, celle-ci, interrogée dans le sommeil magnétique, lui dit que son mari s'était noyé, et indiqua un petit étang situé dans un bois sur la route de Sceaux à Versailles comme étant le lieu où on trouverait son cadavre. Sur cette indication, en effet, le corps du malheureux Auguste Marchand fut retrouvé, et comme il avait manifesté des intentions de suicide, et que la somme d'argent dont on le savait porteur se retrouvait dans ses vêtements, on dut croire qu'il avait lui-même attenté à ses jours, ainsi que l'avait annoncé la somnambule.

» Un certain temps s'était écoulé depuis lors, quand, par hasard, la veuve du toucheur de bœufs, se trouvant à Fontainebleau, fut témoin des regrets qu'exprimait une jardinière de cette ville, dont la fille, âgée de onze ans et demi, avait disparu. Elle lui raconta alors ce qui lui était arrivé à elle-même et lui conseilla d'aller consulter la somnambule dont elle lui donna l'adresse. La jardinière, en conséquence, fit le voyage de Paris, et se rendit, accompagnée d'une sienne parente, femme d'un serrurier établi rue des Fontaines, 15, près de celle de qui elle espérait avoir des nouvelles de son enfant. La somnambule endormie, on lui mit entre les mains un bonnet de la petite fille, et aussitôt elle déclara la voir. Mais cet enfant a déjà été l'objet d'un attentat qui a donné lieu à un procès, dit-elle. Ce qui était vrai, la malheureuse enfant ayant été violée à l'âge de huit ans. Oh! mon Dieu! continua la somnambule, je la vois avec un assassin. Puis elle indiqua qu'on la trouverait dans un puits d'une maison de la banlieue de Fontainebleau qu'elle indiqua.

» Le corps de cette jeune fille y a été en effet retrouvé mutilé et portant les traces d'une mort violente. Le meurtrier, dont la somnambule avait tracé d'une manière assez vague le signalement, a été arrêté et a comparu devant le jury du département de Seine-et-Marne, à Melun, le 19 novembre; la somnambule a aussi comparu, à la demande de M. le procureur impérial, mais elle n'a pu donner aucun renseignement, bien que la femme du serrurier de la rue des Fontaines rapportât dans le plus grand détail ce qui s'était passé en sa présence lors de la visite de la mère de la victime. » (*Le Pays.*)

Comment l'intelligence universelle fait-elle ainsi distinguer les formes par les somnambules, et comment un grand nombre de personnes dont les déclarations ne sont pas contestables ont-elles vu près d'elles des fantômes de parents ou d'amis à elles, au moment même où ces amis et ces parents sortaient loin d'elles de la vie? Il me semble que les observations de M. de Reichembach sur des hommes vivants et celles d'autres Allemands sur des tombes fraîches, sur des cendres et sur de l'huile, expliquent parfaitement ce phénomène.

Sur les tombes, des lueurs vacillantes, espèce de brouillard lumineux pour le vulgaire, ont présenté à quelques individus exceptionnellement organisés les traits des personnes décédées des corps de qui elles émanaient.

Des cendres gelées d'orties ont reproduit nettement la figure de ces plantes brûlées..

De l'eau de pluie dans laquelle des feuilles de baumier étaient conservées depuis trois mois sous cloche a été mise en ébullition, et l'huile qui est montée à sa surface a offert l'image de ces mêmes feuilles, rouvertes.

Donc les formes des corps organisés se conservent toutes au moyen de l'électricité qui les a animés, qui en nous, par exemple, s'est moulée sur nos membres en les parcourant incessamment pour leur transmettre nos sensations, nos volontés et le mouvement, et qui, au moment où elle se sépare de notre matière avec notre esprit, devient, à la place de celle-là, la seule robe de celui-ci ; robe impalpable et invisible pour nous, mais toujours palpable, toujours visible, soit pour l'intelligence universelle, c'est-à-dire pour Dieu, soit pour les parcelles de cette intelligence qui sont rentrées dans son sein, et toujours prête à se transporter, soit à sa volonté, soit, avec sa permission, à la volonté de la parcelle à laquelle elle appartient, et avec elle, dans le lieu, quel qu'il soit, où se trouve un objet des pensées ou désirs de celle-ci.

Nous vivant, notre esprit voyage seul sans moyen de se manifester, parce que notre enveloppe immatérielle est liée à la matérielle et ne peut quitter celle-ci pour le suivre. Nous voyons ainsi, en imagination, et sans qu'elles s'en aperçoivent, les personnes qui nous intéressent.

Nous mourant, notre esprit obtient de Dieu, par la prière, un instant avant celui où cette enveloppe immatérielle lui restera seule pour toujours, la permission de l'emporter avec lui, sur le lieu où, pour sa tranquillité dans sa vie nouvelle, il a une impression à produire.

Il n'est nullement besoin pour tout cela de l'intervention du démon, dont il serait vraiment bien temps qu'on ne troublât plus nos cervelles.

Il y a cent soixante ans déjà que, guidé par les vestiges dans l'air de trois de ces robes ou lumineuses ou odorantes, un paysan du Dauphiné, nommé Aymar, a suivi, depuis Lyon, comme un chien suit un lièvre, trois assassins, l'un jusqu'à Toulouse, où la justice s'en est saisie, deux jusqu'aux frontières d'Espagne, où elle a été obligée de les abandonner. En présence de tels faits, c'est un crime que l'obstination de la science et de l'Eglise à arrêter par le ridicule et l'anathème les recherches des philosophes. Que dis-je? un crime; ce sont tous les crimes qui se sont commis depuis 160 ans : car la certitude d'être découverts aurait empêché leurs auteurs de les commettre. C'est ainsi que l'entêtement dans l'ignorance est le pire de tous les maux.

ÉPHÉMÉRIDES

POLITIQUES ET MILITAIRES

DE 1797 A 1830.

JANVIER

		ÉPHÉMÉRIDES POLITIQUES ET MILITAIRES DE 1787 A 1830.
1	CIRCONCISION.	1792. Frères du roi en accusation. 1796, Institution du ministère de la police. 1801, Passage de l'Adige par Brune. 1804, Indépendance d'Haïti. 1806, L'électeur de Bavière et le duc de Wurtemberg, rois. Calendrier Grégorien. 1808, Code de commerce mis en vigueur. 1814, Rapp rend Dantzig. 1816, Jésuites chassés de Russie. 1818, Indépendance du Chili. 1820, Commencement de révolution en Espagne. 1822, Constitution de la Colombie.
2	st Narcisse.	1795. Installation des douze municipalités de Paris. 1811, prise de Tortose par Suchet. 1814, Prise de Fort-Louis par les Russes, 1825, Reconnaissance des Républiques américaines par l'Angleterre.
3	ste Geneviève.	1795. Partage de la Pologne signé à Pétersbourg. 1799, Prise de Gaëte par Rey. 1801, Occupation de Vérone. 1808, L'Espagne adopte les dispositions du décret de Milan. 1814, Prise de Colmar par les Bavarois. 1820, Prise de l'Ile de Léon.
4	st Rigobert.	1788. Arrêt du parlement de Paris contre les lettres de cachet. 1798, Saisie des marchandises anglaises dans toute la France. 1814, Prise du fort l'Ecluse par Bubna. 1825, Mort de Ferdinand Ier, roi de Naples.
5	st Siméon.	1798, Emprunt forcé de 80 millions, 1800, Loi de déportation, 133 condamnés. 1807, Prise de Breslau par Vandame.
	EPIPHANIE.	1810. La Suède ferme ses ports à l'Angleterre. 1814, Murat, roi de Naples, traite avec l'Angleterre. Occupation de Trèves, par York.
7	st Théaulon.	1814. Les Autrichiens prennent Vesoul. 1826, Traité de commerce avec le Brésil.
8	st Lucien.	1801. Occupation de Vicence par Brune. 1811, Le prince de Galles est nommé régent d'Angleterre. 1814, Les Wurtembergeois occupent Epinal.
9	st Furcy.	1797. Moreau rend Kehl aux Autrichiens. 1798, Insurrection vaudoise. 1812, Prise de Valence par Suchet.
10	st Paul ermite.	1798. Occupation du château St-Ange par Berthier. 1799, Occupation de Capoue

JANVIER.

		par Championnet. 1814, Les Prussiens occupent Forbach.
11	st Théodore.	1807. Prise de Brieg. 1814, Murat, roi de Naples, traite avec l'Autriche.
12	st Césaire.	1816. Loi d'amnistie. Exclusion des Bonaparte. Bannissement des régicides, signataires de l'acte additionnel. 1814, Bourg est occupé par les Autrichiens. 1821, Constitution provisoire grecque.
13	Bapt. de J.-C.	1791. Loi sur la propriété des ouvrages dramatiques. 1809, Combat de Tarragone. 1819, Ordonnance d'exposition de produits. 1813, Emancipation des nègres à Buénos-Ayres.
14	st Hilaire.	1805. Napoléon propose la paix au roi d'Angleterre. 1809, Alliance entre l'Angleterre et les insurgés Espagnols.
15	st Maur.	1790. Division de la France en 83 départements. 1812, Ordre de cultiver les betteraves pour en faire du sucre. 1815, Occupation de Cologne par les Cosaques.
16	st Marcel.	1794, Marseille est déclarée rebelle et sans nom. 1797, Bataille de Rivoli. 1809, Victoire de la Corogne par Soult. 1814, Occupation de Nancy par les Russes.
17	st Antoine.	1800. Le nombre des journaux est fixé. 1814, Les Autrichiens prennent Langres.
18	Conv. st Pierre.	1800. Convention de Monfaucon avec les Chouans. 1810, L'Eglise déclare nul le mariage de Napoléon et de Joséphine.
19	st Canut.	1793, Condamnation de Louis XVI. 1795, Occupation d'Amsterdam par Pichegru. 1812, Prise de Ciudad-Rodrigo par Wellington. 1814, Dijon occupé par les Autrichiens. 1814, Occupation de Rome par Lavauguyon. 1815, Exhumation de Louis XVI et de la reine.
20	st Sébastien.	1793, Assassinat de Saint-Fargeau. 1795, Prise de la flotte hollandaise par nos hussards sur le Texel. 1799, Pacification de la Vendée par Hédouville. 1814 Toul et Chambéry occupés par les alliés
21	s^e^ Agnès.	1789. Abolition de la confiscation des biens de condamnés. 1793, Mort de Louis XVI. 1808, Kehl, Cassel et Vesel réunis à la France. 1814, Bubna occupe Châlons. Les Prussiens passent la Meuse.
22	st Vincent.	1799. Alliance entre la Turquie et les

JANVIER.

		Deux-Siciles. 1811, Nous occupons Oporto et Olivenza. 1825, Délivrance du Pérou par Sucre.
23	st Ildefonse.	1799. Championnet entre dans Naples, qui se met en République. 1800, Louis XVIII quitte la Russie. 1806, Mort de Pitt. 1814, Pie VII est conduit à Limoges. 1825, Déclaration des provinces de la Plata.
24	st Babylas.	1789. Convocation des états-généraux. 1793, Chauvelin, ambassadeur à Londres, reçoit l'invitation de se retirer. 1800, Traité de Kléber à El-Arich, pour l'évacuation de l'Egypte.
25	Conv. de st Paul.	1813. Concordat de Fontainebleau. 1814, Napoléon part pour l'armée.
26	st Polycarpe.	1790. Défense à tout membre de l'Assemblée d'accepter aucune place ou don. 1802, Bonaparte est nommé à Lyon président de la République italienne. 1812, Occupation de Stralsund par Friant. 1826, Traité de commerce avec l'Angleterre.
27	st Julien.	1807. Constitution républicaine de Pétion à Haïti. 1814, Reprise de Saint-Dizier par Napoléon. 1822, Déclaration d'indépendance de la Grèce.
28	st Charlemagne.	1793. Monsieur prend à Ham le titre de régent. 1798, Réunion de Mulhouse à la France. 1823, Déclaration de guerre à l'Espagne.
29	st François de S.	1788. Restitution des droits civils aux non catholiques. 1796, Charette est fusillé à Nantes. 1797, Occupation de Trente par Joubert. 1804, Napoléon-Vendée. 1814, Bataille de Brienne. 1820, Mort de Georges III.
30	se Bathilde	1792. Jean, prince du Brésil, est nommé régent du Portugal. 1809, Les Anglais prennent la Martinique.
31	se Marcelle.	1797. Conspiration contre le Directoire. 1801, Exécution d'Aréna. 1816. Fondation d'un collége de marine. 1824, Promulgation de la Constitution mexicaine.

FÉVRIER.

		ÉPHÉMÉRIDES POLITIQUES ET MILITAIRES DE 1787 A 1830.
1	st Ignace.	1792. Déclaration de guerre à l'Angleterre et à la Hollande. 1794, Démolition de toutes les tours et tourelles à créneaux. 1813, Proclamation de Louis XVIII d'Hartwel. 1814, Bataille de la Rothière, évacuation de Bruxelles.
2	PURIFICATION.	1797. Prise de Mantoue. 1808. Les troupes françaises entrent à Rome. 1810, Occupation de Séville par Soult. 1825. Traité de l'Angleterre avec les provinces de la Plata.
3	st Blaise.	1799. Desaix dans l'île de Philé. 1810. 1re promulg. du Code pénal. 1814. Protest. des Cortès contre le dt traité de Valençay.
4	st Gilbert.	1790. Serment de Louis XVI à l'Assemblée. 1792, Réunion du comté de Nice à la France. 1794. Abolition de l'esclavage des nègres. 1802, Entrée de l'expédition française à Saint-Domingue.
5	se Agathe.	1813. Loi de régence. 1814, Ouverture du congrès de Châtillon, occupation de Châlons par York. 1817. Loi électorale. 1818, mort de Charles XIII et avènement de Bernadotte.
6	st Amand.	1791. Bonaparte est nommé capitaine. 1806, Combat naval de Santo-Domingo. 1810, La Guadeloupe se rend aux Anglais. 1814. Occupation de Troyes par les alliés. 1822, Mort d'Ali, pacha de Janina.
7	st Romuald.	1792. Traité entre l'Autriche et la Prusse. 1807, Prise de Schwinitz. 1810, Convention de mariage entre Napoléon et Marie-Louise.
8	st Jean Math.	1806. Invasion du royaume de Naples par Joseph Bonaparte. 1807, bataille d'Eylau. 1813, Varsovie se rend aux Russes. 1814, Bataille du Mincio.
9	se Apolline.	1792. Séquestre des propriétés d'émigrés. 1797, Prise d'Ancône par Victor. 1801, Traité de paix de Lunéville.
10	ste Scolastique.	1813. Proclamation d'Alexandre aux Allemands. 1814, Victoire de Champ-Aubert. 1825, Bolivar est proclamé sauveur du Pérou.

FÉVRIER.

11	st Séverin.	1800. Constitution de la banque de France. 1814, Victoire de Montmirail, proclamation du duc d'Angoulême, de St-Jean-de-Luz.
12	s^{te} Eulalie.	1794. Un décret rend à Marseille son nom. 1798. Mort de Stanislas. 1814. Bataille de Château-Thierry, prise de Bray, Nogent, Sens, Pont-sur-Yonne par les alliés.
13	st Grégoire.	1790. Les vœux monastiques sont interdits. 1791, Les corporations sont supprimées.
14	st Valentin.	1813. Ouverture du corps législatif. 1814, Victoire de Vauchamps, occupation de Montereau et de Moret par les Autrichiens. 1826, L'Académie de médecine nomme une commission de magnétisme.
15	st Faustin.	1788. Abolition de la question. 1794, Drapeau national rouge, blanc et bleu vertical. 1798, Rome se met en république. 1806. Entrée de Joseph à Naples.
16		1797. Bataille de Tagliamento. 1807, Bataille d'Ostrolenka.
17	st Théodule.	1800. Division du territoire en préfectures et arrondissements. 1807, Pétion est président au Port-au-Prince et Christophe président au Cap. 1814. Bataille de Nangis, l'Empereur rejette les propositions de Châtillon.
18	st Siméon, év.	1799. Le général Régnier prend El-Arich. 1812, Le régent d'Angleterre obtient tous les pouvoirs royaux. 1814, Victoire de Montereau.
19	st Boniface, év.	1790. Exécution de Favras. 1797, Traité de Tolentino avec le pape. 1803, Médiation en Suisse. 1811, Bataille de la Gébora. 1800, Ouverture de la Banque.
20	st Eucher.	1790. Mort de l'empereur Joseph II. 1798, Pie VI quitte Rome. 1819, Proposition de Bertelemy. 1820, Assassinat du duc de Berry.
21	st Pepin.	1795. Division de Paris en douze arrondissements. 1809. Prise de Saragosse. 1814, Arrivée de Monsieur à Vesoul.
22	st Emile.	1787. Première assemblée des notables. 1794. Tableau général du maximum. 1814, Bataille de Méry-sur-Seine. 1823, Freyre est proclamé dictateur du Chili. 1819, Cession de la Floride, par l'Espagne aux Etats-Unis.

FÉVRIER.

23		1808. Bonaparte offre à Louis XVIII un établissement ou un revenu pour sa renonciation au trône.
24	st Mathias.	1793. Levée de 300,000 hommes. 1799, Prise de Gazah en Palestine. 1800, Etablissement des octrois. 1812, Traité avec la Prusse. 1814, Reprise de Troyes sur les alliés.
25	st Alexandre.	1804. Etablissement des droits réunis.
26	st Nestor.	1815. Rupture entre l'Autriche et Murat, roi de Naples. Napoléon part de l'île d'Elbe.
27	Se Honorine.	1814. Bataille d'Orthès entre Soult et Wellington.
28	st Romain.	1791. Journée des chevaliers du poignard, le faubourg Saint-Antoine se porte sur Vincennes. 1803, Conjuration de Pichegru. 1808, Prise de Barcelone. 1811, Prise du duché d'Oldemburg. 1813, Batailles de Bar et de la Ferté. 1816, Loi sur les journaux.

MARS.

		ÉPHÉMÉRIDES POLITIQUES ET MILITAIRES DE 1787 A 1830.
1	st. Aubin.	1792. Mort de Léopold II, avènement de François II. 1793, Décret contre les émigrés. 1798, Le congrès de Rastadt reconnaît la limite du Rhin. 1813. Alliance entre la Russie et la Prusse. 1814, Traité de Chaumont entre les alliés. 1815, Débarquement de Napoléon au golfe Juan. 1811, Destruction des Mamelucks.
2		1796, Bataille de Fribourg. 1806, Ouverture du corps législatif. 1810. Deuxième promulgation du Code pénal. 1814, Reddition de Soissons ; bataille de Parme.
3	ste Cunégonde.	1799. Les Turcs nous reprennent Corfou. 1810, Décret impérial fondant huit prisons préventives. 1813, Traité entre l'Angleterre et la Suède. 1823, Expulsion de Manuel de la chambre.
4		1791. Troubles à Saint-Domingue. 1811, Retraite du Portugal.
5		1790. Le livre rouge est remis scellé à l'Assemblée. 1791. Suppression des fermes générales. 1798, Prise de Berne. 1811, Comb. de Chiclana. 1814. Réquisition générale datée de Fismes. 1819, Création de 60 pairs.
6	se Colette.	1793. Déclaration de guerre à l'Espagne. 1799, Prise de Coire par Masséna. 1815. Ordonnance déclarant Napoléon traître et rebelle.
7	st Thomas d'Aq.	1799. Prise de Jaffa. 1814, Bataille de Craonne. 1815, Napoléon entre à Grenoble. 1820, Ferdinand VII accepte la constitution des Cortès. 1821, Bataille de Rioti ; Commencement de révolution en Grèce.
8	st Jean de D.	1801. Abercrombie débarque en Egypte. 1806, traité avec la Prusse. 1826, Mort de Jean VI.
9		1807. Déclaration du grand sanhédrin. 1814, Bataille de Berg-op-Zoom.
10	st Blanchard.	1793. Création du tribunal révolutionnaire. 1811, Prise de Badajoz. 1814, Combats de Laon. 1815, Napoléon entre à Lyon. 1818. Loi sur le recrutement. 1821, Révolution en Piémont.

MARS.

11	st Euloge.	1794. Décret de fondation d'une école de travaux publics. 1818, Institution des titres et majorats.
12	st Grégoire.	1801. Assassinat de Paul Ier. 1807. Cession de Cassel et de Kostheim à la France. 1809, Prise de Chaves en Portugal. 1813. Evacuation de Hambourg. 1814, Le duc d'Angoulême entre à Bordeaux.
13	st Ramire.	1794. Loi contre les traîtres à la République. 1795, Combat naval contre les Anglais. 1808, Mort de Christian VII. 1809. Gustave IV est arrêté. 1814, Ferdinand VII quitte Valençay. 1815, Napoléon dissout, de Lyon, les chambres. Déclaration du congrès de Vienne. 1816, Douze mille Suisses sont admis dans l'armée.
14	st Lubin.	1800. Election de Pie VII. 1812, Alliance avec l'Autriche.
15	st Longin.	1806. Murat est fait grand-duc de Berg.
16	st Abraham.	1790. Abolition des lettres de cachet. 1791, Assassinat de Gustave III. 1794, Confiscation des biens d'ecclésiastiques absents. 1797, Passage du Tagliamento. 1810, Le Brabant, la Zélande et la Gueldre sont réunis à la France. 1815, Séance royale aux deux chambres.
17	s^{e} Prudence.	1801. Nous rendons le fort d'Aboukir. 1815. Le prince d'Orange se déclare roi. 1822. Promulgation de la loi de censure.
18	s^{e} Cyrille.	1793. Défaite de Nerwinde, 1805, Bonaparte est nommé roi d'Italie.
19	st Joseph.	1793. Les prêtres, les nobles et leurs domestiques sont mis hors la loi. 1797, Prise de Gradisca par Bernadotte. 1808, Abdication de Charles IV. 1814, Rupture du congrès de Châtillon. 1815, Départ de Louis XVIII des Tuileries.
20	st Joachim.	1800. Victoire d'Héliopolis. 1811, Naissance du roi de Rome. 1814, bataille d'Arcis-sur-Aube 1815, Arrivée de Napoléon aux Tuileries. 1816, Mort de la reine de Portugal.
21	st Benoit.	1795. Formation de l'Ecole polytechnique. 1801, Menou est battu à Canope. Cession de Parme à la France par l'Espagne. 1804, Mort du duc d'Enghien. 1816, Substitution de quatre académies à l'Institut.
22	s^{e} Basilisse.	1799. Echec de Pfullendorff. 1813, Prise

MARS.

		de Dresde par les Russes et les Prussiens, 1814, Occupation de Lyon par les Autrichiens.
23		1793. Réunion de l'évêché de Bâle à la France. 1813, Bernadotte écrit à Napoléon. 1815, Louis XVIII passe de Lille en Belgique. 1821, Capitulation de Naples. Fin de la révolution.
24	st Simon.	1794. Chute des Hébertistes. 1797, Prise de Trieste par Bernadotte. 1812, Alliance de la Russie et de la Suède. 1814, Ferdinand VII est remis à l'Espagne par Suchet.
25	Annonciation.	1793. Création du comité de sûreté générale. 1802, Traité d'Amiens. 1814, Bataille de Fère-Champenoise. 1815, Traité de Vienne.
26	st Ludger.	1814 Bataille de Saint-Dizier. 1816, Clôture de la session.
27	st Rupert.	1793. Tous les aristocrates sont mis hors la loi. 1799, Le Directoire fait arrêter le pape Pie VII en Toscane. 1808, Bref comminatoire d'excommunication contre Napoléon.
28	se Dorothée.	1792. Décret d'amnistie. 1800. Paix définitive entre la France et Naples. 1809, Bataille de Médelin. 1815, Murat attaque les Autrichiens.
29	st Gontran.	1792. Mort de Gustave III. Avènement de Gustave IV. 1793, Ordre d'afficher sur les maisons les noms des habitants. 1809, Prise d'Oporto en Portugal. Abdication de Gustave IV.
30		1806. Joseph Bonaparte, roi des Deux-Siciles. 1814, Bataille de Paris. L'empereur arrive de Troyes à Fontainebleau.
31	se Balbine.	1804, Promulgation du Code civil. 1814, Capitulation de Paris. Déclaration et entrée des alliés.

AVRIL.

		ÉPHÉMÉRIDES POLITIQUES ET MILITAIRES DE 1787 A 1830.
1	st Hugues.	1790. Publicat. du livre rouge. 1793, Dumourier livre cinq conventionnels aux Autrichiens. 1794, Remplacement du conseil exécutif par douze commissions. 1795. Insurrection populaire, 12 germinal. 1796, Prise de Laybach par Bernadote, 1813, Décl. de guerre à la Prusse. 1814, Gouvernement provisoire à Paris. Proclamation du corps municipal. Caulaincourt porte des propositions de l'empereur à Alexandre.
2	st Fr. de Paule.	1791. Mort de Mirabeau. 1814, Le Sénat déclare Napoléon déchu du trône. 1815, La duchesse d'Angoulême s'embarque à Bordeaux.
3	st Richard.	1808. Quatre légations sont réunies au royaume d'Italie. Le légat quitte Paris. 1814, Le corps législatif et la cour de cassation adhèrent à la déchéance de Napoléon.
4	st Ambroise.	1793. Dumourier passe aux Autrichiens. 1804, Société de vaccine.
5	st Albert.	1792. Suppression des congrégations et de l'habit ecclésiastique. 1794, Exécution de Danton et des cordeliers. 1795, Traité avec la Prusse. 1797, Traité avec la Sardaigne. 1799, Bataille de Magnano. 1805, Le pape Pie VII retourne dans ses Etats. 1814, Convention de Marmont à Chevilly.
6		1793. Création du comité de salut public. 1804, Mort de Pichegru. 1815, Murat occupe Florence.
7	st Clotaire.	1789. Mort d'Achmet IV. 1795, Décret du système décimal. 1812, Les Anglais nous prennent Badajoz. 1823, L'armée française passe la Bidassoa.
8	st Edèze.	1799. Victoire de Nazareth par Junot, et rupture du congrès de Rastadt. 1823, Déchéance d'Iturbide au Mexique, 1826, Rejet de la loi du droit d'aînesse.
9	se Marie, égyp.	1793. La Convention met sur pied dix armées, et y établit des représentants. 1801, Bombardement de Copenhague par

AVRIL.

		les Anglais. 1809, Les Autrichiens passent l'Inn.
10	st Macaire.	1814. Bataille de Toulouse, entre Soult et Wellington. 1819, Création d'une société d'amélioration des prisons.
11	s^e Godeberte.	1796. Bataille de Montenotte. 1805, Traité entre l'Angleterre et la Russie contre nous. 1811, La Suisse se proclame République helvétique. 1814, Abdication de Napoléon. Traité de Paris en son nom.
12	st Zénon.	1804. Louis XVIII refuse la Toison d'or, parce qu'on l'a donnée à Bonaparte. 1814, Entrée du comte d'Artois à Paris.
13		1798. Bernadotte, ambassadeur, est insulté à Vienne et la quitte. 1814, Adoption de la cocarde blanche. 1816, Licenciement de l'Ecole polytechnique.
14	st Tiburce.	1796. Bataille de Millésimo. 1814, le comte d'Artois est nommé lieutenant-général du royaume.
15	st Anastase.	1793. Les Anglais nous prennent Tabago. 1797, Traité de Leoben. 1808, Napoléon arrive à Bayonne. 1813, Napoléon se rend à l'armée.
16	PAQUES.	1799. Bataille de Monthabor, 1813, Thorn est rendu aux Russes. 1814, Convention de Schiarino-Rizzino. 1815, Le duc d'Angoulême est pris et remis en liberté.
17	st Anicet.	1793. Les Espagnols envahissent le Roussillon. 1797, Révolution à Venise. 1825, Reconnaissance de l'indépendance d'Haïti par Charles X.
18	Vendredi-Saint.	1797. Passage du Rhin par Hoche. 1814, Armistice entre Soult et Wellington.
19	st Léon, pape.	1810. Révolution de Venézuela.
20		1792. Déclaration de guerre à l'Autriche. 1798, Les Anglais battus à Ostende. 1808, Ferdinand VII arrive à Bayonne. 1814, Napoléon part de Fontainebleau pour l'Ile d'Elbe. Entrée solennelle de Louis XVIII à Londres. 1825, Promulgation de la loi sur le sacrilége.
21	st Hospice.	1797, Passage du Rhin par Moreau. 1809, Warsovie se rend aux Autrichiens.
22	s^e Opportune.	1796. Bataille de Mondovi. 1797, Armistice. 1809, Bataille d'Eckmulh. 1815, Acte additionnel aux constitutions de l'empire. 1821. Massacre à Constantinople. 1822, Massacre à Chio. 1826, Prise de Missolonghi.

AVRIL.

23	st Georges.	1809. Prise de Ratisbonne. 1810, Combat de Lérida. 1814, Convention entre le comte d'Artois et les alliés.
24	se Beuve.	1802. Amnistie pour les prévenus d'émigration. 1814, Louis XVIII débarque à Calais.
25	st Léger.	1800. Kléber reprend le Caire. Passage du Rhin par Gouvion. 1818, Convention pour les dettes de la France envers les particuliers étrangers.
26	st Clet.	1798. Réunion de Genève à la France. 1802. Amnistie des émigrés.
27		1799. Bataille de Cassano. 1803. Mort de Toussaint Louverture. 1814. Cession de l'île d'Elbe à Napoléon, de Parme et de Plaisance à sa famille. 1825, Promulgation de la loi d'indemnité aux émigrés.
28	st Vital.	1789. Incendie de la manufacture de Reveillon. 1799, Assassinat de nos plénipotentiaires à Rastadt.
29	st Valère.	1809. Eugène Beauharnais bat l'archiduc Jean à Caldiera; passage de la Salza à Burghausen. 1814, Clôture de la session. 1822, Reconnaissance des Républiques américaines par les Etats-Unis. 1826, Constitution portugaise de don Pédro.
30	se Eutrope.	1790. Institution des jurés au criminel. 1803, Vente de la Louisiane aux États-Unis. 1808, Arrivée de Charles IV à Bayonne.

MAI.

		ÉPHÉMÉRIDES POLITIQUES ET MILITAIRES DE 1787 A 1830.
1	st Jacq. st Phil.	1798. La Hollande se déclare république batave. 1802, Organisation des écoles primaires-secondaires, et lycées. 1802, Soumission de Saint-Domingue. 1810, L'Amérique interdit ses ports à l'Angleterre.
2	st Athanase.	1808. Insurrection de Madrid. 1813, Bataille de Lutzen. 1814, Déclaration de St-Ouen. 1826, Abdication de Don Pédro comme roi de Portugal. 1827, Désertion de Freyr, président du Chili. Promulgation de la loi sur le jury.
3	Inv. ste Croix.	1788. Déclaration du parlement et arrestation de deux conseillers. 1793, Maximum pour grains et farines. 1795, Restitution des biens des condamnés pour autres qu'émigrés. 1809, La Russie déclare la guerre à l'Autriche. 1812, L'Angleterre se joint à la Russie et à la Suède. 1814, Entrée de Louis XVIII à Paris. 1815, Déroute des Napolitains à Tolentino.
4	s^e Monique.	1799. Prise de Seringapatam par les Anglais. 1809, Bataille d'Ebersberg. 1814, Ferdinand VII rejette toute constitution et dissout les cortès. 1816, Insurrection de Grenoble.
5	C. st Augustin.	1789. Ouverture des conseils généraux. 1791, Nouvelle constitution de Pologne. 1800, Bataille de Moëskirch. 1808, Charles IV cède ses droits à Napoléon. 1814, Napoléon arrive à l'Ile d'Elbe. 1821, Mort de Napoléon. Formation d'une junte au Brésil.
6	st Jean, P. L.	1802. Réélection de Bonaparte premier consul, pour dix ans. 1810, Prise d'Astorga.
7	st Stanislas.	1794. La Convention reconnait l'Etre-Suprême. 1795, Exécution de Fouquier-Tinville et de quinze jurés. 1802, Soumission de St-Domingue.
8	s^e Désirée.	1794. Exécution de vingt-huit fermiers généraux. 1805, Constitution impériale à Haïti. 1809, Passage de la Piave. 1813, Occupation de Dresde par Eugène et Macdonald. 1816, Abolition du divorce.

MAI.

9	Trans. st Nic.	1798. Les Anglais évacuent Saint-Domingue. 1800, Bataille de Biberach. 1806, Promulgation du code de procédure. 1821. Abolition de la noblesse en Norwége.
10	st Gordien.	1794. Mort de la sœur de Louis XVI. 1796, Combat de Lodi. 1800, Prise de Memingen. 1806, Fondation de l'Université. 1809, Soult évacue le Portugal. Les Suédois se délient de leur serment à Gustave IV. 1811, Nous évacuons Almeida.
11	st Mamert.	1792. Premier mariage de prêtre. 1808, Le prince des Asturies part de Bayonne pour Valençay.
12	st Pancrace.	1790. Fondation du club des Feuillants. 1808, Charles IV part de Bayonne pour Compiègne. 1809, Occupation de Vienne par les Français. 1810, Prise de Lérida.
13	st Servais.	1808. La junte d'Espagne demande Joseph pour roi. 1809, Occupation de Vienne. 1810, Prise de Lérida.
14	st Pacôme.	1796. Occupation de Milan par Masséna.
15	st Isidore.	1791. Admission des gens de couleur aux droits des blancs. 1795, Cession, par la Sardaigne, de la Savoie, de Nice et de Tende. 1806, Dessalines fait massacrer les blancs restés au Cap.
16	st Honoré.	1791. Décret de non-rééligibilité des membres de la Constituante. 1795, Cession, par la Hollande, de la rive gauche de l'Escaut et des rives de la Meuse. 1797, Entrée d'Augereau dans Venise. 1800, Bonaparte passe le Saint-Bernard.
17	st Pascal.	1809, Réunion de Rome à la France. 1811, Combat d'Alboerra. 1818, Clôture de session.
18	st Venance.	1794. Victoire de Turcoing. 1804, Bonaparte est nommé empereur. 1809, Occupation de Trieste.
19	st Yves.	1795, 1er prairial, Irruption du peuple dans la Convention. 1798, Départ de l'expédition d'Egypte. 1802, Loi fondant la Légion - d'Honneur. 1804, Création des maréchaux. 1809, Occupation d'Inspruck.
20	st Bernardin.	1793, Emprunt d'un milliard imposé aux riches. 1803, Rupture avec l'Angleterre. 1815, Convention entre les alliés de la Suisse. Convention de Capoue qui

MAI.

		rend le royaume de Naples à Ferdinand.
21	st Sospis.	1793, Massacre des blancs et incendie du Cap à Saint-Domingue. 1799, Levée du siége à St-Jean d'Acre par Bonaparte. 1813, Bataille de Bautzen.
22	ste Julie.	1794, Débarquement des Anglais en Corse. 1803, Arrestation de tous les Anglais en France. 1809, Bataille d'Esling. 1813, Capitulation de Laybach.
23	st Didier.	1799. Consentement de la noblesse et du clergé à payer les impôts.
24	st Donatien.	1789. Institution de la Cour de cassation. 1794, Kosciusko, chef suprême en Pologne. 1799, Reddition, par nous, de Milan à Souvaroff. 1807, Prise de Dantzig par Lefebvre.
25	ASCENSION.	1787, L'Assemblée des notables se sépare. 1797, Condamnation de Babeuf. 1804, Serment à l'empereur.
26	ROGATIONS.	1805, Couronnement de Napoléon à Milan.
27	st Hildevert.	1801, Evacuation du Caire. 1806, Prise de possession de Raguse. 1808, Insurrection générale en Espagne.
28	st Germain.	1812, Préliminaires de paix entre la Russie et la Turquie.
29	—	1792, Licenciement de la garde royale, l'Assemblée nationale se constitue en permanence. 1793, Insurrection de Lyon. 1799, Prise de Kosséir. 1806, Révolution à Constantinople.
30	st Félix.	1795, Permission de pratiquer le culte catholique. 1813, Reprise de Hambourg par Davoust. 1814, Traité de Paris entre Louis XVIII et les alliés.
31	ste Pétronille.	1793, 2 prairial, Première attaque contre les Girondins. 1795, Suppression du tribunal révolutionnaire. 1797, Révolution de Gênes.

JUIN.

		ÉPHÉMÉRIDES POLITIQUES ET MILITAIRES DE 1787 A 1830.
1	st Pamphile.	1791, Adoption de la guillotine. 1794, Combat naval ; le *Vengeur* saute. Les Anglais prennent le Port-au-Prince. 1800, Premier essai de vaccine. 1809, L'archiduc Jean évacue Varsovie. 1813, Occupation de Breslau par Lauriston.
2	st Pothin.	1793, Proscription des Girondins. 1800, Réorganisation de la république Cisalpine. 1811, Christophe est nommé roi d'Haïti. 1815, Nomination de 118 pairs par Napoléon.
3	se Clotilde.	1803, Mortier prend possession de Hanovre.
4	PENTECOTE.	1796. Bataille d'Altenkirchen. 1802, Charles-Emmanuel abdique en faveur de Victor-Emmanuel. 1813, Armistice de Pleswitz. 1814. Charte de Louis XVIII promulguée en séance royale, sénat et corps législatif réunis.
5	st Boniface.	1791, L'Assemblée retire au roi le droit de grâce. 1797, Etablissement de la république Ligurienne. 1800, Masséna rend Gênes. 1806, Louis Bonaparte est nommé roi de Hollande.
6	st Claude, év.	1807, Combat de Deppen. 1808, Décret impérial proclamant Joseph roi d'Espagne. 1809, Le duc de Sudermanie est fait roi de Suède.
7	st Lié. V. et j.	1794, Fête de l'Être-Suprême. 1795, Prise de Luxembourg. 1800, Lannes occupe Pavie. 1815, Ouverture des chambres par l'empereur.
8		1794, L'Angleterre déclare nos ports en état de blocus. 1795, Mort de Louis XVII. 1805, Beauharnais est nommé vice-roi d'Italie. 1810, Prise de Méquinenza. 1817, Emeute à Lyon.
9	se Pélagie.	1800, Bataille de Montebello. 1805, Réunion de l'Etat de Gênes à la France. 1807, Combat de Guttstadt, 1815, Déclaration du congrès de Vienne.
10	st Landri.	1790, Fixation de la liste civile à 25 millions, plus 4 pour la reine. 1791, Protesta-

JUIN.

		tion secrète du roi. 1802, Toussaint Louverture est enlevé et transféré en France. 1809, Réunion des Etats-Romains à la France.
11	Trinité.	1791. Décret ordonnant le serment aux officiers : autre ordonnance au prince de Condé de rentrer ; autre contre les embaucheurs. 1793, La France déclarée une et indivisible. 1810, Bulle d'excommunication définitive de l'empereur. 1811. Concile à Paris.
12	se Olympe.	1790. Constitution civile du clergé. 1815, Napoléon part de Paris pour l'armée.
13	st Antoine de P.	1798, Prise de Malte par la flotte française. 1815, Premier essai d'enseignement mutuel.
14	st Ruffin.	1800. Victoire de Marengo et mort de Kléber au Caire. 1807, Victoire de Friedland.
15		1808, Les insurgés espagnols prennent à Cadix les vaisseaux français. 1809, Bataille de Raab.
16	st Cyr.	1808, Grande junte espagnole à Bayonne. 1815, Entrée de l'empereur en Belgique.
17	st Avit.	1794. Première bataille de Fleurus. 1799, 30 prairial, Gohier, Roger-Ducos et Moulin remplacent Treilhard, Réveillère et Merlin. 1807, Prise de Kœnigsberg. 1808, Insurrection à Oporto.
18	se Maxime.	1787, Liberté du commerce des grains. 1789, Le tiers-état se constitue en assemblée nationale. 1794, Prise d'Ypres par Moreau.
19		1799, Révision dans le Directoire. 1807, Capitulation de Glatz et de Cassel. 1815, Défaite de Waterloo.
20	st Sylvère.	1794, Paoli réunit la Corse à l'Angleterre. 1800, Victoire de Hochstedt. 1807, Quartier-général à Tilsitt. 1812, Le pape arrive à Fontainebleau.
21	st Leufroi.	1788, Le roi exile huit parlements. Serment du Jeu de Paume. 1790, Abolition de la noblesse. 1792, Le peuple entre aux Tuileries. 1799, Reddition de Turin aux Austro-Russes.
22	st Paulin.	1791. Départ du roi pour Varennes. 1793, Echelle de proportion des assignats. 1807, Armistice à Tilsitt. 1813, Bataille de Vittoria. 1815, Retour de Napoléon à Paris.

JUIN.

23	st Jacques. V. J.	1799, Alliance de la Russie et de l'Angleterre contre nous. 1812, Déclaration de guerre à la Russie. 1815, Abdication de Napoléon et gouvernement provisoire.
24	st Jean-Baptiste	1789, Séance royale. 1795, Combat naval de Port-Louis. 1800, Suchet rentre à Gênes. 1804, Dissolution de congrégations. 1805, Lucques est donné à la princesse Bacciocchi. 1815, Les Autrichiens entrent par Forbach.
25	st Prosper.	1796, Passage du Rhin à Kehl par Desaix. 1812, Passage du Niémen.
26	st Babolein.	1791, Arrestation du roi à Varennes. 1795, Création du bureau des longitudes. 1802, Traité de paix avec la Turquie.
27	st Crescent.	1791, Licenciement des gardes-du-corps. 1792, Manifeste du roi de Prusse. 1794, Deuxième bataille de Fleurus. 1815, Massacre à Marseille.
28	st Loubert. V. J.	1789, Fusion des trois ordres. 1793, *La* constitution de l'an 1er est envoyée à l'acceptation du peuple. 1795. Quelques émigrés descendent à Quiberon.
29	st Pierre, s. Paul	1797, Prise de Corfou. 1801, Capitulation du Caire. 1811, Prise de Tarragone par Suchet.
30	Com. st Paul.	1796, Prise du château de Milan. 1815, Départ de Napoléon pour Rochefort.

JUILLET.

		ÉPHÉMÉRIDES POLITIQUES ET MILITAIRES DE 1787 A 1830.
1	s^e Eléonore.	1794, Prise d'Ostende par Pichegru et prise de Mons par Ferrand. 1798, Entrée de Kleber dans Alexandrie d'Egypte. 1801, Toussaint Louverture gouverneur à St-Domingue. 1810, Louis Bonaparte abdique comme roi de Hollande.
2	Visita. N.-D.	1789, Louis XVI réunit des troupes entre Versailles et Paris. 1794, Occupation de Tournay. 1816, Naufrage de la Méduse.
3	st Thierry.	1793, La reine est séparée de son mari. 1815, Convention militaire de Saint-Cloud.
4	s^e Berthe.	1808. L'Angleterre se déclare pour Ferdinand VII. 1809, Bataille d'Enzersdorff.
5	s^e Zoé.	1801, Bataille navale d'Algésiras.
6	st Tranquille.	1787, Le parlement repousse deux édits. 1797, Ouverture de conférences de paix avec l'Angleterre. 1809, Wagram. Le pape est enlevé de Rome. 1815, Entrée des alliés à Paris.
7	s^e Aubierge.	1807, Traité de paix de Tilsitt entre la France et la Russie. 1810, Les Anglais prennent l'île Bourbon. 1815, Fermeture des salles des deux chambres. 1815, Rentrée de Louis XVIII à Paris.
8	st Procope.	1791, Décret frappant d'une triple imposition les émigrés qui ne rentreraient pas. 1794, Occupation de Bruxelles.
9	st Cyrille.	1797, La république cisalpine est proclamée. 1807, Traité de paix entre la France et la Prusse.
10	s^e Félicité.	1804, Rétablissement du ministère de la police. 1810, Prise de Ciudad-Rodrigo. 1813, Alliance avec le Danemarck.
11	Tr. st Benoit.	1789. Disgrâce de Necker. 1792, Décret : la patrie en danger. 1815, Proclamation de Davoust aux troupes.
12	st Gualbert.	1789, Emeutes à Paris; Milice parisienne. 1790, Constitution civile du clergé. 1799. Loi des otages. 1806, Confédération du Rhin. 1809. Armistice de Znaïm. 1813, Congrès de Prague.
13	st Eugène.	1789, Emeutes. 1793, Mort de Marat. 1799, Le roi Ferdinand rentre à Naples.

JUILLET.

14	st Bonaventure.	1789, Prise de la Bastille. 1790, Fête de la Fédération. 1792, Seconde fédération. 1799, Le pape arrive prisonnier à Valence. 1804, Inauguration de la Légion-d'Honneur. 1808, Bataille de Médina-del-Rio-Seco. 1809, Les Autrichiens rendent Cracovie. Les Anglais prennent le Sénégal.
15	st Henri.	1789, Le roi se rend à l'Assemblée nationale. 1801, Concordat. 1808, Napoléon fait Murat roi de Naples. 1815, Départ de Napoléon de l'île d'Aix.
16	st Eustate.	1789, Rappel de Necker. 1795, Attaque de Quiberon et débarquement de la flotte royaliste. 1796, Prise de Francfort par Kléber. 1805, Réorganisation militaire de l'Ecole Polytechnique. 1814, Ordonnance relative à la garde nationale. 1815, Formation d'une nouvelle armée.
17	st Alexis.	1789, Louis XVI se rend à l'Hôtel-de-Ville. 1791, Emeute au Champ-de-Mars et déploiement du drapeau rouge. 1795, Prise de Namur par Jourdan.
18	st Clair, évêque.	1796, Tentative d'assass. sur Louis XVIII. Abolition des assignats. 1812. Traité entre l'Angleterre et la Suède. 1808, Défaite de Baylen.
19	st Vincent de P.	1793, Exécution de Charlotte Corday. 1806, Traité de paix avec la Russie. 1808, Joseph entre comme roi à Madrid. 1812, Traité entre la Russie et la régence de Cadix.
20	se Marguerite.	1795, L'armée des émigrés est détruite à Quiberon. 1796, Gouvion Saint-Cyr prend Stuttgard. 1798, Bataille des Pyramides.
21	st Victor.	1789, Assassinat de Foulon et Bertier. 1795. Traité de paix avec l'Espagne. 1805, Combat naval. 1808, Capitulation de Baylen. 1812, Bataille des Aropiles.
22	se Madeleine.	1793, Doiré rend Mayence aux Prussiens. 1799, Reddition d'Alexandrie en Piémont aux Austro-Russes. 1812, Bataille de Mohiloff.
23	se Apollinaire.	1797, Abrogation des lois contre les prêtres. 1815, Ordonnance de proscription.
24	se Christine.	1792, Manifeste de Brunswick. 1799, Bataille d'Aboukir.
25	st Jacques le m.	1789, Présentation de la cocarde tricolore, par Lafayette, à l'Assemblée nationale. 1793, Etablissement des télégraphes.

JUILLET.

26	Tr. st Marcel.	1794, 9 thermidor, Tallien accuse Robespierre. Prise d'Anvers par Pichegru, de Liége par Jourdan.
27	st Pantaléon.	1794. Exécution de Robespierre et de vingt-un autres.
28	se Anne.	1808, Assassinat de Sélim III. 1809, Bataille de Talaveira. 1812, Entrée à Witepsk. 1813, Dissolution du congrès de Prague. 1817, Restitution de la Guyane par le Portugal.
29	se Marthe.	1794, Exécution de quarante membres du parti Robespierre. 1808, Joseph Bonaparte abandonne Madrid.
30	st Abdon.	1791. Suppression des ordres de chevalerie. 1794, Exécution de quarante-deux membres du parti Robespierre. 1794, Foissac rend Mantoue aux Autrichiens.
31	st Germ. l'Aux.	1790. Dons patriotiques. 1808, Débarquement d'une flotte anglaise en Portugal. 1813, Combat de Roncevaux.

AOUT.

		ÉPHÉMÉRIDES POLITIQUES ET MILITAIRES DE 1787 A 1830.
1	ste Sophie.	1789, La milice amène 27 canons de Chantilly et 17 de l'Ile-Adam. 1793, Unité des poids et mesures. 1795, Bataille navale d'Aboukir.
2	st Etienne. P.	1793, Traître à la patrie quiconque place des fonds chez nos ennemis. 1802, Bonaparte consul à vie. 1815, Assassinat de Brune; Convention de Paris.
3	ste Lydie.	1792, Péthion accuse à la barre de l'Assemblée Louis XVI de conspirer. Kosciusko chef suprême en Pologne.
4	st Dominique.	1789, Abolition des droits féodaux et privilèges. 1791, Prise de Saint-Sébastien par Moncey. 1802, Constitution de l'an VIII.
5	st Yon.	1790, Institution des juges de paix. 1796, Bataille de Castiglione.
6	Tr. de J.-C.	1787, Lit de justice à Versailles. 1790. Abolition du droit d'aubaine. 1794, Occupation de Trèves. 1796, Paix avec la Prusse. 1806, L'empereur électif d'Allemagne devient empereur héréditaire d'Autriche.
7	st Gaétan.	1793, Décret de proscription contre Pitt. 1814, Rétablissement des Jésuites à Rome.
8	st Justin.	1788, Edit fixant au 1er mai 1789 l'ouverture des Etats-Généraux. 1796, Occupation de Vérone par Serrurier.
9	st Amour.	1789, Le roi fait démolir ou vendre cinq châteaux royaux. 1805, L'Autriche s'allie à l'Angleterre et à la Russie.
10	st Laurent.	1792, Seconde prise des Tuileries. 1797. Paix avec le Portugal. 1810, Bernadotte, prince héréditaire de Suède. 1813, Dénonciation de l'armistice de Pieswitz.
11	ste Suzanne.	1792, Formation d'un conseil exécutif.
12	ste Claire.	1789, Suppression de la dîme. 1793, Loi des Suspects. 1813, Alliance de l'Autriche avec la Russie et la Prusse.
13	st Hippolyte.	1792, La famille royale est mise au Temple. Les ministres des cours étrangères quittent Paris.
14	st Guer. Vig.	1792, Décret de vente des biens des émigrés.

AOUT.

15	ASSOMPTION.	1796, Pacification de la Vendée par Hoche. 1799, Bataille de Novi ; mort de Joubert. 1809, Monnet rend Flessingue aux Anglais. 1813, Proclamation de Bernadotte.
16	st Roch.	1806, Séance impériale au Corps législatif.
17	st Mammès.	1808, La Romana quitte Copenhague. 1812, Victoire de Smolensk. 1815, Assassinat de Ramel à Toulouse. Nomination de 93 pairs.
18	ste Hélène.	1792, Fuite de Lafayette à l'étranger. 1796, Alliance avec l'Espagne. 1807, Formation du royaume de Westphalie. 1812, Bataille de Potosk.
19	st Louis, év.	1798, Alliance avec la Suisse. 1799, Bataille de Bergen. 1807, Suppression du Tribunat.
20	st Bernard.	1807, Prise de Stralsund.
21	st Privat.	1808, Bataille de Vimeiro. 1810, Adoption de Bernadotte par le duc de Sudermanie. 1814, Abolition des listes d'émigrés.
22	st Symphorien.	1791, Incendie du Cap. 1792, Première insurrection vendéenne. 1795, Constitution de l'an III soumise aux assemblées primaires. 1798, Débarquement en Irlande. 1799, Bonaparte quitte l'Egypte.
23	st Sidoine.	1789, Liberté d'opinions religieuses. 1792, Prise de Longwy. 1793, Réquisition générale. Les Anglais nous prennent Pondichéry. 1795, Dissolution définitive des clubs et sociétés populaires.
24	st Barthélemy.	1788, Rentrée de Necker aux finances. 1789, Liberté indéfinie de la presse. 1799, Lecourbe chasse les Russes de la vallée de Reuss. 1808, Ferdinand est de nouveau roi à Madrid.
25	st Louis, roi.	1792, Bannissement des prêtres non assermentés. 1818, Inauguration de la statue d'Henry IV.
26	st Zéphirin.	1802, Réunion de l'Ile d'Elbe à la France. 1813, Bataille de Dresde.
27	st Césaire.	1788, Premières émeutes à Paris. 1810, Prise d'Alméida. 1815, Prise d'Huningue.
28	st Augustin.	1793, Deuxième emprunt d'un milliard imposé aux riches. 1798, La Porte nous déclare la guerre. 1812, Entrevue d'Alexandre et de Bernadotte à Abo.
29	st Méderic,	1799, Mort de Pie VI. 1812, Entrée à Wiazma.

AOUT.

30	st Fiacre.	1801, Menou rend Alexandrie d'Egypte. 1808, Convention à Cintra d'évacuer le Portugal. 1813, Vandam est battu et pris à Kulm.
31	st Ovide.	1790, Révolte militaire à Nancy. 1794, Explosion de Grenelle.

SEPTEMBRE.

		ÉPHÉMÉRIDES POLITIQUES ET MILITAIRES DE 1787 A 1830.
1	st Leu, st Gilles.	1807, Organisation du gouvernement des Sept-Iles.
2	st Lazare.	1792, Confiscation et mise en vente de tous les biens d'émigrés. Prise de Verdun. Massacre des nobles et des prêtres dans les prisons. 1807. La Prusse s'interdit tout commerce avec l'Angleterre.
3	st Grégoire.	1791, Achèvement de la Constitution Continuation des massacres. 1796, Bataille de Wurzbourg; bataille de Roveredo.
4	ste Rosalie.	1790. Retraite de Necker. 1792. Continuation des massacres. 1797. 18 fructidor, Coup-d'Etat du Directoire contre les deux conseils. 1815, Rétablissement de l'Ecole polytechnique.
5	st Bertin, ab.	1793, Armées révolutionnaires ambulantes. 1796. Occupation de Trente. 1797. Déportation. 1800. Reddition de Malte. 1816, Dissolution de la Chambre.
6	st Eleuthère.	1790, Suppression des parlements. 1793, Arrestation de tous les étrangers. 1795, Passage du Rhin et prise de Dusseldorff. 1813, Défaite de Denwitz.
7	st Cloud.	1801, Diète helvétique à Berne. 1807, Bombardement de Copenhague par les Anglais. 1812, Bataille de la Moscowa.
8	Nativ. de N.-D.	1793, Bataille de Hondschoodt. 1796, Bataille de Bassano. 1798. Défaite de 1,150 Français débarqués en Irlande. 1813, Reddition de Saint-Sébastien.
9	st Omer.	1789, L'Assemblée se déclare permanente. 1805, Le calendrier grégorien est rétabli pour le 1er janvier. 1807, Tous les Anglais sont arrêtés en Danemark. 1813, Traité de Tœplitz entre l'Autriche, la Russie et la Prusse.

SEPTEMBRE.

10	s^e Pulchérie.	1787, Rappel du Parlement de Paris. 1789, Arrêté qu'il n'y aura plus qu'une Chambre.
11	st Hyacinthe.	1802, Réunion du Piémont à la France.
12	st Raphaël.	1813, Bataille de Villafranca.
13	st Maurille.	1791, Amnistie pour délits politiques. 1806, Mort de Fox.
14	Exalt. ste Croix,	1791, Le roi jure la Constitution. Réunion d'Avignon à la France. 1812, Occupation et incendie de Moscou.
15	st Nicomède.	1797, Les nobles exclus des fonctions publiques. 1800, Reddition de Malte.
16	st Corneille.	1792, Vol du Garde-Meuble. 1802, Commencement de l'invasion de Saint-Domingue.
17	st Lambert. 4 T.	1793, Loi des Suspects.
18	st Jean Chrys.	1797, Mort de Hoche. Rupture des conférences avec l'Angleterre. 1806, Députations d'Israélites. 1813, Bataille de Leipsig. 1814, Proclamation de Christophe sous le nom d'Henri Ier.
19	st Janvier.	1792, Suppression de l'Ordre de Malte.
20	st Eustache.	1792, Bataille de Valmy.
21	st Mathieu.	1792, L'Assemblée législative fait place à la Convention.
22	st Maurice.	1794, Occupation d'Aix-la-Chapelle. 1802, Ouverture des travaux du canal de l'Ourcq.
23	s^e Thècle.	1792, Occupation de Chambéry. 1795, Proclamation de la Constitution de l'an III.
24	st Andoche.	1794, Destruction de Sierra-Léone. 1816, Fondation de la société des Missions.
25	st Firmin.	1799, Combat aux environs de Zurich. 1808, Junte suprême à Aranjuez.
26	s^e Justine.	1815, Traité de la Sainte-Alliance.
27	st Côme, s. Dam.	1803, Défense de vendre des livres sans

SEPTEMBRE.

		autorisation. 1808, Entrevue d'Erfurth. 1810, Bataille de Busaco.
28	st Venceslas.	1792, Occupation de Nice.
29	st Michel.	1791, Organisation de la garde nationale et décret contre les associations secrètes. 1793, Extension du maximum à toutes les denrées nécessaires. 1799, Bataille de Zurich. 1801, Paix avec le Portugal.
30	st Jérôme.	1791, L'Assemblée constituante se sépare. 1797, Etablissement du Grand-Livre. 1800, Traité de commerce avec les Etats-Unis.

OCTOBRE.

		ÉPHÉMÉRIDES POLITIQUES ET MILITAIRES DE 1787 A 1850.
1	st Remi.	1791. Ouverture de l'Assemblée législative. 1795, Réunion de la Belgique à la France. 1801, Préliminaires de la paix avec l'Angleterre. La Louisiane rendue par l'Espagne. 1805. Le Czar et le roi de Prusse se jurent alliance à Postdam, sur le tombeau de Frédéric. 1806, Combat de Castelnovo.
2	sts Anges gard.	1789. Repas des gardes-du-corps à Versailles. 1793. Bataille d'Aldenhoven. 1796, Bataille de Biberach.
3	st Cyprien.	1789-94, Prise de Bois-le-Duc. Occupat. de Cologne. 1800, Le roi d'Angleterre renonce au titre de roi de France. 1805. Alliance de l'Angleterre et de la Suède.
4	st François d'As.	1795. Rapport de la loi des suspects. 13 Vendémiaire, Bonaparte disperse le peuple.
5	st Constant.	1789. Le peuple de Paris se rend à Versailles. 1806, Le prince de la Paix appelle l'Espagne aux armes sans dire contre qui.
6	st Bruno,	1789. Le peuple attaque le château de Versailles. Le roi se rend à Paris. Formation du club des Jacobins. 1793, Abolition de l'ère chrétienne. 1799, Bataille de Kastricum.
7	st Serge.	1798. Bataille de Sediman. 1799, Prise de Constance par Gazan. 1813, Wellington passe la Bidassoa. 1815, Ouverture des chambres par Louis XVIII.
8	st Thaïs.	1801, Paix avec la Russie. 1804, Dessalines se fait empereur d'Haïti. 1805, Bataille de Wertingen.
9	st Denis.	1793, Prise de Lyon par l'armée de la Convention. 1799, Bonaparte arrive d'Egypte à Fréjus. 1801, Préliminaires de paix avec la Porte. 1802, Occupation de Parme. 1803, Bataille de Gunsberg. 1806, Manifeste du roi de Prusse.
10	st Paulin.	1787. Les Prussiens rétablissent le statoudher en Hollande. 1792, Remplacement des mots monsieur et madame par

OCTOBRE.

		citoyen et citoyenne. 1793, Le gouvernement déclaré révolutionnaire jusqu'à la paix. 1796, Traité avec Naples. 1806, Combat de Saalfeld.
11	st Gomer.	1806, Rupture avec l'Angleterre.
12	se Vilfride.	1793, Décret ordonnant de détruire Lyon. Interrogatoire de la reine. 1805, Occupation de Munich. 1808, Lettre collective de Napoléon et d'Alexandre au roi d'Angleterre.
13	st Gérant.	1815, Arrivée de Napoléon à Sainte-Hélène. Exécution de Murat à Pizzo.
14	st Caliste.	1805, Combat d'Elchingen et prise de Memingen. 1806, Victoire d'Iéna et d'Auerstadt. 1807, Napoléon déclare qu'il s'opposera à toute liaison avec l'Angleterre. 1809, Traité de Vienne.
15	se Thérèse.	1792, Suppression de la croix de Saint-Louis. 1809, Réunion des provinces illyriennes à la France.
16	st Gal.	1791, Massacre à Avignon. 1793, Condamnation de la reine. 1794, Interdiction d'affiliation. 1795, Bonaparte est fait général de division. 1799, Bonaparte arrive d'Egypte à Paris. 1806, Capitulation d'Erfurth. Dessalines est assassiné et remplacé par Christophe. 1807, Alliance avec le Danemarck. 1813, Bataille de Wachau.
17	st Cerbonet.	1794, Moncey entre en Navarre. 1797, Traité de Campo-Formio. 1805, Bataille d'Ulm. 1807, Junot se porte en Portugal.
18	st Luc, évang.	1799, Capitulation d'Alkmaar. 1806, Occupation de Leipsig.
19	st Savinien.	1789, L'Assemblée nationale tient sa première séance à l'Archevêché. 1793, Bonaparte est nommé chef de bataillon. 1798, Notre flotte d'Irlande perd sept bâtiments. 1805, Combat de Trochtelfingen. 1809, Occupation de Halberstadt. 1813, Désastre de Leipsig.
20	st Caprais.	1805, Capitulation d'Ulm. 1806, Passage de l'Elbe.
21	se Ursule.	1789, Loi Martiale. Comité de recherches. 1793, Bonaparte est fait général en chef à l'intérieur. 1796, Troisième démembrement de la Pologne. 1802, Entrée des troupes françaises en Suisse. 1805, Bataille navale de Trafalgar.
22	st Mellon.	1796, La Corse se réunit à la France. 1798, Révolte du Caire.

OCTOBRE.

23	st Hilarion.	1792. Bannissement des émigrés. 1812. Conspiration Mallet. Evacuation de Moscou.
24	st Magloire.	1806, Occupation de Postdam.
25	st Crépin, s. Cré.	1795, Formation de l'Institut. 1806, Occupation de Berlin, de Brandebourg et de Spandau. 1811, Bataille de Sagonte.
26	st Rustique.	1795, La Convention finit ses travaux par un décret d'amnistie et fait place au Directoire. 1796, Retour de Moreau sur le Rhin. 1808, Ouverture du corps législatif. 1811, Reddition de Sagonte.
27	st Frument. V.	1807. Traité secret avec l'Espagne.
28	st Simon, st Jude	1791. Injonction à Monsieur de rentrer en France. 1795. Première séance des Anciens et des Cinq-Cents. 1805, Prise de Braunau. 1806, Combat de Prentzlow.
29	st Faron.	1793, Mort de Barnave. 1805, Passage de l'Adige par Masséna. 1806, Capitulation de Passewalk et prise de Stettin. 1808, Arrivée des premières troupes anglaises en Espagne. 1815, Suspension de la liberté individuelle.
30	st Lucain.	1805, Occupation de Saltzbourg par Bernadotte. 1807, Charles IV fait arrêter son fils. 1813, Bataille de Hanau.
31	st Quentin. V. J.	1793, Exécution des Girondins. 1807, Rupture de la Russie avec l'Angleterre 1813, Prise de Bassano par Beauharnais. 1813, Nous capitulons à Pampelune.

NOVEMBRE.

		ÉPHÉMÉRIDES POLITIQUES ET MILITAIRES DE 1787 A 1830.
1	TOUSSAINT.	1793, Confiscation des biens d'émigrés. 1795, Cinq régicides sont nommés directeurs. 1806, Prise de d'Aucklam, de Custrin et occupation de Hesse-Cassel.
2	TRÉPASSÉS.	1789, Confiscation des biens du clergé. 1805, Capitulation de 5,000 Autrichiens à Vérone.
3	st Marcel.	1812, Bataille de Wiazma. 1813, Napoléon arrive de Leipsig à Mayence. 1814, Ouverture du Congrès de Vienne.
4	st Charles.	1794, Prise de Maëstrich par Kléber. 1799, Combat à Novi. 1805, Combat naval du cap Villano ; combat d'Amtletten ; prise de Vicence. 1807, Installation de la Cour des comptes. 1808, Napoléon entre en Espagne.
5	st Zacharie.	1795, Etablissement du Directoire au Luxembourg. 1806, Prise de Lubeck. 1815, Iles-Ioniennes déclarées indépendantes. 1816, Ouverture des Chambres par Louis XVIII. 1817, Ouverture des Chambres.
6	st Léonard.	1788, Ouverture de la deuxième Assemblée des notables. 1792. Victoire de Jemmapes. 1793, Exécution du duc d'Orléans.
7	st Florent.	1791, Le roi se rend à l'Assemblée nationale. 1792, Commencement du procès du roi. 1805, Occupation d'Inspruck par Ney.
8	stes Reliques.	1794, Prise de Nimègue par Pichegru. 1806, Prise de Magdebourg. 1814, Liste civile de 25 millions, plus 8 millions pour les princes.
9	st Mathurin.	1789, L'Assemblée nationale siége au manége des Tuileries. 1791, Premier décret contre les émigrés. 1799, 18 brumaire. Transfert du corps Législatif à St-Cloud. 1810, Ouverture du canal de St-Quentin. 1815, L'empereur arrive à St-Cloud. 1815, Loi sur les cris séditieux.
10	st Juste.	1793, Exécution de madame Rolland. Le culte catholique est remplacé par celui

NOVEMBRE.

		de la Raison. 1775, Emprunt forcé proportionné aux fortunes et évalué 600 millions. 1799, Les Cinq-Cents sont expulsés de leur salle. 1806, Occupation du Hanovre et de Posen. 1808, Prise de Burgos et victoire d'Espinosa. 1813, Bataille de St-Jean-de-Luz.
11	st Martin.	1793, Exécution de Bailly. 1794, Clôture des Jacobins. 1799, Gouvernement consulaire. 1805, Bataille de Dierustein. 1807, Traité avec la Hollande. 1813, Gouvion St-Cyr rend Dresde.
12	st René.	1791, Refus de sanction royale de la loi des émigrés. 1806, Réorganisation de la garde nationale.
13	st Brice.	1799, Reddition d'Ancône et révocation de la loi des ôtages. 1805, Occupation de Vienne. Passage du Tagliamento.
14	st Bertrand.	1792, Occupation de Bruxelles par Dumourier. 1805, Occupation de Trente par Ney. 1808, Révolution des Janissaires à Constantinople.
15	st Malo.	1796, Bataille d'Arcole. 1805, Occupation de Presbourg par Davoust. Prise de Gradisca.
16	st Edme.	1793, Suppression de la loterie. 1797, Mort de Frédéric-Guillaume II. Avénement de Frédéric-Guillaume III. 1799, Déportation de 60 individus. 1805, Capitulation de Doernberg. 1812, Evacuation de Smolensk.
17	st Agnan	1793, Les Anglais évacuent l'Isle-Dieu. 1797, Mort de Catherine II.
18	st Odes	1812, Combat de Krasnoi.
19	ste Elisabeth	1787, Lit de justice. 1792, Promesse d'assistance à tous les peuples. 1794, Reprise de Toulon sur les Anglais. 1805, Quartier général à Wischau. 1806, Occupation de Hambourg. 1809, Bataille d'Ocana.
20	st Edmond.	1792, Découverte de l'armoire de fer. 1794, Victoire d'Escola. 1806, Capitulation de Hameln. Décret de Berlin mettant l'Angleterre en état de blocus. 1809, Evacuation de Vienne.
21	Présent. N. D.	1813, Reddition de Stettin.
22	ste Cécile	1798, Incendie du Port-au-Prince et rupture entre les blancs et les mulâtres.
23	st Clément	1812, Bataille de Borisow. 1808, Bataille

NOVEMBRE.

			de Tudela. 1809, Bataille d'Alba de Tormez.
24	•	st Séverin.	1805, Occupation de Trieste. 8,000 Autrichiens sont pris dans les lagunes de Venise. 1813, Amsterdam est pris par les Prussiens.
25	•	ste Catherine.	1791. Création d'un comité de surveillance. 1795, Abdication de Stanislas, roi de Pologne.
26		ste Geneviève.	1812, Passage de la Bérésina.
27		st Siméon.	1790, Achèvement de la constitution civile du clergé. 1792, Décret de réunion de la Savoie à la France. 1794, Prise de Figuières.
28		st Sosthène.	1806, Occupation de Varsovie et des duchés de Mecklembourg. 1807, Invasion du Portugal.
29		st Saturnin.	1791, Le serment civique est imposé aux prêtres. 1818, Suppression du ministère de la police.
30			1792, Prise d'Anvers par Labourdonnaye. 1803, Evacuation de St-Domingue. 1807, Prise de Lisbonne. Le prince Jean quitte le Portugal.

DÉCEMBRE.

		ÉPHÉMÉRIDES POLITIQUES ET MILITAIRES DE 1787 A 1830.
1	st Eloi.	1793, Organisation du gouvernement révolutionnaire. 1803, 3,572,329 voix pour l'empire. 1807, La Prusse s'interdit tout commerce avec l'Angleterre. 1813, Déclaration des alliés à Francfort.
2	st François Xav.	1804. Couronnement et sacre de Napoléon. 1805, Victoire d'Austerlitz. 1806, Capitulation de Glogau. 1813, Occupation d'Utrecht par les Prussiens.
3	Avent.	1800, Victoire de Hohenlinden. 1808, Evacuation de Berlin. 1810. Les Anglais prennent l'Ile-de-France.
4	se Barbe.	1792, Peine de mort contre quiconque parlera de rétablir la royauté. 1808, Prise de Madrid par Napoléon.
5	st Sabas.	1792, Peine de mort contre les exportateurs de grains. 1798, Combat de Civita-Castellana. 1808, Prise de Roses. 1813, Prise de Lubeck par les Suédois. 1814, Restitution des biens vendus aux émigrés.
6	st Nicolas.	1788, Prise d'Oczacoff. 1793, Exécution de Madame Dubarry. 1806, Occupation de Thorn.
7	se Fare.	1808, Proclamation de Napoléon à Madrid. 1813, Mort du maréchal Ney.
8	Conception, N. D	1794, 73 députés proscrits rentrent dans la Convention. 1798, Occupation de Turin par Joubert. 1807, Jérôme est fait roi de Westphalie.
9	se Gorgonie	1799, Mort de Washington. 1800, Passage de l'Inn par Lecourbe. 1813, Bataille sur la Nive.
10	se Valère.	1797, Présentation de Bonaparte au Directoire. 1809, Prise de Girone. 1813, Occupation d'Ancône par Murat.
11	st Daniel.	1792, Louis XVI à la barre de la Convention. 1806, Passage du Bug; alliance avec la Saxe. 1812, Evacuation de Wilna. 1813, Traité de Valençay.
12	st Valeri.	1788, Clôture de la deuxième assemblée des notables. 1804, Déclaration de guerre de l'Espagne à l'Angleterre.

DÉCEMBRE.

13	se Luce.	1788, Mort de Charles III, roi d'Espagne. 1810. Réunion de la Hollande et des villes anséatiques à la France.
14	st Nicaise.	1791, Le roi se rend à l'Assemblée nationale. 1801, Départ de l'expédition de Saint-Domingue.
15	st Mémin.	1798. Occupation de Rome par Championnet. 1800, Prise de Saltzbourg. 1815, Armistice entre la Russie et le Danemark.
16	se Adélaïde.	1792. Bannissement de tous les Bourbons, sauf ceux détenus. Résolution d'établir partout la souveraineté des peuples. 1794, Condamnation de Carrier. 1808, Bataille de Llinas; évacuation de Kowno. 1809. Divorce de Napoléon et de Joséphine.
17	se Olympie. 4 T.	1806, Guerre entre la Turquie et la Russie. 1807. Décret de Milan : Tout navire sorti d'Angleterre ou d'une colonie anglaise sera considéré comme anglais.
18	st Gratien.	1807, Alliance de l'Angleterre et de la Russie contre nous.
19	st Timothée.	1789, Première vente de domaines et première émission d'assignats. 1793, Reprise de Toulon. 1813, Convocation du corps législatif.
20	st Philogone.	1788, Offre des ducs et pairs de payer les impôts. 1812, Arrivée de Napoléon à Paris. 1815, Juridictions prévôtales.
21	st Thomas.	1813, Six divisions ennemies passent le Rhin.
22	st Honorat.	1813. Le sénat et le corps législatif nomment des commissaires.
23	se Victoire.	1789, Mort de l'abbé de l'Epée. 1806, Combat de Czarnowo.
24	se Delphine. V. J	1794. Abolition du maximum. 1799, Proclamation de la constitution de l'an VIII. 1800, Explosion de la machine infernale. 1809, Les Anglais évacuent l'Escaut. 1814, Evacuation définitive de la Hollande.
25	NOEL.	1792, Testament de Louis XVI. 1806, Combat de Mohrungen.
26	st Etienne.	1795, Echange de Madame contre huit conventionnels ou ex-envoyés. 1805, Traité de Presbourg avec l'Autriche. 1808, Derniers articles du code criminel. 1814, Envoi de commissaires extraordinaires dans les départements.

DÉCEMBRE.

27	st Jean, évangel.	1788, Ordonnance de formation des états-généraux. 1806, Combat de Golymin. 1811. Passage du Guadalaviar.
28	sts Innocents.	1797, L'ambassadeur de la République est insulté à Rome et la quitte.
29	st Trophime.	1814, Ajournement des chambres au 1er mai.
30	st Sabin,	1798, Loi sur la propagation des découvertes. 1812, Défection des Prussiens. 1813, Rapport des commissaires du corps législatif.
31	st Sylvestre. P.	1792. L'ambassadeur Chauvelin non admis à Londres. 1813, Reddition de Genève. Les Prussiens passent le Rhin. L'empereur ajourne le corps législatif.

ÉPHÉMÉRIDES

POLITIQUES ET MILITAIRES

DE 1830 A 1851.

JANVIER.

		ÉPHÉMÉRIDES POLITIQUES ET MILITAIRES DE 1830 A 1851.
1	*Circoncision.*	1830, Manifeste de l'empereur de Russie, concernant les dépôts et les emprunts aux établissements de crédit. 1849, Protestation du pape à Gaëte.
2	s. Basile.	1848, Troubles à Milan; attaques contre les fumeurs dans les rues.
3	s^e. *Geneviève.*	1830, Création de comités d'infanterie et de cavalerie. 1850, Prise de Narah, Algérie.
4	s. Rigobert.	1832, Tentative de Considère à Notre-Dame. 1836, Le peuple de Barcelonne massacre le général O'Donnel avec 120 autres carlistes. 1847, Eruption du Vésuve. 1850, Jérôme Bonaparte est créé maréchal de France.
5	s. Siméon s. *Vig.*	1831, Loi rendant à l'État le reste de l'indemnité des émigrés. 1835, Expédition contre les Hadjoutes, Algérie.
6	*Epiphanie.*	1831, Ordonnance relative à l'organisation de la loterie.
7	Noces.	1848, Rentrée du général Espartero à Madrid.
8	s. Lucien.	1830, Loi relative à la fixation du traitement des desservants au-dessous de 60 ans.
9	s. Pierre év.	1849, Loi abrogeant celle de 1848 qui suspendait le travail dans les prisons.
10	s. Paul erm.	1847, Combat de l'oasis des Ouled-Djellal, Algérie. 1849, Ouverture des chambres à Florence.
11	s. Théodose.	1848, Destruction de la ville d'Augusta, en Sicile, par un tremblement de terre.
12	s. Arcade.	1848, Soulèvement de la Sicile.
13	Bapt. de J. C.	1847, Perte, au Sénégal, de la frégate à vapeur le *Caraïbe.* 1849, Loi relative au tarif des droits de douane sur les sels étrangers.
14	s. Hilaire.	1831, Ordonnance sur les dons, legs et aliénations relatifs aux établissements ecclésiastiques. 1835, Humann propose la réduction du 5 p. cent.
15	s. Maur.	1849, Procès de 25 insurgés de juin accusés d'avoir pris part à la mort du général de Bréa.
16	s. Guillaume.	1848, Arrivée à Constantinople d'un envoyé du pape.
17	s. Antoine.	1849, Décret qui institue une haute-cour de justice à Bourges.

JANVIER.

18	Ch. s. P. à R.	1837, Acquittement, à Strasbourg, des complices de Louis-Napoléon.
19	s. Sulpice.	1831, Klopicki dépose sa dictature. 1849, Seconde protestation du pape à Gaëte.
20	s. Sébastien.	1830, Proclamation de Bolivar au peuple de la Colombie. 1847, Perte du bâtiment à vapeur l'*Etna*. 1848. Mort du roi de Danemark, Christian VIII. 1849, Crédit de 2,488,000 fr. pour liquidation des ateliers nationaux.
21	s^e^. Agnès.	1845, Exécution du général Zurbano, en Espagne.
22	s. Vincent.	1835, La citadelle de Doullens est affectée aux individus condamnés à la déportation. 1848, Renvoi des accusés du 15 mai à une haute-cour à Bourges.
23	s. Ildefonse.	1836, Condamnation des insurgés et conspirateurs de Paris. 13 présents, 27 contumaces.
24	s. Babylas.	1850, Décret sur la translation en Algérie des insurgés de Juin.
25	Conv. s. Paul.	1831, La Pologne se déclare indépendante.
26	s^e^. Paule.	1834, Convent. entre Abd-el-Kader et Desmichel. 1847, Incendie de Péra, à Constant. 1848, Révol. de Naples. — Révolte à Catane.
27	s. Julien.	1847, Loi sur les importations et exportations des grains.
28	s. Charlemagne.	1849, Demande de dissolution de l'Assemblée.
29	s. Franc. de S.	1834, Dulong est tué en duel par Bugeaud. 1849, Découverte d'un complot contre l'Assemblée, à l'occasion du licenciement de la garde mobile. Arrestations nombreuses.
30	s^e^. Bathilde.	1836. Ouv. du procès Fieschi. 1849, Attaque du camp français de Sidi-bel-Abbès.
31	s^e^. Marcèle.	1847, Suppression du bazar des esclaves à Constantinople. 1849, Ledru-Rollin demande vainement à l'Assemblée la mise en accusation du ministère Barrot.

FEVRIER.

		ÉPHÉMÉRIDES POLITIQUES ET MILITAIRES DE 1830 A 1851.
1	s. Ignace.	1849, Ouverture des chambres à Naples. — Refus d'amnistie, par l'Assemblée nationale, 531 voix contre 167. 1850, Institution d'un conseil général de l'agriculture, des manufactures et du commerce.
2	*Purification.*	1833, Projet d'un duel entre 12 républicains et 12 légitimistes. — Armand Carrel est blessé par Laborie. 1839, Dissolution de la Chambre, sur une adresse votée par 221 députés. 1840, Défense héroïque de Mazagran, Algérie. 1848, Manifestation populaire à Turin.
3	s. Blaise.	1831, Révolte à Modène : le duc fuit à Mantoue. Les Belges choisissent pour roi le duc de Nemours.
4	s. Gilbert.	1831, Entrée de Diébitch en Pologne. — Insurrection de Bologne, bientôt imitée par toute la Romagne.
5	s[e]. Agathe,	1832, La duchesse de Berry, par édit en date de Massa, institue un gouvernement provisoire pour la France, et abolit l'impôt des boissons et celui du sel. 1848, Reddition du fort de Castellamare aux insurgés de Palerme. 1849, Ouverture d'une Assemblée constituante à Rome. Refus, par l'Assemblée nationale, d'enquête sur le complot du 29 janvier.
6	s. Vaast.	1830. Proclamation du président d'Haïti, relative aux réclamations du roi d'Espagne. 1835. La Cour des pairs évoque à elle toutes les révoltes et conspirations de 1834.
7	s. Romuald.	1846, Combat de Cherg-El-Tebboul, Algérie. 1849, Condamnation des assassins du général de Bréa.
8		1849, Un triumvirat est établi à Rome. — Le grand-duc de Toscane s'enfuit.
9	s[e]. Appoline.	1848, Troubles à Munich, causés par la présence de Lola Montès. 1849, La république est proclamée à Rome.
10	s[e]. Scolastique.	1832, Conspiration légitimiste de la rue des Prouvaires.
11	s. Séverin.	1842, Création d'un entrepôt réel des douanes à Saint-Etienne.
12	s[e]. Eulalie.	1834, Les ouvriers de Lyon cessent de travailler. 1843, Expédition contre les Zerdezas. 1847, Naufrage du navire *le Tweed*.

EEVRIER.

13	s. Valentin.	1849, Ouverture des Etats-Généraux de Hollande.
14	s. Grégoire.	1830, Rapport sur l'instruction primaire. 1831, Sac de l'église Saint-Germain-l'Auxerrois. — Le général Dwernicky bat le général Geismar à Sieroczyn. 1847, Mussurus abandonne Athènes, emmenant avec lui toute sa légation. 1849, Autorisation de poursuite contre le citoyen Proudhon.
15		1831, Sac de l'Archevêché de Paris. 1836, Condamnation de Fieschi, Pépin, Morey et Boireau. 1847, Ouverture à Quito, capitale de la République de l'Équateur, d'une école gratuite du degré supérieur.
16	s^e. Julienne.	1831, Ordonnance sur la légende du sceau de l'Etat. Louis-Philippe efface ses armoiries.
17	s. Théodule.	1831, Louis-Philippe refuse son fils aux Belges. — Le général Dwernicky bat le général Kreutz à Novawiez. 1836, Les Autrichiens occupent Varsovie.
18	s. Siméon.	1832, Ordonnance relative aux bulles d'institution canonique accordées par Grégoire XVI.
19	s. Gabin.	1831, Premier engagement entre Pahlen et Szembec. 1849, La république est proclamée à Florence.
20	s. Eucher.	1831, Combat entre Diebitch et Skrzynecki. 1840, Application de l'impôt des mutations aux biens de main-morte.
21	s. Pepin.	1842, Expédition contre la tribu des Rhigas. Algérie. 1848, Rassemblements sur les boulevards de Paris.
22		1833, La duchesse de Berry se déclare mariée. 1834, Les Lyonnais reprennent leur travail. 1836, Ministère Thiers. 1847, Victoire du général Taylor sur l'armée de Santa-Anna. 1848, Insurrection dans Paris, causée par l'interdiction du banquet du 12e arrondissement. Odilon Barrot et 42 autres députés déposent un acte d'accusation contre le ministère Guizot.
23	s. Mérault.	1832, Occupation d'Ancône par les Français. 1834, Emeute sur la place de la Bourse, à Paris. Assommeurs. 1847, Affranchissement des Bohémiens esclaves, par l'assemblée des Etats de Valachie. 1848, Suite de l'insurrection de Paris. Barricades. La démission du ministère calme le peuple. Une décharge sur les promeneurs du boulevard des Capucines rallume à 10 h. du soir la guerre.

FEVRIER

24		1848, Suite de l'insurrection de Paris. — Envahissement du Palais-Royal et des Tuileries. — Abdication et fuite de Louis-Philippe. — Gouvernement provisoire, composé des députés : Dupont, Lamartine, Crémieux, Arago, Ledru-Rollin, Garnier-Pagès et Marie. Dissolution des deux chambres. — Proclamation de la République. — Pillage et incendie des châteaux de Neuilly et de Villiers. — 1849, Célébration du 1er anniversaire de la Révolution de février.
25		1831, Défaite des Polonais à Grochowe, près de Praga. 1848, Adjonction de Marrast, Louis Blanc, Albert, Flocon, au gouvernement provisoire. Décrets relaxant les détenus politiques, garantissant du travail aux ouvriers, reconnaissant le droit d'association, attribuant aux pauvres un million échu de la liste civile.
26	s. Nestor.	1831, Réforme de la loi sur les Jurys. 1834, Traité avec Abd-El-Kader. 1836, Combat de la Seba-Choukh. Algérie. 1841, Achèvement du puits artésien de Grenelle. 1848, Décrets et arrêtés abolissant la royauté, annonçant la reddition de Vincennes et du Mont-Valérien, abolissant la peine de mort en matière politique, créant une commission de travailleurs, déliant les fonctionnaires, rétablissant la devise : *Liberté, Egalité, Fraternité*, confiant la police à la mairie, créant une garde mobile, adoptant les enfants des combattants morts, restituant à la nation les palais royaux, consacrant les Tuileries aux travailleurs invalides. — Le ministère anglais reconnaît la République dans le Parlement.
27	s. Arilie.	1845, Annexion du Texas aux Etats-Unis. 1847, Mort de Riché, président d'Haïti. 1848, Le gouvernement provisoire se rend à la colonne de Juillet. — Création des ateliers nationaux. — Nomination de Cavaignac au gouvernement de l'Algérie. 1850, Suppression de la succursale des invalides, à Avignon.
28	se. Honorine.	1847, Incendie du théâtre grand-ducal, à Bade.
29		1848, Décret qui abolit les titres de noblesse. — La Belgique arme ses places fortes

MARS.

		ÉPHÉMÉRIDES POLITIQUES ET MILITAIRES DE 1830 A 1851.
1	CENDRES.	1830, Décrets du roi d'Espagne, relatifs à l'amortissement de la dette publique. 1840, Ministère Thiers.
2	s. Simplice.	1848, Hommages rendus à la mémoire d'Armand Carrel. Décret fixant la journée à 10 heures et abol. le marchandage. Louis-Philippe s'embarque à Tréport et débarque à New-Haven avec la reine, couvert d'une blouse d'ouvrier. Révolution à Neuchâtel.
3	s°. Cunég.	1844, Prise de Biskara, Algérie. 1848, Le duc d'Aumale quitte l'Algérie. 1849, Loi organique du conseil d'Etat.
4	s. Casimir.	1831, Loi municipale. 1845, Arrivée de la duchesse d'Orléans à Ems. —Funér. des combatt. morts.—Arrêté suppr. le timbre des journaux. 1849, Constitution autrichienne.
5	s. Adrien.	1847, Emeute à Saragosse. — 1848, Décret établissant le suffrage universel.
6	s°. Colette.	1848, Circulaire du min. Carnot aux recteurs.—Avance du semestre du 22.—Emeutes à Londres, à Glasgow et en Allemagne.
7		1830, Refus de concours par 221 députés. 1846, Combat de Ben-Nabr, Algérie. 1848, Abrogation de la loi du 9 septembre 1835, sur les délits de la Presse. Continuation d'émeute à Glasgow. 1849, Nouvelle irruption du choléra. Ouv. du procès des acc. du 15 mai, à Bourges.
8	s. Jean de Dieu.	1831, Louis-Philippe tient secrète, durant 4 jours, une dépêche à ses ministres. 1839, Démission du ministère Molé. 1845, Désastres causés à Alger par l'explosion d'un magasin de poudre. 1848, Fondation d'une école d'adm. et d'un comité de défense.
9	s°. Françoise.	1831, Démission du ministère Laffitte. 1848, Rapport de Garnier-Pagès sur la situation financière de France.—Abolition de la contrainte par corps. — Aliénation des diamants et des forêts de la couronne.— Emprunt nat. de 100 millions. — Suspension de paiem. aux caisses d'épargne. Emeutes à Manchester.
10	s. Blanchard.	1848 Décret d'amnistie. — Comité de salut public institué par le citoyen Sobrier. 1850, Election de 3 socialistes à Paris.
11	s. Euloge.	1830, Prorogation des chambres. 1848, Circulaire menaçante de Ledru-Rollin.

MARS.

12	s. Paul év.	1832. Soulèvement de Grenoble. 1840, Combat de Ten-Salmet, Algérie. 1848. Banquet républicain à Versailles. — Mise en liberté des détenus pour dettes. 1849, Dénonciation de l'armistice entre le Piémont et l'Autriche.
13	s^e^. Euphrasie.	1831, Ministère Périer. 1832, Luttes à Grenoble. 1848, Arrêté déclarant les billets de Banque monnaie légale.
14		1832, Le 14e régiment est obligé de quitter Grenoble. 1847, Les Sykhs se rendent aux Anglais.
15	s. Zacharie.	1840. Prise de Cherchell, Algérie. 1849, Vote de la loi électorale.
16	s. Cyriaque.	1848, Arrêté ajoutant 45 c. aux contributions, consacrant 60 millions à fonder des comptoirs nationaux, suspendant le paiement des bons du Trésor. — Manifestation réactionnaire de la garde nationale.
17	s^e^. Gertrude.	1847, Mort du dessinateur Granville. 1848, Manifestation populaire de 200,000 hommes, dans Paris. — Séance d'ouverture de la commission des travailleurs, au Luxembourg.
18	s. Alexandre.	1845, Traité entre la France et le Maroc.
19	s. Joseph.	1838, Ordonnance d'échange d'un domaine contre la man. d'armes de Saint-Etienne.
20	s. Joachim.	1847. Attaque de Montévidéo.
21		1832, Loi sur le recrutement de l'armée. 1849, Loi interdisant les clubs
22	s. Emile.	1831, Entrée des Autrichiens dans Bologne.
23	s. Victorien.	1847, Ecroulement du viaduc de Liverpool.
24	s. Simon, m.	1846, Combat d'Asir, Algérie. 1847, Mort du général Drouot. 1848, Décret qui suspend le travail des prisons.
25	*Annonciation.*	1849, Bataille de Novare. — Charles-Albert abdique et abandonne son royaume.
26	s. Ludger.	1848, Décret qui autorise la Banque à admettre à l'escompte des récépissés de march.
27	s. Jean, évang.	1831, Ancone se rend au pape. 1832, Invasion du choléra dans Paris.
28		1835, Expéd. contre les Hadjoutes, Algérie.
29	s. Gontrand.	1848, Décret confiant à l'administration des forêts celles de l'ancienne liste civile.
30	s. Ricule.	1831, Victoire des Polonais à Waver. 1845, Reconnaissance, par l'Espagne, de l'état de Venezuela.
31	s^e^ Balbine.	1849, L'Assemblée nat. s'en rapporte au gouvernement relativement à l'Italie.

AVRIL.

		ÉPHÉMÉRIDES POLITIQUES ET MILITAIRES DE 1830 A 1851.
1	s. Hugues.	1845, Combat de Lucerne. 1849, Prise de Brescia, par le général Haynau.
2	s. Franc. de P.	1833, Loi de secours aux bureaux de bienfaisance. 1848, Réunion, au Champ-de-Mars, des ouvriers des ateliers nationaux et des étudiants des diverses écoles, pour y célébrer l'union fraternelle. — Crédit de 2,571,637 fr. pour les dépenses de la garde républicaine. 1849, Arrêt de la haute-cour de Bourges acquittant Courtais et 5 autres, condamnant Barbès et Albert à la déportation, Blanqui et 4 autres à la détention.
3	s. Richard.	1831, Ukase de l'empereur de Russie au sénat dirigeant. — 1849, Condamnation de Louis Blanc, Caussidière et 4 autres contumaces à la déportation.
4		1851, Procès des émeutes républicaines de décembre. 1847, Incendie de Bucharest.
5	s. Albert.	1834, Émeute des *mutuellistes*, à Lyon. 1849, Le comte de Montemolin est arrêté sur la frontière d'Espagne et renvoyé de Perpignan à Londres.
6	s[e]. Prudence.	1849, Lamarmora soumet Gênes.
7	s. Clotaire.	1843, Expédition de Collo. 1845, Tremblement de terre à Mexico.
8	s. Edèse.	1831, Loi sur le caut. des journaux et les délits de presse, d'affichage et de criage. 1846, Combat de l'Oued-Fodda, Algérie. 1849. Soumission de Si-Ahmet-ben-Salem, Algérie.
9		1831, Loi sur les attroupements. 1834, Insurrection à Lyon. 1850, Rupture du pont suspendu d'Angers : 209 soldats du 11e léger périssent dans les flots.
10	s. Fulbert.	1831, Victoire des Polonais à Iganie. Le choléra se déclare dans leur armée. 1834, Suite de l'insur. de Lyon. Bataille acharnée. 1848, Mouvement chartiste à Londres.
11		1832, Élévation d'intensité du choléra dans Paris 1834, Suite de l'insur. de Lyon. Bomb.
12	s. Jules.	1834. Pacification de Lyon. 1835, Suppression des majorats. 1848, Décret abolissant l'exposition publique. 1849. Le ministère décide l'expédition contre la République romaine. — Florence se soulève contre le grand-duc. 1850, Rentrée du Pape à Rome.

AVRIL.

13	s. Marcelin.	1834, Conspiration des sous-officiers de Lunéville. Barricades dans Paris et combat de la rue Transnonain. 1847, Soumission de Bou-Maza, Algérie.
14	s. Tiburce.	1834, Continuation du carnage rue Transnonain. 1845, Combat de Djebel-Krenença, Algérie. 1849, La diète de Hongrie déclare la nation indépendante.
15	s. Maxime.	1831, Acquittement des républicains de décembre. 1836, Combat contre Abd-el-Kader, près l'embouchure de la Tafna, Algérie, 1837. Ministère Molé. 1847, Départ de la mission française pour la Chine. — Combat de la frégate *la Loire* et de la corvette *la Victorieuse*, contre les jonques cochinchinoises, dans la rade de Touranne.
16	PAQUES.	1831, Le général Dwernicky bat le général Rudiger à Boremel. 1833, La chambre des députés condamne la *Tribune*. 1840, Expédition contre les Haractas, Algérie. 1846, Attentat de Lecomte, à Fontainebleau, contre Louis-Philippe. 1848, Manifestation populaire du Champ-de-Mars par les ateliers nationaux.
17	s. Aviat.	1831, Loi sur les pensions de l'armée de mer; autre augmentant l'impôt foncier de 55 cent. 1834, Conspiration à Lunéville. 1849, Crédit de 1,200,000 fr. pour le corps expéditionnaire de la Méditerranée. 1848, Décret abolissant l'esclavage dans les colonies.
18		1847, Mort d'Albert Nota, l'une des illustrations de l'Italie. — Tremblement de terre à la Trinité. — Victoire du général Scott sur les Mexicains.
19	s. Léon.	1831, Loi électorale fixant le cens à 200 fr.
20	s. Théotime,	1831, Prorogation des chambres. 1843, Mariage de la princesse Clémentine, fille de Louis-Philippe, avec le duc de Saxe-Gotha. 1848, Fête de l'Arc-de-Triomphe de l'Etoile ou *Fête de la Fraternité*, pour la distribution des drapeaux à l'armée et à la garde nationale.
21	s. Anselme.	1840, Expédition contre les Ouamers, Algérie. 1843, Occupation de Tiaret, Algérie. 1849, Loi relative à l'exploitation du chemin de Versailles à Chartres. — Palerme se soumet au roi de Naples.
22	se. Opportune.	1834, Traité de la quadruple alliance. 1847. Emeute à Berlin.
23	s. Georges.	1840, Loi de monopole sur le tabac. 1842, Combat de Bab-El-Thaza, Algérie. 1849, Cré-

AVRIL.

		dit de 500,000 fr. destiné aux mesures à prendre contre le choléra. 1850, Mort de William Wordsworth. — Pacification de la Sicile.
24	s. Léger.	1832, Embarquement de la duchesse de Berry à Massa pour se rendre en France. 1833, Lois sur les grains, les sucres, les vainqueurs de la Bastille et les réfugiés. 1844, Combat à Montévidéo.
25	s. Marc.	1832, Le duc de Reichstadt tombe malade. 1849, Le général Oudinot occupe Civita-Vecchia.
26	s. Clet.	1836, Combat de la Tafna, Algérie. 1849, Les Russes entrent dans Cracovie pour soutenir les Autrichiens.
27	s. Polycarpe.	1831, Le général Dwernicky est pris par les Autrichiens. 1840, Mariage du duc de Nemours. 1836, Massacre des prisonniers français au camp d'Abd-el-Kader.
28	s. Vital.	1832, La duchesse de Berry débarque près de Marseille sur un batelet, laissant partie de son monde sur le *Carlo-Alberto.* 1847, Combat du Moghar-El-Foqani, Algérie. 1849, Troubles à Berlin. 1850, Election de Sue.
29	s. Robert.	1842, Combat de Bad-Taza, Algérie. 1845, Loi sur les irrigations.
30	s. Eutrope.	1840, Combat de l'Oued-Ger, Algérie. 1845, Combat à Aranuer, entre les chrétiens et les Druzes. 1847, Mort de l'archiduc Charles d'Autriche. 1849, L'armée française est reçue à coups de fusil devant Rome. — Loi relative à l'indemnité accordée aux colons par suite de l'affranchissement des esclaves.

MAI.

		ÉPHÉMÉRIDES POLITIQUES ET MILITAIRES DE 1830 A 1851.
1	s. Jacq. s. Phil.	1843, Mariage du prince de Joinville. 1848, Combat contre les Matmata. Algérie.
2	s. Athanase.	1834, Loi pour secours aux étrangers réfugiés. 1849, Rejet d'amnistie.
3	Inv. s^e Croix.	1831, Dissol. de la chambre. 1832, Le *Carlo-Alberto* se fait prendre. 1838, Occupation de Blidah. Algérie. Les députés votent la réduction du 5 pour cent. 1849, Insurrection à Dresde : le roi s'enfuit.
4	s^e. Monique.	1847, Procès Teste, Cubières, Pellapra et Parmentier. 1848, Installation de l'Assemblée constituante, laquelle proclame la République. 1849, On rend à la liberté à 1,228 transportés de Juin. — Dresde institue un gouvernement provisoire. — Insurrection de Leipsig. 1850, Incendie de San-Francisco.
5	Conv. s. Aug.	1835, Ouverture du procès de 121 révoltés d'avril 1834, à la Chambre des Pairs. 1849, Combat à Dresde contre les Prussiens.
6	s. Jean P.-Lat.	1835, Décret qui expulse les jésuites de Guatemala. 1847, Edit du duc de Toscane qui modifie le régime de la censure. 1849, Défaite des révoltés du Nizam.
7	s. Stanislas.	1842, Tremblement de terre du Cap. 1849, Loi relative à l'abolition des majorats et substitutions. — Insurrection en Bavière.
8	s^e. Désirée.	1833, Combat de Sidi-Kaddour-Deby, Algérie. 1842, Catastrophe du chemin de fer de Versailles ; l'amiral Dumont-Durville est au nombre des victimes. 1849, Conspiration à Saint-Pétersbourg. — Lettre de Louis-Napoléon au général Oudinot, relative à la poursuite du siége de Rome. — L'Assemblée nat. invite le gouv. à ne pas détourner de son but l'expédition d'Italie. — Soulev. à Breslau.
9	Tran. s. Nic.	1833, La duchesse de Berry accouche à Blaye. 1846, Ecroulement du viaduc de Barentin, route du Havre. 1848, Décret qui confie le pouvoir exécutif à une commission spéciale. 1849, Soumission de Dresde. — Soulèvement à Dusseldorf et à Eberfeld.
10	s. Gordien.	1848, Nomination des membres de la commission. 1849, Les Autrichiens soumettent Livourne. — Bataille au théâtre de New-York pour deux acteurs. — Elections à l'Assem-

MAI.

		blée législative. 1850, Première conférence des Etats allemands à Francfort.
11	s. Mamert.	1849, Proposition, par 49 représentants à l'Assemblée nationale, de mettre en accusation Louis-Napoléon et son ministère, rejet par 388 voix.
12	s. Pancrace.	1839, Insurrection dans Paris, dirigée par Barbès, Martin-Bernard, etc. 1841, Passage du col de la Mouzaïa, Algérie. 1845, Mort de William Schlegel. 1849, Inauguration du roi de Hollande, Guillaume.
13	s. Servais.	1832, Mort de Cuvier. 1839, Ministère Soult. 1849, Kossuth est nommé président de la Hongrie.
14	s. Pacôme.	1849, Palerme se rend aux Napolitains. — Soulèvement de Carlsruhe et fuite du grand-duc. — Blâme par toute l'Assemblée nationale, moins 5 voix, d'une dépêche télégraphique du ministre Léon Faucher.
15	s. Isidore.	1839. Occupation de Djémilah, Algérie. 1845. Exposition de l'industrie, à Vienne. 1847, Mort d'O'Connel. 1848, Envahissement par le peuple du palais de l'Assemblée nationale. 1849, Bologne se rend aux Autrichiens.
16	s. Honoré.	1830, Dissolution de la Chambre des députés par Charles X. 1832, Mort de Casimir Perrier. — Les Espagnols battent les Portugais à Asseicerra. 1843, Prise de la smalah d'Abd-El-Kader. 1847, Combat contre les Beni-Abbès, Algérie. — Prise, par les Circassiens, de la forteresse de Kirikaleh. 1849, Hamilton tire un coup de pistolet sur la reine Victoria.
17		1837, Mort de Talleyrand. 1848, Renvoi, par le gouvernement espagnol, de l'ambassadeur anglais Bulwer. 1849, Défaite des Russes par les Circassiens.
18	s. Venance.	1844, Loi sur les prisons. 1847, Combat contre les Ouritsan, Algérie. 1849, Abolition de l'impôt des boissons par l'Assemblée nationale.
19	s. Yves.	1834, Expédition contre les Hadjoutes, Algérie. 1845, Mort de l'amiral Willaumez. 1849, Exploitation, par l'Etat, du chemin de fer de Paris à Lyon.
20		1834, Mort de Lafayette. 1842, Défense du camp d'El-Arrouch, Algérie. 1849, Manifeste (en date du 8) de Nicolas faisant partir ses troupes pour comprimer les révolutions.
21	s. Sospis.	1832, Conférence de la duchesse de Berry avec les chefs vendéens. 1845, Combat de

MAI.

		Sidi-Abbed, Algérie. 1848. Fête nationale de la *Concorde*, au Champ-de-Mars.
22	s^e^. Julie.	1848, Crédit d'un million pour les ateliers nationaux. 1850, Attentat de Sefeloge, sur la personne du roi de Prusse.
23	s. Didier.	1842, Combat de Bal-El-Thaza, Algérie. 1846, Troubles à Elbeuf pour une machine. 1849, l'Assemblée appelle l'attention du gouvernement sur les mouvements de troupes qui s'accomplissent en Europe.
24	s. Donatien.	1848, Crédit de 2 millions pour les Ateliers nationaux. 1849, Insurrection et combat à Lauterbach. 1850, Tentative du général Lopez sur l'île de Cuba
25	ASCENSION.	1830. Départ de la flotte française pour Alger. 1841, Prise de Takdempt, Algérie. 1844. Occupation de Laghouat, Algérie. 1848, Ouverture d'une enquête sur la question du travail. — 1846, Louis-Napoléon s'échappe de Ham déguisé en menuisier.
26	s. Quadrat.	1830, Défense de Boudouaou, Algérie. 1831, Bataille d'Ostrolenka, entre les généraux Skrzynecky et Diebitch. 1837, Expédition contre les Issers et Amaraouas. Algerie. 1848, Décret de Bannissement de la famille d'Orléans. — Sarrut demande le rappel de la fam. Bonaparte. 1849, L'Assemblée nat. se sépare en criant vive la République.
27	s. Ildevert.	1832, Prise de Saint-Jean-d'Acre, par Ibrahim-Pacha. 1836, Combat de Beni-Mered, Algérie. 1848, Arrestation de Blanqui.
28	s. Germain.	1832, Compte-rendu de 136 députés de l'opposition. 1845, Incendie de Québec. 1849, Le roi de Saxe dissout ses chambres. — Première séance de l'Assem. législative. Point d'acclamations.
29	s. Maximin. *V. J.*	1841, Prise de Rusilah, Algérie. 1849, L'Ass. acclame la République.
30		1837, Mariage du duc d'Orléans. 1840, Combat du bois des Oliviers, Algérie. 1844, Funérailles de Jacques Laffitte. — Commencement des hostilités des Marocains.
31	s^e^. Pétronille.	1830, Fête au Palais-Royal. Désordres dans le jardin. 1847, Combat contre les Beni-Yala, Algérie. — 1850, Loi restrictive du suffrage universel.

JUIN.

		ÉPHÉMÉRIDES POLITIQUES ET MILITAIRES DE 1830 A 1851.
1	s. Pamphile.	1832, La duchesse de Berry se réfugie à Nantes. 1837, Traité de la Tafna, entre le général Bugeaud et Abd-El-Kader. 1846, Mort de Grégoire XVI.
2	s. Pothin.	1848, Le citoyen Thomas qualifie de *hochet* la décoration de la Légion-d'Honneur.
3	s^e^. Clotilde.	1831, Ordonn. sur les contributions foncières et mobilières.
4	PENTECOTE.	1831, Léopold est proclamé roi des Belges. 1840, Expédition de Milianah, Algérie.
5	s. Boniface.	1832, Enterrement du général Lamarque et émeute dans Paris. 1849, Arrestation de Proudhon.
6		1832, Barricades dans Paris et combat du Cloître Saint-Merry.— Mise de la ville en état de siége. — Licenciement des écoles Polytechnique et d'Alfort.—Les saints-simoniens adoptent un costume et s'installent à Ménilmontant. 1849, L'assem. nat. allemande se transporte de Ffort à Stuttgard.— Message de Louis-Napoléon.
7	s. Lié.	1842, Combat contre les Hanenchas, Algérie. 1845, Mort de l'amiral Gourbeyre. 1848, Loi interdisant les attroupements.
8	s. Médard.	1833, La duchesse de Berry quitte Blaye. 1845, Mort du général Jackson. 1846, Exécut. de Lecomte. 1847, Combat entre les Russes et les Circassiens.
9	s^e^ Pélagie.	1830, Ordonnance sur les rentes achetées par la caisse d'amortissement.
10		1833, Ouverture du musée de Versailles. 1840, Loi sur les restes de l'empereur Napoléon. 1846, Combat de Sidi-Bouchama, Algérie. 1847, Billets de Banque de 200 fr. 1849, Mort de Bugeaud.
11	s. Barnabé.	1831, Toll remplace, en Pologne, Diebitch, mort subitement. 1832, Ordonnance qui approuve les modifications apportées aux statuts des caisses d'épargne. 1849, 102 représentants proposent la mise en accusation de Louis-Napoléon et de ses ministres.
12	s^e^ Olympe.	1835, Loi accordant 25 millions aux Etats-Unis. 1847, Mort de Ballanche. 1848, Ordre donné aux préfets, par le ministre de l'intérieur, pour l'arrestation de Louis-Napoléon.

JUIN.

		1849, Rejet de la mise en accusation proposée le 11.
13	s. Ant. de P.	1831. Mort subite du grand-duc Constantin. 1845. Incendie de Fayetteville, aux Etats-Unis. 1849, Manifestation populaire comprimée par le général Changarnier. 7 Représentants sont arrêtés au Conservatoire des Arts-et-Métiers. — Un bataillon de garde nationale saccage deux imprimeries, sept cents arrestat. sont faites dans Paris.—6 Journaux sont sup. — Mise de Paris en état de siége.
14	s. Ruffin.	1830, Débarquement de l'expédition française à Sidi-Feruch, Algérie. 1837, Désastres qui terminent la fête donnée à l'occasion du mariage du duc d'Orléans. 1845, Traité de commerce entre la France et le roi de Naples. 1846, Inauguration du chem. du Nord.
15	s. Modeste.	1845, Attaque de Tamatave, à Madagascar, par les Français et les Anglais. 1847, Troubles à Parme. 1849, Mise en état de siége de Lyon et de la division militaire dont cette ville est le chef-lieu. — Soulèvement comprimé.
16	s. Cyr.	1830, Ordonnance sur la gendarmerie. 1849, L'Ass. commence d'autoriser les poursuites contre ses memb. pour l'attentat du 13 juin.
17	s. Avit.	1832, Recrudescence du choléra. 1842, Expédition de Tebessa, Algérie.
18	s^e Marine.	1845, Le colonel Pélissier incendie les cavernes du Dahra, où s'étaient réfugiés les Ouled-Réah, Algérie. 1849, Suspension de divers journaux. — Ancône se rend aux Autrichiens.
19	s. Gerv. s. Prot.	1830, Combat de Staoueli, Algérie. 1845, Loi autorisant une banque à Alger. 1849, Suspension des clubs. — Dissolution de l'artillerie de la garde nationale.
20	s. Sylvère.	1833, Loi sur l'expropriation. 1846, Troubles à Nancy pour du pain. 1847, Prise de Zorebro, forteresse russe, par les Circassiens. 1848, Crédit de 3 millions pour dissoudre les ateliers nationaux.
21	s. Leufroy.	1847, Combat contre les Ouled-Aldoun, Algérie. 1849, Insurrection de la Guadeloupe. — Défaite des Hong. par les Austro-Russes.
22	s. Paulin.	1843, Surprise du camp d'Abd-El-Kader, à Médrissa-Arbia.
23	s. Jacq. V. J.	1844, Emeute à Athènes. 1848, Insurrection dans Paris. 1845. Loi sur les caisses d'épargne. 1836. Loi de douanes
24	s. *Jean-Bapt.*	1839, Bataille de Nézib, gagnée sur les

JUIN.

		Turcs par Ibrahim-Pacha. 1848, Suite de l'insurrection de Paris. Mise de la ville en état de Siége. Délégation du pouvoir exécutif au général Cavaignac.
25	s. Prosper.	1836, Attentat d'Alibaud contre Louis-Philippe. 1848, Suite de l'insurrection de Paris. —Mort malheureuse de l'archevêque de Paris. —Assass. du général de Bréa.— Interdiction de plusieurs journaux par le général Cavaignac. 1849, Carlsruhe se rend aux Prussiens.
26	s. Babolein.	1833, Traité d'alliance entre la Russie et la Turquie. 1835, Combat de Mouley-Ismaïl, Algérie. 1848, Fin de l'insurrection de Paris.—Commission d'enquête pour rechercher les causes de l'attentat du 15 mai et de l'insurrection de Juin.
27	s. Crescent.	1847, Inauguration, à Breslaw, de la statue équestre de Frédéric-le-Grand. 1848, Décret relatif à la déportation des insurgés.
28	s. Loubert. *V. J.*	1835, Combat de la Macta, Algérie. 1838, Couronnement de la reine Victoria. — Les Pairs rejettent la conversion du 5 pour cent. 1848, Vote de l'Assemblée nationale qui déclare que le général Cavaignac a bien mérité de la patrie. 1849, L'Autriche émet des bons à cours forcé.
29	*s. Pierre, s. P.*	1832, Mort de Chaptal. 1848, Crédit de 3 millions pour secours aux gardes nationaux blessés et aux familles de ceux qui ont succombé.
30	Com. s. Paul.	1840, Loi de prorogation du privilége de la Banque de France. 1847, Occupation d'Oporto par les troupes alliées.

JUILLET.

		ÉPHÉMÉRIDES POLITIQUES ET MILITAIRES DE 1830 A 1851.
1	s[e] Eléonore.	1831, Combat d'Ouara, Algérie. 1839, Mort du sultan Mahmoud.
2	*Visit. N. D.*	1848, Dissolution des ateliers nationaux. 1849, Prise de Rome. 1850, Mort de Robert Peel. — Loi en faveur des animaux domestiques.
3	s. Thierry.	1833, Occupation d'Arzew, Algérie. 1840, Loi des sucres. 1840, Incendie de Smyrne. 1849, Entrée des Français dans Rome.
4	s[e]. Berthe.	1830, Prise du fort l'Empereur, à Alger. 1834, Emeute à Philadelphie. 1847, Mort du docteur Pariset.
5	s[e]. Zoé.	1830, Prise d'Alger. 1848, Crédit de 3 millions pour associations, soit entre ouvriers, soit entre patrons et ouvriers. — Mort de Châteaubriand. 1850. Loi sur l'avancement dans les fonctions publiques — Décret sur les ventes de substances vénéneuses.
6	s. Tranquille.	1836, Combat de la Sickak, Algérie. 1846, Dissolution de la Chambre. 1848, Les colonels des légions de la garde nationale de Paris, demandent qu'il ne soit point décerné à celle-ci de distinctions honorifiques et qu'il soit suffisant pour elle d'avoir bien mérité de la patrie. — Combat contre les M'Zaias-Fouagas, Algérie.
7	s[e]. Aubierge.	1849, Désarmement de la garde nationale romaine.
8	s. Procope.	1846, Catastrophe du chemin de fer du Nord.
9	s. Cyrille.	1836, Condamnation d'Alibaud. 1850, Mort du général Taylor, président des Etats-Unis.
10	s[e]. Félicité.	1847, Traité entre la France et Brême, pour l'extradition des criminels. 1848, Décret qui accorde une pension de 250 fr. aux gardes mobiles décorés. 1850, Mariage du comte de Montemolin et de la princesse Caroline de Naples. — Loi sur les contrats de mariage.
11	Tr. s. Benoît.	1831, L'amiral Roussin devant Lisbonne. 1835, La Cour des Pairs divise l'affaire d'avril en diverses catégories. 1836, Exécution d'Alibaud. 1849, Bataille de Comorn. — Les Autrichiens entrent à Bude et les Russes à

JUILLET.

		Pesth. 1850, Mise en état de siége de la Guadeloupe.
12	s. Gualbert.	1835, Les accusés d'avril renfermés à Ste-Pélagie, s'évadent. 1839, Condamnation de Barbès et de ses co-accusés.
13	s. Eugène.	1842, Mort du duc d'Orléans. 1849 Prise de Temeswar par les Hongrois.
14	s. Bonaventure.	1831, Convention entre l'amiral Roussin et le commandeur Castello-Branco. — Décret de don Miguel portant acceptation des conditions imposées par la France.
15	s. Henry.	1836. Prise de la Calle, Algérie. 1840. Signature d'un traité avec l'Angleterre, la Russie, la Prusse et l'Autriche, contre l'Egypte. — Loi autorisant 6 chem. de fer. 1847. Découverte d'une conspiration à Rome. 1849, Défaite des Austro-Russes, par les Hongrois, à Waitzen. — Le général Oudinot rétablit Rome l'autorité papale. 1850, Loi sur les associations de secours mutuels.
16	s. Eustate.	1849, Prise de Fribourg, par les Prussiens. — Loi de cautionnement et timbre des journaux.
17	s. Alexis.	1844, Abdication de Méhémet-Ali.
18	s. Clair, év.	1831, Manifeste de l'empereur de Russie, relatif aux insurrections causées par le choléra.
19	s. Vincent de P.	1844, Décret du roi de Naples qui met hors la loi tous les Siciliens réunis en bandes armées. 1845, Incendie de New-York. — Défaite des troupes buénos-ayriennes, par le général Lopez. 1848, Admission gratuite dans les écoles polytechnique et militaire.
20	s°. Marguerite.	1847, Ouverture du chemin de fer d'Orléans à Vierzon et à Bourges. 1848, Règlement définitif du budget de 1845.
21	s. Victor.	1847. Explosion du magasin d'artifice de Rochefort. — Reconnaissance, par l'Espagne, de la République de Bolivie.
22	s°. Madeleine.	1832, Mort du duc de Reichstadt. 1836, Armand Carrel est blessé mortellement, dans un duel avec Emile de Girardin. 1848, Emprunt de 13,141,500 fr. de rente, à 5 p. 100 au cours de 75 fr. 25 cent.
23	s. Apollinaire.	1831, Discours d'ouv. de Louis-Philippe aux chambres. 1849, Rastadt se rend aux Prussiens. — Affectation de Belle-Isle en mer aux transportés.
24	s°. Christine.	1833, Prise de Lisbonne par l'armée de Dona Maria. 1836, Mort d'Armand Carrel. 1843, Défense du camp de l'Oued-El-Hamacan

JUILLET.

		1847, Traité entre la France et la Perse. 1849, Le général Dembinsky bat les Russes à Gyougios. — Les Austro-Russes évacuent Pesth. 1850, Bataille d'Idsted, entre les Danois et les troupes de Schleswig-Holstein.
25	s. Jacq. le maj.	1830, Ordonnances royales contre-signées par le ministère Polignac. 1832, Condamnation de 27 conspirateurs de la rue des Prouvaires. 1846, Mort de Louis Bonaparte, ex-roi de Hollande.
26	Tr. s. Marcel.	1830, Occupation de Bone, Algérie. — Publication des ordonnances de Charles X. 1833, Le maréchal Bourmont échoue devant Oporto.
27	s. Pantaléon.	1830, Révolte dans Paris. Protestation de 32 journalistes. 1849, Loi restrictive de la liberté de la presse. 1850, Décret relatif à la vente des journaux.
28	s^{e}. Anne.	1830, Suite de la Révolte de Paris. — Barricades. Drapeau tricolore, Mise en état de siége. 1833, Occupation de Mostaganem. 1835, Machine infernale de Fieschi tuant le maréchal Mortier et dix autres. 1848, Décret sur la police des clubs. 1849, Rentrée du grand-duc à Florence. — Prorogation de l'Assemblée législative.
29	s^{e}. Marthe.	1830, Suite de la révolution de Paris. — Révolte et victoire du peuple à Lyon. Charles X se retire à St-Cloud. Prise des Tuileries. — Commission municipale à l'Hôtel-de-Ville, composée de Perrier, Lobau, Schonen Audry, Mauguin. 1846, Henry tire sur Louis-Philippe, 1850. Loi sur la police des théâtres.
30	s. Abdon.	1830, Délibération de la Chambre des députés en faveur du duc d'Orléans. 1849, Ouverture des chambres à Turin.
31	s. Germ. l'Aux.	1830, Le duc d'Orléans est proclamé lieutenant-général du royaume par 91 députés. — Charles X se retire successivement de St-Cloud, à Trianon et à Rambouillet. 1848, Les plans de Proudhon sont repoussés par 691 voix contre 2. 1849, Le général Bem est battu par les Russes. — Les Prussiens occupent Francfort.

AOUT.

		ÉPHÉMÉRIDES POLITIQUES ET MILITAIRES DE 1830 A 1851
1	se. Sophie.	1830, La commission municipale de Paris résigne ses pouvoirs entre les mains du duc d'Orléans, lieutenant-général du royaume.
2	s. Etienne, p.	1830, Abdication de Charles X en faveur du duc de Bordeaux. 1831, Le roi de Hollande attaque la Belgique. 1845, Incendie du Mourillon, à Toulon. 1849, Mort de Méhémet-Ali. 1850, Signature à Londres, du protocole relatif aux affaires du Danemark.
3	se. Lydie.	1830, Le peuple de Paris marche sur Rambouillet. — Charles X se retire à Maintenon.
4	s. Dominique.	1847, Funérailles d'O'Connell à Dublin. 1848, Décret sur l'entretien gratuit de 120 élèves de l'école normale supérieure. 1849, Les Hongrois s'emparent de Raab.
5	s. Yon.	1849. Le général Haynau bat les Hongrois à Szegedin. Loi sur les jeunes détenus. 1850, Abolition du cours légal des billets.
6	Tr. de J.-C.	1830, Le duc d'Orléans fait passer ses biens sous le nom de ses enfants. 1840, Débarquement de Louis-Napoléon à Boulogne, il est arrêté et enfermé au château de la ville. 1849, Traité de paix entre l'Autriche et le Piémont. 1850, Inondation de Paris, à la suite d'un orage.
7	s. Gaétan.	1830, La chambre des députés ayant déclaré le trône vacant, 219 votants se prononcent pour qu'il soit occupé par le duc d'Orléans, moyennant des modifications à la Charte. 1847, Tremblement de terre en Egypte. 1848, Le général Cavaignac lève la suspension prononcée par lui, précédemment, contre quelques journaux. 1849, Ouverture du Parlement de Berlin. 1850, Arrestation de l'archevêque de Turin, Franzoni, pour refus de sépulture au ministre Santa-Rosa. — Loi sur les jugements de prud'hommes.
8	s. Justin.	1831, Léopold, roi de Belgique, réclame l'appui d'une armée française. 1840, Louis-Napoléon et ses complices sont transportés à Ham.
9	s. Amour.	1830, Louis-Philippe est proclamé roi des Français. Ministres Louis, Guizot, Gérard, Dupont, Rigny, Bignon, Molé. 1833, Mariage de la princ. Louise, fille de Louis-Phil., avec

AOUT.

		le roi des Belges. 1848, Décret sur le cautionnement des journaux. 1849, Rétablissement des tribunaux exceptionnels.
10	s. Laurent.	1830, Charles X se dirige sur Cherbourg. 1847, Naufrage de la frégate *la Gloire* et de la corvette *la Victorieuse*, sur les côtes de Corée. 1848, Crédit de 2 millions pour secours aux citoyens du département de la Seine qui sont dans le besoin.
11	se. Suzanne.	1847, Convention postale entre la France et la Prusse. 1848, Décret concernant les délits de presse. 1849, Kossuth cède la dictature à Georgey.
12	se. Claire.	1836, Soulèvement à Madrid et assassinat du général Quésada. 1847, Emeute à Grenade.
13	s. Hippolyte.	1830, Ordonnance qui arrête que les secrétaires d'Etat des départements ministériels, ne recevront pas d'autres qualification que celle de *Monsieur le ministre*. 1835, Condamnation de Lagrange, Caussidière, Baune, et 46 autres insurgés de Lyon. 1849, Georgey se soumet aux Russes.
14	s. Guer.	1830, Charles X s'embarque à Cherbourg sur le *Great-Britain*. 1840, Refus de Soliman Pacha d'évacuer Beyrouth. 1844, Bataille de l'Isly. 1848, Combat du Zouagah, Algérie.
15	Assomption.	1831, Le peuple de Varsovie égorge plusieurs généraux qu'il accuse de trahison. 1844, Bombardement de Mogador.
16	s. Roch.	1830, Procès-verbal relatif à l'embarquement de Charles X. 1831, Krucowiecki est nommé président de la Pologne.
17	s. Mammès.	1848, Reprise par l'Etat du chemin de fer de Paris à Lyon.
18	se. Hélène.	1847, Assassinat de la duchesse de Praslin par son mari. 1849, Lettre de Louis Napoléon au colonel Edgar Ney.
19	s. Louis, év.	1845, Dévastations causées par une trombe, dans la vallée de Monville et à Malaunay. 1849, Fuite des généraux Bem et Guyon. 1850, Mort du romancier Honoré de Balzac.
20	s. Bernard.	1847, Défaite des Mexicains par le général Scott.
21	s. Privat.	1830, Ordonnance portant création d'une commission pour examiner et constater la situation commerciale et industrielle du pays.
22	s. Symphorien.	1848, Décret relatif aux concordats amiables. 1849, Trois corps de l'armée hongroise se rendent aux Austro-Russes.

AOUT.

23	s. Sidoine.	1848, Décret concernant les prêts sur dépôt de marchandises.
24	s. Barthélemy.	1848, Diminution de la taxe des lettres.
25	s. Louis.	1830, Emeute à Bruxelles. 1842, Défense de Bougie, Algérie. — Autorisation de poursuites contre Louis Blanc et Caussidière.
26	s. Zéphirin.	1830, Le duc de Bourbon est trouvé pendu dans sa chambre. 1842, Combat contre les Hanenchas, Algérie. 1850, Mort de Louis-Philippe.
27	s. Césaire.	1832, Procès des Saints-Simoniens. 1846, Henry est condamné à la déportation. 1847, Explosion du bateau à vapeur le *Cricket*.
28	s. Augustin.	1844, Rejet, par la chambre des Magnats de Hongrie, du projet de réforme des villes libres. 1848, Décret sur les tribunaux de commerce.
29	s. Médéric.	1844, Rejet, par la diète suédoise, du projet concernant l'unité nationale.
30	s. Fiacre.	1830, Barricades à Bruxelles. 1845, Occupation de la ville de Colonia-del-Sacramento, par les Français et les Anglais. 1850, Exécution du professeur Webster aux Etats-Unis. — Manifeste de Wiesbaden.
31	s. Ovide.	1831, Ordonnance sur l'examen de la situation de l'Ecole polytechnique et sur les mesures à prendre pour l'amélioration de cet établissement.

SEPTEMBRE.

		ÉPHÉMÉRIDES POLITIQUES ET MILITAIRES DE 1830 A 1851.
1	s. Leu, s. Gilles.	1830, Le prince d'Orange apaise l'émeute de Bruxelles. 1848, Rétab. de la contrainte.
2	s. Lazare.	1836, Ordonnance relative à Terre-Neuve.
3	s. Grégoire.	1830, Rapp. de la comm. municipale.
4	s^{e}. Rosalie.	1845, Mort de Royer-Collard.
5	s. Bertin.	1830, Amnistie aux marins et ouvriers en état de désertion. — Talleyrand est nommé ambassadeur à Londres.
6	s. Eleuthère.	1831, Victoire de Paskewitch à Wola. 1836, Ministère Molé. 1849, Péterwaradin se rend aux Austro-Russes.
7	s. Cloud.	1848, Insurrection de Naples.
8	s. *Nativ. N.-D.*	1831, Prise de Varsovie par les Russes. 1845, Visite de la reine d'Angleterre à Louis-Philippe, au château d'Eu. 1848. Combat contre les Kabyles de Djessamah, Algérie.
9	s. Omer.	1835, Loi draconienne sur la presse. 1842, Traité entre la France et Pomaré, reine de Taïti. 1847, Manifestation populaire à Milan. 1848, Combat contre les Kabyles de Ben-Azzedin, Algérie. — Rétab. de la journée à 12 heures. — Le calme est rétabli à Naples. 1849, Inaugur. du chemin de fer de Lyon.
10	s^{e}. Pulcherie.	1844, Traité de paix avec le Maroc.
11	s. Hyacinthe.	1840, Bombardement de Beyrouth par les Anglais. 1847, Nomination du duc d'Aumale au gouvernement de l'Algérie.
12	s. Raphaël.	1847, Le duc de Toscane arbore les couleurs nationales. — Mort de Coletti.
13	s. Maurille.	1831. Conférences du baron de Charette et de 13 Vendéens, en Bretagne. 1840. Combat du col d'Ouled-Ibrahim, Algérie. 1841. Combat contre les Kabyles, Algérie. 1847, Incendie de Péra, à Constantinople. 1850, Fuite du gouv. de Hesse-Cassel.
14	Exalt. s^{e}. Croix.	1830, Ordonnance confiant la police des chasses à l'administration des forêts. 1846, Evas. du comte de Montémolin, de Bourges.
15	s. Nicodème. 4 T.	1830, Mort de William Huskisson. — Agitation dans Paris à propos de la Pologne. 1840, Mise en acc. de Louis-Nap. et de 18 complices. 1845, Nauf., à Brest, de la goëlette *la Doris*. 1847, Prise de Mexico par le gén. Scott.

SEPTEMBRE.

16	s. Corneille.	1831, Ordonnance qui prohibe les pelleteries des pays infestés par le choléra.
17	s. Lambert.	1847, Incendie des magasins de la marine à Rochefort. 1849, Ouverture d'un concile à Paris. — Combat de Seriana, Algérie.
18	s. Jean Chrys.	1830, Ordonnance relative à l'organisation de la direction des poudres et salpêtres. 1848, Refus de l'Assemblée nationale, d'abolir la peine de mort en matière criminelle.
19	s. Janvier.	1847, Démolition de la colonne de Gerby, construite avec des têtes de chrétiens. 1848, Crédit de 50 millions pour coloniser l'Algérie.
20	s. Eustache.	1847, Arrivée à Paris de Mirza-Méhemmed-Ali Khan, ambassadeur persan.
21	s. Mathieu.	1850, Supp. de la lib. de la presse à Florence.
22	s. Maurice.	1830 Emeute et barricades à Bruxelles. 1837, Défense du camp de Medjezammar, Algérie. 1845, Combat de Ben-Tijour, Algérie. 1848, Combat contre les Beni-Achour, Alg.
23	s^e. Thècle.	1830, Suite de l'insurrection de Bruxelles. 1845, Combat de Dar-El-Foul, Algérie.
24	s. Andoche.	1830, Suite de l'insurrection de Bruxelles.
25	s. Firmin.	1830, Les Hollandais abandonnent Bruxelles. 1848, Refus de l'Ass. nationale d'établir des impôts progressifs.
26	s^e. Justine.	1845, Défense du marabout de Sidi-Brahim, Algérie. 1847, Combat entre les Russes et les Circassiens.— Prise, par les Russes, de la forteresse de Salti, dans le Daghestan. 1848, Conspiration républicaine a Madrid.
27	s. Côme, s. D.	1849, Comorn capitule avec le général Haynau.
28	s. Vinceslas.	1840, Commencement du procès de Louis-Bonaparte et de ses complices devant les pairs. 1845, Combat du marabout de Sidi-Moussa, Algérie.
29	s. Michel.	1833, Mort de Ferdinand VII, roi d'Espagne. — Occupation de Bougie. 1850, Fêtes de l'agriculture et des arts, à Bruges.
30	s. Jérôme.	1846. Agitation au faubourg St.-Antoine. 1847, Démonstration populaire à Turin. 1848, Déport. par l'Angleterre de 30 chartistes.

OCTOBRE.

		ÉPHÉMÉRIDES POLITIQUES ET MILITAIRES DE 1830 A 1851.
1	s. Remi.	1833, Combat d'Aïn-Beïda, Algérie. 1849, Entrée des Autrichiens à Comorn.
2	Sts Anges Gard.	1832, Combat de Bouffarick, Algérie.
3	s. Cyprien.	1848, Décret relatif à l'enseig. agricole.
4	s. Franç. d'A.	1847, Attaque de Gigelly par les Kabyles, Algérie.
5	s. Constant.	1837, Combat de Méhéris devant Constantine, Algérie. 1850, Assaut de Friedrichstadt, par les Holsteinois.
6	s. Bruno.	1840, Cond. de Louis-Nap. et de ses complic s. 1846. Rév. à Genève. 1848, Révolution de Vienne. — Assassinat du gén. Latour.
7	s. Serge.	1830, Ordonnance qui autorise la vente en sol et en superficie des bois à aliéner.
8	s. Thaïs.	1738, Occupation de Stora, Algérie. 1841, Combat de Chab-El-Golta, Algérie. 1848, Nouvelle constitution de la Hollande.
9	*s. Denis.*	1831, Assassinat du comte Capo-d'Istria, président de la Grèce. 1840, Occupation de Beyrouth par les Anglais.
10	s. Paulin.	1846, Ouragan désastreux à la Havane. — Mariage du duc de Montpensier. 1849, Commencement du procès devant la haute-cour de Versailles, de Huber, acc. du 15 mai, et de 67 accusés du 13 juin, dont 36 contumaces.
11	s. Gomer.	1832, Minist. de Broglie, Guizot et Thiers 1847, Prise de possession de l'état de Lucques, par le duc de Toscane. 1848, Abrogation de l'art. 6 de la loi de 1832, relative au bannissement de la famille Bonaparte. — Refus de Crédit foncier. 1850, Mort de la reine des Belges, fille de Louis-Philippe.
12	s. Vilfride.	1833, Attaque du marabout de Gouraya, Algérie. 1836, Combat de Madéra, Algérie. 1837, Mort du général Damrémont, devant Constantine. 1844, Décret qui autorise la reine Christine à épouser l'officier Munoz. 1849, Condamnation de Huber.
13	s. Gérant.	1830, Les réfugiés espagnols rentrent en Espagne. 1837, Prise de Constantine par le général Valée.
14	s. Caliste.	1830, Ordonnance sur les statuts des caisses d'épargne.
15	s. Gal.	1831, Traité entre la Belgique et la Hollande.

OCTOBRE.

16	sᵉ. Thérèse.	1847, Troub. à Pise. 1848, Em. et barr. à Berl.
17	s. Cerbonet.	1836, Mise en liberté des ministres Peyronnet et Chantelauze. 1847, Catastrophe sur le chemin de fer de Cologne à Berlin. — Troubles à Sienne.
18	s. Luc, évang.	1830, Protest du gouv. prov. de la Belgique, contre la proclam. du prince d'Orange. 1846, 7 Dép. sont inondés par la Loire.
19	s. Savinien.	1846, Loi du gouv. autrichien sur la propriété littéraire. 1848, Levée de l'état de siége de Paris.
20	s. Caprais.	1830, Congrès à Londres.
21	sᵉ. Ursule.	1830, Proclamation du gouvernement belge, relative à l'exportation des grains.
22	s. Mellon.	1832, Convention entre la France et l'Angleterre pour obliger la Belgique et la Hollande à la paix. 1847, Prise de possession du territoire de Fivizzano, par les troupes modénaises. — Troubles à Nice.
23	s. Hilarion.	1832, Procès de 22 insurgés du Cloître St.-Merry. 1847, Destruct. de la ville d'Atlixco, au Mexique, par un tremb. de terre. 1848, Le gén. Windischgraetz cerne Vienne. — Vote de la constitution par l'Assemb. constituante qui se refuse à la faire voter par le peuple.
24	s. Magloire.	1844, Traité de commerce entre la France et la Chine.
25	s. Crép. s. Cr.	1831, Discussion des salaires à Lyon. 1845, Incendie de la ville des Dardanelles. 1847, Troubles à Florence.
26	s. Rustique.	1830, Bomb. d'Anvers par le général Chassé.
27	s. Frument.	1830, Projet de constitution belge.
28	s. Simon, s. J.	1836, Louis-Nap. à Strasb. 1839, Passage des Bibans ou des Portes de fer. 1848, Le général Windischgraetz bombarde Vienne.
29	s. Faron.	1848, Emeute à Gênes.
30	s. Lucain.	1836, Louis-Napoléon soulève un régiment à Strasbourg. Il est arrêté avec 7 complices.
31	s. Quentin.	1832, Cond. de Jeanne à la déportation et de 5 autres insurgés à des peines diverses; acquittement du reste. 1848, La ville de Vienne est prise d'assaut par le général Windischgraetz. 1849, Message de Louis-Nap. à l'Ass. nat., remplac. du ministère Barrot par d'Hautpoul et autres.

NOVEMBRE.

		ÉPHÉMÉRIDES POLITIQUES ET MILITAIRES DE 1830 A 1851.
1	TOUSSAINT.	1847, Inauguration du chemin de fer de Varsovie à Cracovie.
2	*Trépassés.*	1830, ministère Laffitte. — Ouv. du Parl. anglais. 1846, Mort de Duperré. 1847, Prop. à la diète de Bavière pour l'émancip. des Israël.
3	s. Marcel.	1849, Occ. de St.-Jean-d'Acre par les Angl.
4	s. Charles.	1830, Conférences de Londres. 1848, Adoption définitive de la constitution française.
5	s. Zacharie.	1840, Mort de Kurruck-Sing, roi de Lahore.
6	s. Léonard.	1836, Mort de Charles X à Goritz.
7	s. Florent.	1832, Arr. de la duch. de Berry, à Nantes d'où elle est conduite à Blaye. 1846 Mar. du duc de Bordeaux avec M.-Thérèse de Modène
8	s^{es}. Reliques.	1847, Edit du duc de Modène contre les rassemb. — Incendie de la ville de Chagres.
9	s. Mathurin.	1836, Louis-Napoléon est amené à Paris et mis dans une maison de correction. 1847, Mort du général Bertbezène.
10	s. Just.	1830, Ouverture du congrès National à Bruxelles. 1834, Ministère de 3 jours.
11	s. Martin.	1843, Combat de l'Oued-Malah, Algérie. 1849, Mise en liberté des détenus de Belle-Isle, moins 500. — Prop. de Mayotte et des Marquises pour lieu de déportation
12	s. René.	1848, Fête de la Constitution. 1836, Le gouv. décide que Louis-Napoléon sera extrait de prison et expédié aux Etats-Unis.
13	s. Brice.	1830, Ordonnance portant réorganisation de l'Ecole polytechnique. 1849, Arrêt de Versailles condamnant 17 à la déportation, 3 à la détention ; 11 acquittés.
14	s. Bertrand.	1834, Rentrée du min. du 18 oct. 1847, Occupation de Fribourg par le gén. Dufour.
15	s. Malo.	1832, L'armée française entre en Belgique. — Mort de J. B. Say, économiste. 1844, Mariage du duc d'Aumale. 1848, Loi relative aux associations ouvrières. 1849, Arrêt de Versailles cond. 36 contum. à la déport. — Départ des condamnés pour Doullens.
16	s. Edme.	1847, Tremblement de terre à Batavia.
17	s. Agnan.	1836, Embarquement de Louis-Napoléon sur l'*Andromède*.
18	s^{e}. Odes.	1830, Prise de Blidah. Algérie. — Le congrès belge proclame l'indépendance de la nation.
19	s^{e}. Elisabeth.	1831, Le père Enfantin est proclamé *Père*

NOVEMBRE.

		suprême par les saints-simoniens.—Rassemb. à Lyon. 1832, Att. de Bergeron contre Louis-Phil. allant ouvrir la session. 1839, Combat de la Chiffah, Algérie.
20	s. Edmond.	1846, Constitution républicaine d'Haïti.
21	Présent. N. D.	1830, Passage et combat du col de Teniah. 1831, Insurr. à Lyon. 1845, Ouv. des Etats de Bade. 1847, Incendie du steamer à hélice *le Phœnix*. 1848, Loi concernant les caisses d'épargne et les bons du trésor.
22	s^{e}. Cécile.	1830, Occupation de Médéah, Algérie. 1831, Fin de l'insurr. de Lyon.—La ville se garde elle-même. 1833, Rapport sur le régime financier de l'Université. 1836, Le maréchal Clauzel échoue devant Constantine.
23	s. Clément.	1830, Combat au passage de la Mouzaïa, Algérie. 1831, Mise en liberté des ministres Polignac et Guernon-Ranville.
24	s. Séverin.	1831. Le préfet de Lyon reprend ses fonctions. 1836, Un bataillon du 2e léger, commandé par Changarnier, soutient l'effort des Arabes et protége la retraite de la colonne du maréchal Clauzel. 1847, Installation de la municipalité romaine. — Manifestation populaire à naples.
25	s^{e}. Catherine.	1830, Mort de Rode, célèbre violoniste. 1847, Ordonnance du roi de Naples contre les attroupements. 1848, Nouveau vote de l'Assemblée nationale qui déclare que le général Cavaignac a bien mérité de la patrie.
26	s^{e}. Genev. ard.	1849 Prise de Zaatcha, Algérie.
27	s. Siméon, mér.	1833, Oreilly est cond. à la déportation. 1838, Prise de Saint-Jean-d'Ulloa et de la Vera-Cruz, par l'amiral Baudin et le prince de Joinville. 1848, Manifeste de Louis-Napoléon.— Loi sur les bourses des colléges. 1849, Loi contre les coalitions d'ouvriers pour élévation de salaire.
28		1847, Manifestations populaires.
29	s. Saturnin.	1830, Soulèv. de Varsovie et défaite des Russes. 1832, Ouv. de la tranchée à Anvers.
30	s. André.	1830, Soulèvement de la Pologne. 1831, Traité pour la répression de la traite. 1835, Combat d'Ouled-Mendil, Algérie.

DÉCEMBRE

		ÉPHÉMÉRIDES POLITIQUES ET MILITAIRES DE 1830 A 1851.
1	s. Eloi.	1834, Message insolent de Jackson, relatif à 25 millions réclamés de nous. 1836, L'armée de Constantine rentre à Bone. 1840, Comb. de Merjazergah, Algérie.
2	s. Franç. Xav.	1836, Combat du défilé de la Chair, Algérie. 1846, Mission française au Maroc. 1848, Abdication de l'empereur Ferdinand, en faveur de l'archiduc François-Joseph.
3	s. Eloque.	1831, Soult entre à Lyon. 1833, Combat de Tamzouat. 1835, Combat de l'Habrah, Alg.
4	s^e. Barbe.	1847, Arrêt de la cour crim. de Berlin, contre les Polonais accusés de haute trahison.
5	s. Sabas.	1830, Le gén. Chlopicki est procl. dict. de la Pologne. 1835, Prise de Mascara, Algérie.
6	s. Nicolas.	1830, Proclamation du général Chlopicki.
7	s^e. Fare.	1833, Cond. des conspirat. de Lunéville.
8	*Concept. N.-D.*	1830, Mort de Benjamin Constant. 1835, Prise de Tlemcen, Algérie. 1837, Découverte du complot Huber. 1847, Convention postale entre la France et l'Angleterre.
9	s^e. Gorgonie.	1831, Affaire des fusils Gisquet. 1833, Ratification du traité d'alliance avec la Grèce par le roi de Bavière. 1846, Emancipation, par la France, des esclaves de Mayotte.
10	s^e. Valère.	1830, Occupation d'Oran. — Les ex-minist. de Charles X sont amenés au Luxemb. 1848, Exécut. de Blum. — Elect de Louis-Napoléon comme prés. de la Rép. Loi sur les mariages d'indigents et retraits d'enfants-trouvés.
11	s. Daniel.	1839, Combat de l'Arba, Algérie. 1847, Tentative d'Abd-El-Kader sur le camp marocain.
12	s. Valéry.	1848, Crédit de 2 mill. pour rest. du Louvre. — Mise en état de siége de la ville de Berlin.
13	s^e. Luce.	1846, Ouverture des Etats de Valachie. 1848, Loi sur la contrainte par corps.
14	s. Nicaise.	1830, Occup. de Mers-El-Kébir. — Traité de paix sur les forteresses de la Belgique. 1839, Combat de Blidah, Algérie.
15	s. Mémin.	1830, Procès des min. de Charles X. 1834, Les pairs condamnent le *National*. 1838, Occupation de Sétif, Alg. 1840, Entrée dans Paris des restes de Napoléon.
16	s^e. Adélaïde.	1847, Abolition de la censure en Bavière. 1848; Révolte à Rome. — Les Autrichiens battent les Magyares à Budamir.

DÉCEMBRE.

17	se. Olympie.	1830, Mort de Bolivar. 1832, Acq. des amis du peuple et de Bergeron. 1846, Prise du fort de Fantahoa, à Taïti. 1847, Mort de Marie-Louise, ex-impératrice des Français.
18	s. Gatien.	1830, Convocation de la diète polonaise.
19	s. Timothée.	1836, Etablissement à Valenciennes, d'une chambre de commerce.
20	s. Philogone.	1830, Le congrès de Londres déclare le royaume des Pays-Bas dissout. 1848, Louis-Napoléon entre en fonct. — Ministère Barrot.
21	s. Thomas.	1830, Arrêt de la chambre des Pairs contre les ministres de Charles X.
22	s. Honorat.	1830, Soulèvement du peuple, à Paris. 1832, Bataille de Koniah, gagnée sur les Turcs par Ibrahim-Pacha. 1846, Combat à Torres-Vedras, entre Saldanha et Bomsim.
23	se. Victoire.	1831, Condamnation des saint-simoniens. 1832, Capitulation de la citadelle d'Anvers. 1845, Combat de l'Oued-Temda, Algérie. 1847, Reddition d'Abd-el-Kader. 1849, Jérôme Bonaparte gouverneur des Invalides.
24	se. Delphine. *v.-j.*	1830, Manifeste de l'empereur de Russie sur la révolution de la Pologne.
25	Noel.	1830, La garde nat. est ôtée à Lafayette
26	*s. Etienne.*	1846, Victoire remportée par Ribera sur les troupes de Rosas.
27	*s. Jean évang.*	1831, Abol. de l'hér. de la pairie. 1840, Déf. de l'émir des Mutualis, par Ibrahim-Pacha. 1846, Perte du bateau à vapeur *le Dante.*
28	*Sts Innocents.*	1835, Condamnation des insurgés de Saint-Etienne et autres villes. 1846, Interdiction, à Berne, des assemblées populaires. 1848, Diminution de l'impôt du sel.
29	s. Trophime.	1836, Rapport sur les modifications dans la classification des officiers du corps de la marine. 1847, Explosion du steamer *le Johnson*, près Maysville.
30	s. Sabin.	1847, Mort de la princesse Adélaïde, sœur du roi Louis-Philippe.
31	s. Sylvestre, p.	1830, Mort de madame de Genlis. 1839, Combat de l'Oued-Lallegg, Algérie.

Troisième Partie.

LETTRE DE M. FAUVETY

A L'AUTEUR.

*A M. G***, à Paris.*

Paris, le 1er février 1854.

N'admettons pour vrai que ce qui est évident.
DESCARTES.

Permettez-moi, Monsieur, de vous faire part des réflexions que votre livre si remarquable m'a inspirées. Peut-être vous paraîtront-elles bonnes à quelque chose.

Il me semble que la vérité a deux genres d'ennemis : ceux qui croient trop et ceux qui ne croient pas assez.

Je range dans la première classe tous ceux qui se hâtent d'expliquer par des causes surnaturelles les faits qu'ils ne comprennent point, et dans la seconde tous ceux qui nient *à priori* la réalité de phénomènes faciles à produire ou à vérifier, par cela seul qu'ils ne peuvent pas expliquer ces phénomènes par les données scientifiques dont ils sont actuellement en possession. La première se recrute ordinairement parmi les ignorants, la seconde parmi ceux qui se croient ou s'appellent savants.

On disait jadis : *Noblesse oblige*; pourquoi n'en dirait-on pas autant de la science, qui est la véritable noblesse de notre époque?

Tout homme qui sait et laisse l'erreur se produire librement et se propager à côté de lui est coupable. Tout savant qui voit, dans le domaine de la science qu'il cultive, surgir des phénomènes susceptibles de devenir une source d'erreurs nouvelles ou capables d'étayer de vieilles superstitions, est coupable s'il hésite à étudier ces phénomènes, et ne s'efforce de les expliquer scientifiquement s'ils sont réels, ou de les frapper de discrédit s'ils sont fictifs (1).

Il est temps enfin de flétrir ce placide égoïsme de ceux qui savent et qui se contentent de ne savoir que pour eux. Plus impitoyables que les riches d'argent, qui au moins permettent à l'aumône de prélever sur leurs biens l'obole du pauvre, ces gens-là ne font jamais aux pauvres de l'esprit la moindre charité. Ils connaissent de longue-main l'inanité des préjugés vulgaires ; ils mé-

(1) M. Fauvety n'a pas connaissance, à ce qu'il paraît, d'un article publié par M. Babinet sur les tables tournantes, dans la *Revue des deux mondes* du 15 janvier. Puisque cet académicien a bien voulu s'occuper de la question, les reproches d'indifférence que M. Fauvety adresse à ses confrères ne lui sont point applicables. Mais on va voir s'il n'en est pas d'autres à lui faire :

« Le contact involontaire des extrémités des mains agit sans doute, dit-il, par la communication d'une influence nerveuse insensible. »

Pourquoi alors M. Babinet ne cherche-t-il pas ce que c'est que cette influence nerveuse et d'où elle vient?

« Ce n'est pas tout, dit-il encore, que de faire un miracle, il faut que ce miracle ne soit pas ridicule; si de plus il est en contradiction avec les lois de la nature, il est absurde. »

Saint Augustin disait : *Credo quia absurdum*, et l'Académie des sciences a toujours déclaré que les miracles étaient en contradiction avec les lois de la nature ; c'est ainsi, par exemple, que le soleil arrêté par Josué est un miracle.

M. Babinet se sépare de ses confrères et de l'Église, il veut tout seul que les miracles ne dépassent pas notre raison.

« Il faudra, dit-il enfin, aviser à populariser, non parmi le peuple (*sic*), mais bien dans la classe éclairée, les principes des sciences. »

Ici j'en aurais trop à dire. Je m'abstiens.

L'article de M. Babinet est, du reste, fort agréable à lire ; il a tiré tout le parti possible d'une théorie des mouvements, inventée par lui pour le besoin de la cause, mais que M. Alphonse Karr a complètement détruite dans le *Siècle* du 5 février.

G***.

prisent *in petto* tous ceux qui les partagent, mais ils n'ont garde de diriger le moindre rayon de science dans les consciences troublées par le doute ou obscurcies par la foi. Ne leur demandez même pas de protester, au moins négativement, contre des croyances qu'ils savent fausses et dangereuses. Pourquoi le feraient-ils? Ils ne doivent rien au peuple, pas même un bon exemple; ils ne doivent rien à la vérité, pas même une rectification authentique à l'heure de la mort.

Cependant ceux-là sont les meilleurs qui gardent le silence pendant leur vie et ne mentent qu'à l'état de cadavres. La plupart ne se contentent point de rester neutres et de paraître indifférents; ils s'allient aux défenseurs aveugles des vieilles superstitions; ils transigent avec des erreurs qu'ils appellent respectables parcequ'elles sont anciennes; ils se livrent à *des pratiques* qui n'ont à leurs yeux d'autre valeur morale que de leur procurer des avantages matériels; ils mentent enfin systématiquement à leur conscience et font semblant de croire ce que repousse leur raison.

Mais il en est de plus faibles ou de plus coupables : ce sont ceux qui se laissent entrainer jusqu'à subordonner la science au parti pris de la foi aveugle et qui torturent les connaissancse positives pour les faire s'accorder avec des traditions mensongères ou avec une théologie fantastique. Il est vrai que les malheureux qui se laissent atteler ainsi par derrière au char de la raison ne peuvent plus être classés parmi les savants : ennemis du progrès humain, l'œil fixé sur le passé, qu'ils essaient de faire revivre, toute découverte leur est interdite; apostats de la science — et cette apostasie est la pire de toutes, car si c'est une honte de renoncer à CE QU'ON CROIT, quel crime n'est-ce pas de désavouer *ce qu'on sait?* — ils ont outragé la nature en méconnaissant ses lois, et la nature a fermé pour eux le livre où ils ne savaient plus lire (1).

(1) Il doit être bien entendu que ce que nous disons ici des savants peut s'étendre justement à tous ceux qui cultivent le domaine de l'intelligence et qui s'adressent au public par la chaire, le livre ou le journal : donc les professeurs, les érudits, les littérateurs, *et même les philosophes*.

Si l'on pouvait oublier que les hommes doivent d'autant plus à la vérité que leur capital intellectuel est plus considérable, on trouverait pour les savants une excuse à leur égoïsme dans la couardise générale de notre époque. Combien y a-t-il aujourd'hui de gens, même parmi ceux qui se disent indépendants, qui aient le courage de leur opinion — je ne dis pas en politique : sur ce point chacun paraît comprendre un peu mieux son devoir — mais en philosophie, en morale et surtout en religion? Nos contemporains trouvent-ils donc l'hypocrisie moins honteuse que le faux serment, et leur semble-t-il plus honorable de pratiquer des dogmes auxquels ils ne croient point que de marcher sous un drapeau qui n'exprime pas leurs sentiments politiques?

Pour mon compte, je pense le contraire, et, si je m'abtiens de juger l'homme qui sert le pouvoir lors même qu'il le trouve illégitime, je n'ai que du mépris pour celui qui professe un culte dont il désapprouve les doctrines principales ou dont il n'accepte pas tous les dogmes fondamentaux.

Ce que ceux qui devraient se considérer comme les instituteurs naturels du peuple ne font pas, il faut que les honnêtes gens le fassent dans la mesure de leurs forces. Honte à ceux qui pratiquent — quel que soit d'ailleurs leur bagage scientifique — ce mot atroce d'égoïsme échappé à un littérateur du siècle dernier : « Si j'avais la main pleine de vérités, je ne l'ouvrirais pas! » La vérité, comme le soleil, doit briller pour tous et pour chacun. Plût au Ciel qu'au lieu d'un simple rayon, j'eusse la main pleine de vérités lumineuses, et qu'il me fût permis de les répandre sur le monde; je l'ouvrirais, je l'ouvrirais, dût-on me la couper ensuite!

Vous pensez comme moi, Monsieur, j'en suis sûr; et c'est parceque je vous ai reconnu pour un poursuivant du progrès, un vulgarisateur du vrai scientifique, que je vous écris cette lettre, où vous saurez lire, entre les lignes et sous la critique que j'essaie de vos idées, la profonde estime où je vous tiens et la sympathie fraternelle que vous m'inspirez.

Le phénomène des tables tournantes et parlantes, si surprenant en lui-même, semble s'être produit tout exprès pour condamner la coupable indifférence des savants à l'endroit du magnétisme animal. C'est parcequ'ils ont refusé, depuis tantôt soixante-quinze ans, de reconnaître, dans l'homme, cet agent qui joue un si grand rôle dans les manifestations de la nature vivante, qu'ils sont aujourd'hui complètement impuissants à expliquer ses merveilleux effets. Si, à l'aide de la méthode analytique et expérimentale, la science avait fait sur l'électro-magnétisme humain les mêmes travaux qu'elle a faits sur l'électro-magnétisme terrestre, qui peut dire que la question ne serait pas tout autrement avancée, qui peut dire que la physiologie de l'homme n'aurait pas été éclairée d'une lumière nouvelle et que les lois de la vie et les rapports si peu connus du physique et du moral n'auraient pas été enfin définis aussi positivement que le sont, par l'anatomie, les fonctions de nos muscles et de nos viscères ?

On a vu le somnambulisme, repoussé par les corps savants, méconnu par les classes éclairées, se réfugier dans le peuple et y devenir un moyen d'exploitation industrielle. Manié par l'ignorance et la cupidité, il a fait autant de mal qu'il eût pu faire de bien entre des mains habiles et charitables. Cet état de choses est fâcheux sans doute. Bien des gens ont pu y perdre leur argent et leur santé ; mais ce n'est rien auprès de ce qui peut résulter du phénomène des tables tournantes et parlantes, si l'on ne se hâte d'en donner une explication rationnelle.

Cette explication, on ne peut l'attendre de ceux dont la parole fait autorité, puisque la plupart nient la réalité du phénomène, tandis que les autres, ou se retranchent dans leur égoïsme de savant, ou reculent devant le ridicule dont ils ont eux-mêmes frappé tout ce qui touche au magnétisme.

Et cependant le mal fait des progrès ; la superstition lève la tête de tous côtés et salue l'auxiliaire qui lui arrive. Le magnétisme va témoigner en faveur du diable et de son existence. Les manifestations fluidiques des tables ne prouvent-elles pas la vérité de la doctrine professée si long-temps par l'Eglise et qui lui avait acquis une si grande influence aux siècles d'ignorance ? Si les esprits se manifestent au moyen d'une simple évocation faite autour d'une table, qui peut nier l'existence des sorciers, et si un esprit peut se loger dans un meuble, comment contester la réalité des possessions ? Qu'on s'engage dans cette voie, et bientôt le fanatisme dominera, comme jadis, par la peur du diable et de l'enfer; il y aura des prêtres pour chasser les démons et des bûchers pour brûler les démoniaques.

Si l'on ne croit pas au danger que je signale, on m'accordera bien que toute supposition d'une cause surnaturelle est une abdication de la raison, une démission de la science, et qu'il importe à la dignité humaine de chasser le *surnaturalisme* de ses derniers retranchements. Et si l'on considère que déjà de nombreux exemples d'aliénation mentale sont venus prouver le danger, pour certains cerveaux, de ces prétendues manifestations spirituelles, on comprendra qu'il n'importe pas moins à la raison individuelle qu'à la raison collective de leur trouver une cause naturelle et en quelque sorte physique.

Enfin il m'a semblé qu'à cette époque *palingénésique*, où les vieilles idées meurent pour se transformer, on ne saurait trop s'appliquer à déblayer la route de l'esprit humain de tout ce qui peut faire obstacle à sa marche progessive ou altérer la pureté de la doctrine nouvelle qu'il est en train d'élaborer.

Il n'a pas fallu moins que toutes ces raisons pour me décider à écrire hâtivement sur un sujet qui demanderait de longues années d'étude et de méditation.

Pour me faire pardonner la longueur de ce préambule, je vais m'appliquer à ne dire que ce qui est strictement indispensable pour l'intellignce du sujet.

Voici cependant tout d'abord quelques généralités que je ne puis vous épargner.

Ce qui fait obstacle à l'explication positive des phénomènes naturels, c'est cet *à-priori* qui préside à tous nos raisonnements: Esprit et matière. Dire *esprit et matière*, c'est établir dans les choses une division fictive, un dualisme imaginaire. Cela est si vrai que personne n'a pu donner encore une définition positive de l'esprit. On se borne à dire que l'esprit est tout ce qui n'est pas matière.

Comme on ne sait pas précisément ce que c'est que l'esprit, il en résulte que les limites qui le séparent de la matière ne sont nullement fixées, et que, par conséquent, l'idée que l'on se fait de celle-ci est vague, confuse, incertaine.

Si vous ne pouvez pas me dire où commence l'esprit et où finit la matière, je n'ai que faire de votre division et je me borne à étudier ce qui frappe mes sens.

Je ne sais si l'acception donnée au mot *matière* comprend tous les phénomènes qui peuvent frapper nos organes ; mais, comme je n'en ai pas d'autre à mon service, je me sers de celui-ci en lui attribuant une valeur telle qu'il me représente l'idée de tout ce qui peut être soumis à l'observation positive (1).

Quant au terme ESPRIT, si je n'en ai pas besoin pour expliquer les phénomènes que je me propose d'analyser, je serai fondé à le laisser dans le domaine de l'abstraction métaphysique, où de long-temps encore il ne manquera pas d'adorateurs (2).

J'appelle MATIÈRE tout ce qui est.

La matière m'apparaît sous quatre formes ou états, qui sont, pour moi, autant de divisions propres à me la faire comprendre.

Elle est toujours ou solide, ou liquide, ou gazeuse, ou fluidique.

Pour la définition des trois premiers termes, je vous renvoie à tous les ouvrages de physique. Quant au mot *fluides*, je m'en sers, faute d'un meilleur, pour exprimer ces agents, peu connus jusqu'ici dans leur essence, auxquels on a donné l'épithète très im-

(1) Le mot *substance*, qui se prend à la fois dans un sens physique et dans un sens métaphysique, ne saurait suffire à l'expression de ma pensée C'est un de ces mots, comme en a tant l'idéologie, qui servent à discuter toujours sans se comprendre.

(2) Notez que de l'*esprit* aux *esprits* il n'y a que la différence du singulier au pluriel, et que ceux qui expliquent par l'esprit les phénomènes particuliers de l'organisme humain ne sont pas loin d'expliquer par les esprits les phénomènes généraux de la nature. Il ne serait pas difficile de prouver que le spiritualiste Platon a été le père des esprits. (Qu'on se rappelle le démon familier de Socrate.) *La spiritualité*, qui a régné jusqu'au dix-huitième siècle dans les sciences naturelles, et *la démonologie*, qui a fait si long-temps l'essence même du christianisme, sont nés du spiritualisme philosophique...

propre d'*impondérables* : l'éther, l'électricité, le magnétisme, la lumière, le calorique. Je considère ces prétendus agents comme des états de la matière. Seulement, comme les molécules sont alors d'une extrême ténuité, il est plus difficile d'y constater ses propriétés essentielles.

La matière a plusieurs propriétés apparentes qui varient suivant son état; mais elle n'a que deux propriétés essentielles, *l'étendue et la pesanteur*.

Je consens à mettre en dehors de la matière et à honorer du nom d'*esprit* toute molécule — même imaginaire — qui n'aura pas ces deux propriétés, ou, en d'autres termes, tout objet qu'on pourra se représenter comme n'occupant aucune place dans l'espace ou dans l'immensité : car tout objet qui occupe une place et s'y maintient, quelles que soient d'ailleurs sa ténuité et sa fugacité, a nécessairement une étendue et une pesanteur relatives.

Comme je ne puis comprendre l'infini, j'ignore si la matière est infiniment divisible, mais ce que je sais, c'est qu'il est impossible de fixer des limites à sa ténuité.

Ainsi, au delà de la molécule invisible qui vient d'une grande distance frapper mon odorat, n'y a-t-il pas des molécules bien plus réduites ou bien plus *diluées* qui sont perçues par des organes plus délicats que les miens? Au delà de la 2,500,000,000e partie d'un grain d'arseniate d'ammoniaque, qui se révèle par un précipité jaunâtre obtenu par l'action du nitrate d'argent, répugnerai-je à concevoir une division plus grande, une coloration moins sensible, pouvant frapper une vue plus subtile? Enfin, en dehors de ce que nos sens peuvent percevoir, même en les supposant aidés d'instruments augmentant démesurément leur puissance, que de choses resteront qui, bien que très réelles, ne nous seront jamais connues que par leurs effets? Par exemple, comment soumettre jamais à l'appréciation de nos sens la particule spermatique qui, de l'arbre mâle, se communique, pour le féconder, à l'arbre femelle, en traversant quelquefois d'immenses espaces? comment saisir et distinguer, au milieu du courant d'air atmosphérique, l'atome miasmatique qui transmet d'un pays à un autre la peste, la fièvre jaune ou le choléra? De ces exemples et de mille autres que je pourrais citer je crois pouvoir conclure que : *Quelle que soit l'exiguité d'une molécule perceptible à mes sens, je puis, par la pensée, en supposer de plus exigués et d'autres plus exigués encore.*

Quels que soient les *états* de la matière – solide, liquide, gazeuse ou fluidique — je ne puis la considérer qu'à deux points de vue : active ou passive, en mouvement ou en repos (1).

Je remarque que la matière a d'autant plus de tendance à l'inertie ou à la passivité qu'elle est plus solide, et a d'autant plus de tendance au mouvement ou à l'activité qu'elle est plus fluide. Ainsi les liquides ont plus d'activité et de mouvement propre que les solides, les gaz plus que les liquides, les fluides plus que les gaz.

Une matière inerte et passive peut, en se transformant ou se combinant, passer à l'état de mouvement et d'activité. Ainsi le bois se convertit en feu, du charbon naît le gaz, et le métal produit l'électricité, d'où je conclus que le mouvement n'est pas distinct de la matière, et ne peut être conçu en dehors, séparément et isolément de la matière.

Pour concevoir le mouvement, je suis obligé de me représenter au moins deux objets. L'idée de mouvement est donc corrélative de celle de pluralité.

S'il n'y avait qu'une molécule simple, il n'y aurait pas mouvement. *Où irait-il et d'où viendrait-il?* S'il n'y avait que des molécules toutes semblables, il n'y aurait pas mouvement, car un corps composé de molécules exactement semblables par leur nature, leur forme et leur état, ne formerait qu'une seule et unique molécule, quelle que fût du reste sa grosseur. De ce concept de mon esprit je puis tirer cette double conclusion : « *Que l'identité est la négation du mouvement, et que le mouvement résulte de la différence même des molécules matérielles.* »

Un mouvement peut être neutralisé par un mouvement égal, se dirigeant en sens contraire ; alors il y a équilibre.

Si l'état normal de la matière est le mouvement, sa tendance

(1) La science officielle des écoles fait de l'*inertie* une propriété essentielle de la matière : *Inde mali labes !*

est l'équilibre. C'est là ce repos apparent de la matière que l'on a confondu trop long-temps avec l'inertie.

Je n'admets pas plus l'impénétrabilité de la matière que son inertie. Bien loin d'être impénétrable, la matière peut toujours être pénétrée, de sorte que c'est la qualité opposée qu'il faudrait lui reconnaître, et dire : Il n'est pas de corps qui ne puisse être pénétré soit par un liquide, soit par un gaz, soit par un fluide. Pourquoi un corps est-il dit transparent si ce n'est parcequ'il est pénétré par la lumière? Pourquoi tel autre est-il traversé impunément par l'électricité, tel autre par le magnétisme, tel autre par le calorique? Et, si l'on ne veut pas regarder ces fluides comme des agents matériels, je demanderai qu'on fasse accorder avec l'impénétrabilité des corps le phénomène de l'*imbibition*.

Dans ce fait si général ne voit-on pas les corps solides pénétrés de part en part par la matière liquide ou par la vapeur d'eau, et transformés plus ou moins rapidement en une substance plus ou moins épaisse, plus ou moins liquide, de laquelle se dégage quelquefois sous forme de gaz une matière différente des deux autres? N'appellerez-vous donc corps matériels que les objets qui résisteront à l'imbibition? Mais en trouverez-vous qui ne puissent être dissous par quelque acide ou qui résistent à l'action du feu, à celle de la pile, et qui ne se transforment en se combinant? Dire que les corps sont doués d'*impénétrabilité*, c'est nier le fait des combinaisons chimiques, c'est méconnaître la grande loi du mouvement, dont la résultante est la transmutation moléculaire. Or, c'est là l'œuvre perpétuel auquel se livre la nature et par lequel elle se manifeste sans cesse. Tout est destruction et reformation, c'est-à-dire tout est transformation dans l'univers, et s'il est des corps qui nous paraissent échapper à cette loi, c'est que notre vie ne suffit pas à mesurer la durée du travail qu'ils accomplissent ou que chez eux l'œuvre de la nature nous échappe.

Il me suffit d'ajouter des molécules les unes à la suite des autres pour comprendre que la dernière sera distante de la première. La pluralité me donne donc l'idée de l'espace; mais je ne sais pas ce qui peut me donner l'idée du vide absolu. Si j'ai pu poser un ou plusieurs objets, molécules ou corps, peu importe, en tel ou tel lieu, cela ne prouve pas qu'il n'y eût rien, cela prouve seulement que les objets qui remplissaient auparavant cet espace se sont retirés pour faire place aux nouveaux venus. Ainsi, quand je vide un vase de l'eau qu'il contenait, je le remplis en même temps de l'air atmosphérique qui en opprimait les parois; et si je soutire l'air d'un tube au moyen de la machine pneumatique, ce tube se remplira simultanément et se saturera par tous ses pores de molécules gazeuses ou fluidiques qui, par leur ténuité, échapperont à toute action mécanique. Il est vrai que c'est justement ce dernier fait que contestent ceux qui ne veulent plus voir de matière au delà des gaz. « L'air atmosphérique, disent-ils, une fois soutiré, le vide est fait. » Il serait peut-être possible de prouver le contraire en montrant que la lumière et la chaleur sont transmises à travers des tubes où l'on a fait le vide de l'air, mais ceci a besoin d'être prouvé par des expériences authentiques...

Pour le moment je me borne à avancer, à titre d'hypothèse, *qu'il n'est pas d'espace vide*, et que les intervalles qu'on remarque entre les parties visibles de la matière ne paraissent vides que parceque la matière qui les remplit est trop tenue, trop divisée pour être saisie par nos sens.

— Mais, dira-t-on, si tout était plein dans la nature, si la matière était partout, il n'y aurait plus de mouvement. L'univers dans son ensemble serait immobile, et les corps, resserrés sur tous leurs points, seraient dénués de toute faculté de mobilité et de locomotion.

— Il en serait ainsi, en effet, si la matière n'avait qu'une manière d'être, si elle ne connaissait, par exemple, que l'état solide ou l'état liquide. Dans ce cas il y aurait évidemment immobilité absolue : les molécules, toutes égales et semblables par leur forme et leur composition, se faisant contre-poids, l'équilibre serait complet et éternel. Mais, comme la matière passe, par des combinaisons et des gradations infinies, de l'état solide à l'état liquide, gazeux, fluidique, éthéréen, comme il n'est pas de corps qui ne puisse trouver un milieu moins dense que lui-même pour y exercer librement son action, il en résulte que la matière s'agite sans cesse dans elle-même comme par un *barattement* perpétuel.

Avec la divisibilité et la variété infinie de la matière il n'est plus besoin d'inventer le vide pour comprendre le mouvement. C'est là une abstraction qu'il faut envoyer rejoindre toutes les autres. Je regarde autour de moi, et je vois partout le mouvement s'exercer dans la matière et par la matière même. Ainsi le mouvement s'exerce dans l'eau, dans l'air, sur la terre, dans la terre, à la surface des corps et dans leur centre, et cependant dans tous ces milieux je n'aperçois que de la matière, toujours de la matière. Où est donc le vide? Est-il dans l'eau, où le poisson s'agite supporté par la matière liquide et emporté par son impulsion propre? Est-il dans l'air atmosphérique, dont la science a mesuré l'étendue, reconnu les qualités et distingué les parties composantes? Quant à la terre, vu sa densité et son poids, ce n'est sans doute pas dans son sein qu'on trouvera le vide? Mais, je le vois, disciples de Newton, vous vous réfugiez dans l'espace qui sépare les mondes : c'est là, dites-vous, au delà de l'atmosphère terrestre, qu'est le *vide* immense et sans fin. Trop tard, hélas! trop tard, car voici que vos savants physiciens ont fini par reconnaître que la lumière nous est transmise à travers l'espace par les ondulations de l'éther, c'est-à-dire qu'elle se communique de molécule en molécule grâce à l'ébranlement imprimé par le foyer central à la *matière éthérée* qui remplit l'espace, tandis que vos savants astronomes avouent ne pouvoir expliquer le retard qu'éprouvent certains corps célestes dans leur marche que par la résistance de l'éther. Ainsi, ici-bas, partout des corps, partout de la matière ou solide, ou liquide, ou gazeuse, ou fluidique; au fond de la terre, des gaz et des fluides; au delà de son atmosphère, de l'éther et probablement aussi des fluides. Pas une place qui ne soit occupée par la matière, pas un point où ne s'exerce le mouvement, j'allais dire la vie. Et maintenant où irez-vous chercher le vide, à moins que ce ne soit dans le ciel des chrétiens? Mais là je renonce à vous suivre (1).

Le mouvement détermine les molécules à se réunir selon leurs

(1) Ai-je besoin de dire, Monsieur, que cette apostrophe ne s'adresse nullement à vous, qui n'admettez pas plus que moi le vide absolu? Je n'ai en vue ici que ceux qui persistent encore dans le système newtonien.

affinités réciproques, et il en résulte des agrégations ou des combinaisons qu'on appelle des corps.

L'affinité est une propriété toute physique, qui résulte de la forme *isogone*, de la nature *identique*, et peut-être aussi des mouvements *isochrones* des molécules; on peut la définir : l'action qui s'opère sur les corps par le fait du contact de leurs molécules homogènes ou de leurs atmosphères.

Bien que les corps ne soient que des agrégats de molécules équilibrées par des mouvements plus ou moins conjugués, on peut, en les prenant isolément, les considérer comme des unités distinctes.

Ces unités, quoique soumises à toutes les lois de la matière, ont des fonctions propres et produisent des phénomènes particuliers.

Mais, si l'on considère les corps au point de vue de l'ensemble, on trouve qu'ils ne sont eux-mêmes que les parties constituantes d'une autre unité, que leurs fonctions s'exercent au profit et aux dépens de cette unité, et qu'ils n'en sont eux-mêmes que des manifestations phénoménales.

C'est là ce qu'il ne faut pas perdre de vue en étudiant les corps, même lorsqu'ils paraissent, comme l'homme par exemple, former un tout parfait (1).

Ainsi, si nous considérons la matière dans l'être humain, elle se présente à nos yeux sous ses quatre formes perceptibles : solide, liquide, gazeuse et fluidique. Les combinaisons qu'elle y produit tendent, il est vrai, à constituer une individualité vivante distincte du grand tout, individualité d'autant plus distincte que les combinaisons y sont plus éloignées de l'état rudimentaire, mais qui ne saurait cependant, pas plus que les autres corps, se

(1) C'est pour ne pas avoir tenu compte des liens qui rattachent l'être humain à l'ensemble des êtres terrestres et à toute la nature que les physiologistes n'ont pas su découvrir les fonctions de l'homme dans la vie universelle. C'est aussi pour ne pas s'être placés à ce point de vue que les métaphysiciens ont méconnu la grande loi de l'universelle solidarité, qui offre à la fois *un criterium* de certitude à notre conscience, *un idéal* à notre intelligence, et *une sanction morale* à nos actions.

soustraire au mouvement d'ensemble, pas plus que les autres corps exister indépendamment de la vie générale ou collective.

Les résumés que vous avez donnés, Monsieur, de la doctrine de Mackintosh et du cours de M. Dumas suffisent pour faire comprendre à vos lecteurs le mouvement incessant de transformation que subit la matière dans le cercle qu'elle parcourt. Dans la théorie électrique de Mackintosh particulièrement, les rapports qui lient la vie animale à la vie végétale se trouvent nettement indiqués. Mais pour la démonstration que j'ai entreprise, il nous faut examiner la vie localisée dans l'homme même, voir comment la matière se comporte dans son organisme et ce qu'elle y devient.

En considérant l'individu humain par rapport à la collectivité terrestre, la première chose qui nous frappe c'est sa liaison avec l'atmosphère. C'est à l'atmosphère qu'il emprunte l'oxygène indispensable à sa respiration. Par l'introduction de ce gaz dans ses poumons se produit une combustion qui, en lui donnant une chaleur propre, lui permet de braver impunément les variations de la température générale. C'est encore grâce à l'atmosphère que le sang se vivifie et se colore, d'abord dans les poumons, ensuite par les innombrables vaisseaux capillaires qui viennent s'épanouir à la surface de la peau. Mais, pour produire ce sang qui circule moyennant une espèce de machine hydraulique obéissant à la pression atmosphérique, il faut faire au règne animal et végétal de continuels emprunts. Il est inutile d'entrer ici dans le détail des diverses fonctions que remplit l'organisme humain à son profit et pour son entretien. Inutile de dire comment les aliments introduits dans l'estomac s'y changent en chyme, et se séparent ensuite en deux substances, l'une destinée à être expulsée au dehors par la défécation, l'autre, le chyle, passant par la circulation pour être convertie en sang. Bornons-nous à faire remarquer que ce sang, formé par la partie la plus pure, la plus subtile des aliments, sera distribué par le système artériel à tous les organes pour nourrir leur parenchyme, et que ses molécules les plus quintessenciées seront recueillies, comme par un alambic, à travers les ganglions et la pulpe encéphalique, pour être converties en une substance fluidique destinée à la circulation du système nerveux.

Ce n'est pas tout. L'être humain est organisé pour le mouvement; il a des instruments de locomotion : les os et leurs attaches; il a des organes moteurs : les muscles et les nerfs; mais tout cela lui serait inutile s'il n'empruntait pas au monde externe l'élément primitif et comme le principe même du mouvement. En effet, les divers leviers qui composent le système de locomotion et de mobilité du corps humain ont, en définitive, pour point d'appui la terre, tandis que le levier principal, celui qui, superposé au-dessus de tous les autres, leur imprime le mouvement, est représenté par l'organe cérébro-spinal (le cerveau, le cervelet, la moelle allongée et la moelle épinière), lequel n'exerce l'impulsion qui lui est propre que grâce à la pression exercée sur lui par une couche atmosphérique du poids de 16,000 kil., cette pression agissant ici comme un point de résistance nécessaire à l'équilibre.

Cependant, pour mettre en œuvre l'appareil du mouvement, il faut à l'homme une force, un agent matériel; cet agent matériel est un produit particulier de son organisme dont celui-ci a emprunté les éléments à la nature, à la vie collective. Je m'explique :

Il existe un certain nombre de machines propres à produire de l'électricité; mais il n'en est aucune qui crée, qui invente cette électricité. Toutes se bornent à en emprunter les éléments à la terre ou à son atmosphère et à les transformer par une certaine combinaison de leurs parties.

Les corps vivants et l'organisme humain lui-même ne procèdent pas autrement.

Ainsi la matière que l'organisme humain doit convertir en électricité est empruntée à la terre par la nutrition et à l'atmosphère par la respiration pulmonaire et cutanée. Sans le sang, dont les molécules les plus subtiles vont se répandre dans le cerveau, sans l'oxygène dont ce sang s'est imprégné, et peut-être aussi sans les particules d'éther qui ont pénétré par les pores du crâne, l'élément nécessaire à l'action de la pile encéphalique et à sa continuité ferait complètement défaut.

L'appareil encéphalique présente une perfection dont nos diverses piles et batteries ne peuvent nous donner qu'une bien faible idée; cependant, quels que soient les moyens dont dispose cet organe, il ne peut rien créer dans le sens absolu du mot; il ne peut que transformer la matière. Ceci étant un fait qui se manifeste *universellement*, nous pouvons l'élever à la hauteur d'une loi naturelle et l'énoncer ainsi : *Tout corps vivant peut être considéré comme un appareil destiné à s'assimiler les éléments généraux de la matière et à les transformer en produits nouveaux.* Dès lors, si l'on suppose que tous les appareils puisent à la même source des matériaux identiques, comme le font les êtres qui se meuvent à la surface de la terre, il sera évident que l'appareil le plus parfait donnera le produit le plus parfait. Donnez-moi donc un organisme plus complet, plus parfait que celui de l'homme, et je vous présenterai un fluide plus subtil, plus puissant que le magnétisme humain.

Si la liaison de l'être humain avec la collectivité terrestre est incontestable lorsqu'on approfondit les lois de sa vie organique, il suffit de jeter un coup d'œil sur les fonctions de sa vie de relation pour en être frappé.

Et d'abord les sens sont-ils autre chose que des instruments destinés à mettre le cerveau en rapport direct avec les objets externes? Le cerveau perçoit les sons et les odeurs, distingue les couleurs, reconnaît les objets par le tact et le goût; mais pourrait-il le faire sans les instruments affectés à chacun de ces sens, et ces instruments eux-mêmes à quoi serviraient-ils sans l'excitation produite sur eux par les objets externes?

Les nerfs de la vision, de l'odorat, du toucher, du goût et de l'ouïe, sont disposés de manière à se trouver en parfait rapport avec les manifestations physiques qu'ils ont à transmettre au cerveau. Il n'est pas nécessaire d'entrer ici dans les détails anatomiques de ces divers appareils, pas plus que de suivre dans ses merveilleux procédés cette grande loi de la nature qui veut que la fonction crée et développe son organe. Tout ce qu'il importe de faire remarquer, c'est que, sans le courant qui s'établit, au moyen des nerfs affectés aux organes des sens, entre l'objet externe et le cerveau, il n'y aurait pas perception; que ce courant est matériel, étant composé de molécules fluidiques; qu'il a son point de départ dans le cervelet, qui peut être considéré comme l'organe du mouvement, et son point d'arrivée dans le cerveau, où se fait la perception et la combinaison des idées.

Si un certain nombre de personnes, assises autour d'une table, veulent se servir de leurs mains pour lui imprimer un mouvement de rotation, les muscles de la main, remués par le fluide que les nerfs du mouvement leur ont transmis, communiqueront à la table l'impulsion qu'ils ont eux-même reçue. Ici la puissance impulsive ne viendra donc pas des muscles eux-mêmes, mais bien de l'agent que leur ont apporté les nerfs conducteurs du mouvement. Depuis Galvani des milliers d'expériences, en mettant ce fait hors de doute, ont établi que cet agent du mouvement avait la plus grande analogie avec le fluide électrique, et que celui-ci, en pareil cas, se comportait exactement de même.

Supposons maintenant que les personnes en question soient privées de l'appareil musculaire et possèdent uniquement des filets nerveux propres à servir de conducteurs au fluide produit par l'organe du mouvement.

L'agent qui a déterminé l'impulsion, privé du levier dont il disposait tout à l'heure, sera sans doute impuissant à remuer un corps pesant, et la somme de fluide qu'il représente, au lieu d'être employée à produire un résultat dynamique, se séparera et ira se perdre dans l'espace.

Cependant, s'il est prouvé que cet agent est matériel, et que, comme tous les corps matériels, il est doué de pesanteur et d'étendue, pourquoi ne se comporterait-il pas à l'égard d'un autre appareil comme il se comporte à l'égard des muscles, et pourquoi n'y déterminerait-il pas le mouvement si l'on pouvait faire que le poids à soulever fût toujours moindre que la force impulsive ?

A défaut d'un outil propre comme les muscles à multiplier la force d'impulsion, il est arrivé que l'on a trouvé, par hasard — comme l'on trouve presque tout — qu'en se réunissant un certain nombre autour d'une table et y posant les mains, on pouvait, sans le secours des muscles, produire dans cette table un certain mouvement, et que ce mouvement suivait la direction que les volontés réunies et convergentes lui avaient d'avance imposé.

Pour expliquer ce phénomène purement physique, les uns eurent recours à des suppositions d'entités spirituelles qui ne diffèrent des anciennes créations théologiques que par les noms qu'on leur a attribués, tandis que les autres — c'est-à-dire les *gens instruits*, qui se croient obligés de ne rien apprendre depuis qu'ils ont quitté les bancs de l'école, et les *gens sérieux*, qui nient *à priori* tout ce qu'ils ignorent — déclarèrent que le fait n'existait point, que ceux qui faisaient tourner les tables étaient des charlatans ou des dupes, et trouvèrent parmi eux des savants de société qui inventèrent la théorie des mouvements involontaires. Cette explication négative, depuis surtout qu'elle a reçu l'estampille académique, paraît avoir été adoptée par beaucoup d'hommes de bon sens, à qui l'on n'offrait que cette alternative : ou nier le phénomène, ou croire au surnaturalisme....

Pour mon compte, comme je ne puis m'empêcher d'accepter le fait en lui-même, et comme je fais profession de ne croire à aucune espèce de miracle, même quand on me dit que c'est Dieu qui en est l'auteur, j'ai toujours été convaincu que le phénomène des tables tournantes devait se trouver d'accord avec les véritables qualités de la matière et avec les lois physiologiques de l'organisme humain. En effet, conséquent avec les principes généraux précédemment posés, *j'affirme que, la table recevant, par les mille papilles nerveuses qui viennent s'épanouir à l'extrémité des doigts et à la paume des mains, le fluide envoyé par l'organe du mouvement, ce fluide pénètre dans les pores du bois comme il pénètre dans le parenchyme de nos organes ou dans la fibre musculaire, que ce bois finit par en être saturé, et que, l'impulsion se faisant sentir d'une façon continue et dans une direction déterminée par la convergence de toutes les volontés, il n'est pas étonnant que la table obéisse à la pesanteur que lui impriment tant de molécules accumulées.*

Ici le fluide se comporte exactement comme il le fait lorsqu'il emploie ses outils ordinaires, les os, les tendons, les fibres musculaires : en pareil cas, lorsqu'il rencontre une résistance qu'il a de la peine à surmonter, il fait appel à l'organe producteur du mouvement et aux filets nerveux qui le distribuent : il concentre, il accumule sur le bras du levier, et notamment sur son extrémité, toute la somme de fluide qu'il a pu recueillir, et, lorsqu'il est parvenu à produire une force plus grande que la résistance du poids à soulever, le mouvement se manifeste au dehors et l'obstacle est vaincu.

Mais on n'a pas tardé à remarquer que la table pouvait tou

aussi bien se soulever sur elle-même que se mouvoir circulairement ou tangentiellement. Il a suffi pour cela de caler un ou deux de ses pieds. Alors, comme si on avait pesé sur elle d'une manière inégale, la table s'est soulevée d'un côté.

En admettant la pesanteur des molécules fluidiques, comme celle de tout autre matière, il est tout simple de supposer que ces molécules ont pu se trouver réunies sur un des côtés du meuble en quantité suffisante pour rompre l'équilibre et faire pencher la pesée de leur côté. Mais on se demande pourquoi d'un côté plutôt que de l'autre. Il est évident que cela tient à la force d'émission et peut-être aussi à la nature des molécules émises. Les personnes présentes n'émettent pas toutes une égale quantité de fluide, et ce fluide peut être plus ou moins pesant.

On sera convaincu de cette inégalité de force donnée par les personnes qui sont autour de la table, si l'on veut remarquer qu'on arrive presque toujours à imprimer à celle-ci le mouvement de bascule en moins de temps que celui de rotation. C'est que pour ce dernier il faut une propulsion continue et générale, tandis que pour le premier il suffit quelquefois d'une simple pesanteur accumulée en abondance sur un seul point. Or il est difficile que tous ceux qui composent la réunion aient, juste au même moment, la faculté de projeter au dehors leur fluide électro-magnétique, et il n'est pas rare qu'il s'en trouve un ou deux qui la possèdent à un degré très élevé.

Jusqu'ici les phénomènes sont simples et s'expliquent facilement lorsqu'on a des notions vraies sur la matière et sur ses lois, mais ils deviennent complexes et plus difficiles à analyser lorsqu'il s'établit entre la table et les personnes qui agissent sur elle des rapports en quelque sorte intellectuels.

Avec l'idée qu'on se fait généralement d'une séparation, d'une distinction absolue entre l'esprit et la matière, celle-ci, inerte et passive, toujours soumise à l'action de celui-là, qui est l'*inconnu*, l'x vainement cherché depuis tant de siècles, la question est complètement insoluble; mais il en est tout autrement si l'on veut regarder les phénomènes de l'intelligence comme les résultats d'un appareil qui ne diffère des autres appareils préposés aux diverses fonctions de l'économie humaine que par une plus grande perfection, et notamment si l'on veut admettre que l'instrument de l'intelligence (le cerveau) est mis en activité par l'organe du mouvement (le cervelet), tout comme un simple viscère, tout comme le serait un groupe de muscles et de tendons.

Si l'on accorde que le mouvement, comme j'ai cherché à l'établir plus haut, peut être transmis du cervelet à la table au moyen d'un courant électro-magnétique dans lequel les nerfs font fonction de conducteurs, on ne devra pas plus s'étonner de voir cette table se soulever à notre commandement que de voir nos doigts obéir aux injonctions de notre volonté, de sorte que, lorsqu'une personne en rapport avec la table voudra lui faire exprimer sa pensée par des signes visibles qui la fassent comprendre aux assistants, il pourra tout aussi bien, quoique d'une façon moins commode, s'exprimer au moyen de ce meuble, que faire parler ses doigts. Il suffira pour cela d'un alphabet convenu.

Si maintenant celui qui fait parler la table se figure qu'il est en rapport, non pas avec un meuble inerte, mais avec un être réel, quoique invisible, il pourra s'établir entre lui et l'être imaginaire qu'il a créé un dialogue bien capable de lui faire illusion ainsi qu'aux assistants. Comme son cerveau, sous le *stimulus* d'un fait actuel, combinera à son insu des idées résultant d'impressions oubliées, d'images effacées de sa mémoire, et que ces idées seront répétées par la table, qui obéira exactement aux impulsions venues du cervelet par les filets nerveux, la précision des réponses, l'état passif où il croit que se trouve son intellect lorsqu'elles sont faites, l'impossibilité où il est de reconnaître comme siens les éléments, c'est-à-dire les idées ou les fractions d'idées qui ont servi à leur composition, l'état d'exaltation où l'a mis le merveilleux de la situation, tout doit contribuer à augmenter l'illusion qu'il s'est faite, à confirmer son *à priori* d'un être représenté par la table, et à faire naître en lui la croyance aux esprits, aux revenants, au diable et à ses cornes.

Cependant, à défaut d'une connaissance suffisante des causes physiologiques qui produisent ces sortes de phénomènes, il est possible de battre en brèche la supposition des entités spirituelles en comparant avec soin les réponses qu'on leur attribue avec le caractère de la personne qui est en rapport avec la table. On peut être sûr que ces réponses porteront d'une façon plus ou moins apparente l'empreinte de leur véritable auteur. Il sera bien rare de ne pas y trouver ses idées habituelles, et surtout celles qu'on appelle fixes, s'il en a, ses préoccupations du moment, sa foi, ses doutes, ses systèmes, et jusqu'à ses fautes d'orthographe.

Il est vrai que parfois l'erreur est très difficile à constater. Ainsi, il peut arriver que la réponse de la table soit en contradiction avec la conviction intime de l'interrogateur, ou mieux du *medium*, mais cela vient de ce que celui-ci n'a pas eu conscience de l'idée qui s'est formée dans son cerveau au moment de l'impulsion. Il a suffi d'une vacillation de la volonté pour déterminer dans le cerveau une différence de combinaison; et, comme ici la réponse s'est produite avant que la réflexion soit venue rétablir l'équilibre, il y a eu désaccord entre l'opinion vraie, l'opinion habituelle, réfléchie, et la manifestation qui s'est produite au dehors.

Il est un cas où il est plus difficile encore d'appliquer au phénomène une explication purement physiologique, c'est lorsque le courant établi par le sujet, le *medium*, entre la table et son cerveau se communique à deux, trois ou quatre personnes, et même quelquefois à tous les assistants. Alors les phénomènes se compliquent étrangement. Les idées des uns se mêlent à celles des autres et forment des combinaisons où nul ne peut reconnaître son bien. Quelquefois c'est le *medium* qui les recueille, se les approprie et y met son cachet; quelquefois il se produit plusieurs *mediums*, et c'est tantôt la pensée de l'un, tantôt celle de l'autre, qui se trouve être exprimée par la table; ce qui explique les contradictions que l'on remarque souvent dans les réponses. Enfin, il peut arriver à ceux qui se livrent habituellement ensemble à cet exercice d'éprouver tous et simultanément une impression produite sur le cerveau de l'un d'eux, et même d'avoir la perception d'un bruit, d'une douleur, d'une sensation quelconque qui aura pris naissance chez l'une des personnes composant la chaine magnétique après que cette chaine semble rompue. C'est là un fait de communication nerveuse qui ne devrait pas plus nous étonner que la contagion des attaques parmi les convulsionnaires, ou même que l'émotion qui, dans une salle de spectacle, se communique de l'acteur à tous les assistants. Dans ces divers cas il y a mélange et contact des atmosphères fluidique de chacun et de tous. Les cerveaux et les nerfs représentent ici des instruments dont toutes les cordes semblables seraient rattachées les unes aux autres et vibreraient à l'unisson.

Les magnétistes ont constaté depuis long-temps la possibilité de mettre en communication plusieurs intelligences par l'entremise d'un sujet magnétique. C'est chose ordinaire de rencontrer des somnambules lisant en quelque sorte dans la pensée de leur magnétiseur ou dans celle des personnes avec lesquelles on les a mis en rapport; mais les faits de ce genre, tout en confirmant par leur analogie ceux dont il est question, ne les expliquent pas. Pour les expliquer il faut avoir recours au système physiologique que nous avons indiqué, et admettre que le courant électro-magnétique établi entre tous les assistants peut se comporter exactement comme le ferait l'étincelle électrique qui, partie de la machine et dirigée sur telle personne, ferait éprouver simultanément à toutes celles qui composent la chaine la même secousse et la même impression. En pareil cas, la chaine est établie par les nerfs et les muscles de toutes les personnes qui se tiennent par la main. Dans le phénomène de la table, celle-ci peut servir de conducteur au fluide, et, si le cervelet, considéré comme remplissant les fonctions de machine électrique, peut envoyer des molécules électro-magnétiques par les nerfs et la table à l'un des cerveaux, il n'y a pas de raison pour que tous les cerveaux ne ressentent pas en même temps la même impression, comme tout à l'heure tous les bras, tous les anneaux de la chaine avaient ressenti la même secousse. Reste le cas où, les conducteurs visibles n'existant plus par la solution de continuité de la chaine, par la séparation des assistants, l'impression est néanmoins ressentie simultanément par toutes les personnes qui ont été en rapport magnétique. Le fait s'explique par la nature même du fluide humain, qu'il ne faut pas confondre avec l'électricité proprement dite. Le magnétisme terrestre se manifeste par des courants et fait sentir son action à distance sur les corps au moyen d'une certaine affinité de leurs molécules ou de leurs atmosphères. Comment admettre que le magnétisme sécrété par l'organisme humain puisse avoir des vertus moindres que celui des corps bruts et inorganiques? Le fluide humain, formé d'électricité et de magnétisme, possède évidemment les propriétés de ces deux fluides. Il peut, comme le premier, transmettre le mouvement à des distances infinies au moyen d'un corps conducteur, mais il ne lui est pas impossible de le communiquer, comme fait le second, d'un corps à un autre, par des courants qui lui sont propres.

Je m'arrête. N'ayant voulu qu'indiquer la voie à suivre, j'ai dû me borner à des notions succinctes et en quelque sorte élémentaires. Sur cette donnée il sera facile à de plus habiles de faire mieux et d'aller plus loin.

Il ne me reste qu'à m'excuser auprès de vous pour l'extrême longueur de cette lettre, et à vous remercier de sa publication dans la seconde édition de votre livre, dont certainement elle n'augmentera pas la valeur, mais dont aussi elle ne diminuera pas l'excentricité. Et par le temps de routine et de platitude qui court, c'est quelque chose.

Recevez, Monsieur, l'assurance de ma considération et de mon estime,

CH. FAUVETY.

OPINION DE PROUDHON.

« Si *penser* et *peser* sont synonymes, comme l'étymologie le prouve, l'abime que l'ancienne ontologie avait creusé entre l'esprit et la matière est comblé; les vibrations de l'éther peuvent transmettre les impressions du cerveau; la conscience n'est plus qu'un foyer de mouvements auxquels les corps les plus bruts peuvent faire écho. Par cela seul que je pense, je me meus; par cela seul que mon cerveau conçoit l'idée d'un mouvement, il l'exécute; et les muscles qui en reçoivent le contre-coup par les nerfs tendent à l'exécuter à leur tour. Ils l'exécuteraient sans doute si une pensée en sens contraire ne venait suspendre leur action, et faire mourir à l'extrémité nerveuse la première impulsion. Que deux, trois ou un plus grand nombre de sujets pensants se mettent en rapport par un conducteur quelconque, qu'un mot soit jeté au milieu d'eux, et il se produira, à leur insu, une commotion générale, traduisible en idées, et dont la spontanéité fera croire aux personnes superstitieuses à la présence d'un démon familier, d'une âme défunte. La carrière serait-elle ouverte pour cela aux devins et aux nécromans? Gardons-nous de le croire. La nature, par ses harmonies, par la constance de ses lois, par la fixité de ses types, nous apprend assez à nous moquer des prodiges et des monstres; et c'est le signe d'un grand abaissement des intelligences, prélude des grandes catastrophes, quand les peuples, incapables du labeur scientifique, se mettent à délaisser la raison et la nature pour courir après les évocations et les miracles. »

(PROUDHON, *Philosophie du Progrès.*)

RÉPONSE DE L'AUTEUR

A M. Fauvety.

Monsieur,

Je ne trouve pas de meilleure réponse à votre lettre qu'un abrégé de la Voyante de Prevorst, livre très répandu en Allemagne, en Angleterre et en Amérique, et dont, avec notre magnifique dédain pour ce qui contrarie nos préjugés, nous ne sommes peut-être pas en France cinquante à connaître l'existence. — Son auteur, Justin Kerner, est à la fois un savant et un poète des plus distingués qu'ait l'Allemagne. Il a donné pendant près de sept ans ses soins à la femme dont il a raconté l'histoire, et sa véracité n'est contestée par personne. Les savants et les journalistes ne se permettent pas, dans son pays comme dans le nôtre, d'imprimer, en parlant d'hommes estimés, qu'ils ne croient pas un mot de leurs récits.

Je n'en ai pris que les faits les plus péremptoires. Il est possible d'expliquer toutes les apparitions par l'hallucination, et les phénomènes, tels que déplacement ou bris de meubles, qui les ont précédées ou suivies, par une propriété électrique, soit dans la voyante elle-même, soit dans quelque personne présente au moment des apparitions. C'est ainsi qu'on a trouvé tout simple qu'une servante anglaise, citée par madame Crowe dans *Night side of nature* (côté nuit de la nature), n'eût qu'à entrer dans une salle où se trouvaient des porcelaines pour qu'elles dansassent et se missent en pièces. J'ai d'autant moins la prétention de faire changer d'avis à cet égard, ni vous ni aucune des personnes qui ne veulent pas croire aux esprits, que je ne suis pas encore parvenu à y croire tout à fait moi-même. J'appelle seulement l'attention du public sur cette nouvelle pièce du procès, et sur une pétition qui a été adressée récemment au congrès des États-Unis. — Chacun se fera, après avoir lu tout cela, une opinion en connaissance de cause, et tous nos savants finiront peut-être par sentir la nécessité de faire quelques expériences eux-mêmes avant de se prononcer sur des faits qu'ils ne connaissent pas. Quand ils dépenseraient à cela un peu de l'électricité universelle, devenue en eux magnétisme animal, ils ne feraient, eux soldats de la science, que ce que font des centaines de milliers de volontaires. Il me semble que c'est le moins qu'ils doivent au monde et à eux-mêmes.

LA VOYANTE DE PREVORST.

INTRODUCTION.

Nous avons deux existences : l'une externe, dans notre cerveau, lequel reçoit nos sensations seulement pour les transmettre; l'autre interne, dans le plexus de notre estomac, lequel éprouve ces sensations de plaisir ou de douleur à lui transmises par le cerveau, et les note de façon à pouvoir, par la suite, sans son secours, c'est-à-dire instinctivement, ou les chercher ou les fuir !

L'âme, ou principe immatériel de la vie interne, est donc dans le plexus. Le cerveau n'est qu'un agent matériel qui sert à la mettre en communication avec les objets extérieurs tout le temps qu'elle est liée au corps. Plus nous nous recueillons en elle et l'isolons des impressions qui lui viennent du dehors par le cerveau, plus nous sommes sensibles à l'harmonie et aux jouissances qu'on appelle de l'âme. Heureux quand nous n'attendons pas le malheur ou les derniers instants de notre existence sur la terre pour nous recueillir ainsi! «Toute ma vie, disait au docteur Kerner un ami arrivé à ses derniers instants, toute ma vie me semble se réfugier dans les cavités de mon cœur. Je ne sens plus rien ni de mon cerveau, ni de mes bras, ni de mes jambes; mais je vois des choses ineffables que je n'ai jamais vues. C'est une vie nouvelle. »

Il suivrait de là que la mort, en tuant le cerveau, affranchit l'âme, qui réside dans le plexus et en qui toutes les impressions de ce monde sont gravées, en sorte que l'expression *souvenir* devient trop faible pour rendre l'intensité de la conscience qui reste aux morts d'eux-mêmes et des êtres avec lesquels ils ont été en relation dans ce monde. Pour jouir de cette liberté de l'âme, ni la mort ni le sommeil ne sont nécessaires. L'homme a la faculté de l'acquérir à force de se concentrer en lui-même. Le monde interne s'ouvre à celui qui se retire du monde externe. Malheureusement, tous tant que nous sommes, nous n'y pensons, non plus qu'à Dieu, avec qui nous pourrions peut-être nous mettre ainsi en rapport, que lorsque nous sommes malheureux!

La placidité de la plupart des martyrs chrétiens au milieu des plus atroces souffrances est une preuve frappante de cette double vie, et de la possibilité pour l'âme de se séparer du cerveau avant la mort.

Citons des exemples plus récents :

En 1461, à l'époque où les Hussites furent le plus persécutés, un des plus pieux de ces sectaires, appliqué à la torture, à Prague, perdit tout sentiment de douleur : les valets de bourreau, le croyant mort, le descendirent de la claie et le laissèrent sur la place. Il revint à lui quelques heures après, et tout surpris, tant le sentiment des faits extérieurs l'avait quitté, des stigmates que portaient ses membres, il raconta un rêve qu'il avait eu pendant son supplice : il s'était vu au milieu d'une verdoyante prairie dans laquelle se trouvait un arbre couvert d'oiseaux ; un jeune homme gouvernait ces oiseaux avec une baguette, et trois autres hommes, dont il dépeignait les traits, semblaient lui servir de gardes. — Trois personnages, ressemblant trait pour trait à ceux décrits, furent nommés quelque temps après custodes du consistoire de Prague.

En 1639, une pauvre veuve nommée Lucken, accusée en Franconie d'être sorcière, et mise à la torture par ordre de la faculté d'Helmstaedt, parla le plus pur allemand, pendant que ses jambes étaient brisées par les brodequins, elle qui n'avait jamais su qu'un mauvais patois, fit entendre ensuite plusieurs phrases d'une langue tout à fait inconnue, et finit par s'endormir de telle façon qu'on la crut morte. La langue inconnue était apparemment celle d'un autre monde.

Il est possible de mettre certaines personnes en cet état par l'action du magnétisme. Cette action débarrasse l'âme du plomb de la sensibilité, mais il serait sage de ne l'employer que comme moyen curatif et dans les cas désespérés. Les anciens la réservaient aux chefs religieux ou politiques, et se sont toujours gardés d'en répandre la science dans les masses. Ils n'employaient pas seulement à la fortifier le laurier et les fumigations, ils se servaient aussi d'une pierre magnétique appelée αστιτης (espèce d'ocre de fer).

JEUNESSE DE LA VOYANTE.

Le village de Prevorst est, dans le royaume de Wurtemberg, à 1879 pieds au dessus du niveau de la mer. Il est entouré de bois. Au commencement de ce siècle il s'y rencontrait peu de malades;

mais, chose rare chez des hommes forts, ils avaient presque tous, dans leur première jeunesse, de fréquentes attaques de nerfs. La danse de Saint-Guy était parmi les enfants à l'état d'épidémie. Ils annonçaient d'avance qu'ils allaient en être pris, et la dansaient tous en mesure, après quoi ils ne se souvenaient plus de rien. — Les adultes se guérissaient mutuellement. Beaucoup d'entre eux étaient aptes à découvrir des sources à l'aide de baguettes de coudrier.

Là naquit en 1801, de parents très simples, à l'un desquels toutefois sa femme décédée avait annoncé sa mort sept jours d'avance, la femme dont on va lire l'histoire. Ses frères et sœurs avaient tout jeunes la goutte. Elle jouit, quant à elle, pendant toute son enfance, de la plus parfaite santé. Seulement, toutes les fois qu'un reproche un peu vif la refoulait dans la profondeur de la vie interne, elle avait des visions relatives tantôt au présent, tantôt à l'avenir. Un jour son père la gronda injustement pour un objet qu'elle avait perdu, et, dans son émotion, elle vit et indiqua l'endroit où on le retrouverait.

Le fer l'influença et fut influencé par elle de très bonne heure. Le coudrier, de très bonne heure aussi, indiqua dans sa main de l'eau ou des mines.

Beaucoup de personnes nerveuses sont rendues malades ou sont guéries par de simples changements de lieux. L'influence atmosphérique est telle sur ces tempéraments, qu'un nommé Pennett, en Calabre, ne pouvait être soulagé de spasmes auxquels il était sujet qu'au moyen d'un manteau de toile cirée qui l'isolait. Notre voyante était tellement soumise à cette influence que, lorsqu'elle descendait d'une montagne dans une vallée, elle éprouvait parfois des convulsions.

Mais ce qu'on observait de plus étrange en elle, c'est que, dans les instants où elle était le plus gaie, elle éprouvait tout à coup des frissons au milieu des champs; ces frissons lui arrivaient constamment dans les cimetières et les églises, preuve que dans les champs ils étaient provoqués par la présence souterraine de quelque cadavre.

Sa première vision eut lieu dans une cuisine du château de Lowenstein. C'était un fantôme de femme qu'elle revit ailleurs quelques années plus tard.

La seconde fut une figure d'homme qui, chez son grand père, passa devant elle dans un corridor en poussant un long soupir, s'arrêta au bout du corridor pour la regarder, et resta dans sa tête très long-temps. Sa vue était devenue extraordinairement perçante, et le devint encore davantage à la suite de veilles incessantes auprès de parents malades.

Fiancée à 19 ans, le jour de la mort d'un prédicateur pour qui elle avait une grande affection, elle accompagna son corps jusqu'à la tombe, et éprouva, les pieds sur cette tombe, un effet bien singulier : un agrandissement d'intelligence accompagné d'une sorte de volupté. Obligée, après son mariage, à des relations extérieures nombreuses, elle n'y était jamais entièrement livrée. Sa vie interne, bien qu'elle la dissimulât, prenait chaque jour plus sur elle et finit par la dominer entièrement. Bientôt elle rêva que, tombée malade, elle entendait son père et deux médecins chercher ensemble les moyens de la guérir, qu'elle avait auprès d'elle le cadavre de son prédicateur, qu'elle leur déclarait que lui seul pourrait la soulager, et qu'elle se trouvait bien du contact froid de ce cadavre.

Le lendemain, en effet, elle tomba malade, et, soit en dépit, soit à cause de force saignées, de force bains, de force purgations, et de je ne sais combien d'autres expériences que fit sur elle la médecine, elle ne fit qu'aller de mal en pis jusqu'à ce que des passes magnétiques, des impositions de mains et le souffle chaud de sa servante sur les cavités de son cœur amenèrent sa guérison, mais en la rendant tellement sensitive qu'on fut obligé d'éloigner d'elle toute lumière et d'ôter de sa chambre tout ce qui s'y trouvait en fer, jusqu'aux clous des boiseries.

Le choix des magnétiseurs était extrêmement important. Une paysanne, en voulant ainsi la soulager, lui causa de violentes convulsions, et plus tard, cette même femme, par qui elle laissa magnétiser son enfant malade, le lui tua.

Pendant le cours de cette maladie, qui dura bien une année, elle parla trois jours en vers, vit trois autres jours sur elle-même une masse de feu divisée en lignes innombrables et ténues comme ses nerfs, sentit trois autres jours comme des gouttes d'eau tomber sur sa tête, et finit par voir sa propre image reproduite dans l'atmosphère en dehors d'elle. Sept jours de suite, à sept heures du soir, elle se sentit magnétiser par l'esprit de sa grand'mère morte; elle l'aperçut seule; mais, au su et au vu de plusieurs témoins dignes de foi, certains objets, qui apparemment auraient pu lui nuire, une cuillère d'argent par exemple, furent éloignés d'elle à travers les airs comme par des mains invisibles.

Plusieurs fois, dans des verres d'eau, comme au reste cela s'est produit fréquemment avec d'autres individus, elle aperçut des personnes qui devaient bientôt la venir voir.

Elle fut avertie, deux jours de suite, par la vue d'un cercueil contenant le corps de son grand-père, de la mort prochaine de ce parent, qui eut effectivement lieu dans la semaine.

Elle parla et écrivit une langue inconnue qu'elle appelait sa langue intérieure et sur laquelle quelques détails seront donnés plus loin.

Une espèce de sorcier lui fit beaucoup de mal au moyen d'une poudre qui l'exalta, et d'une amulette qui, décomposée par le docteur Kerner, s'est trouvée contenir assa fœtida, sabine, cyanus, semence de stramonium, aimant, et un petit papier portant ces mots : *Et sur ce est apparu le fils de Dieu afin de détruire les œuvres du démon.*

SÉJOUR A WEINSPERG.

La guérison dont j'ai parlé était, au reste, bien loin d'être radicale, car la pauvre Mme H*** (1),

(1) Nom de la voyante.

ayant quitté sa résidence pour Weinsperg, y retomba, presqu'à son arrivée, si malade qu'elle ne put plus quitter son lit. Ce fut alors que le docteur Kerner, auteur de ce récit, fut appelé près d'elle, à la demande qu'elle en fit en état de somnambulisme, état qui lui était habituel lors même qu'elle paraissait éveillée. Tout ce qui va suivre a été observé et est certifié par ce docteur.

Elle mangeait de trois en trois heures, mais cette nourriture lui profitait peu. Elle disait souvent qu'elle ne vivait que d'air et des émanations des personnes qui l'entouraient, de celles de ses parents, surtout, à cause de la plus grande affinité de leur constitution avec la sienne. Ceux-ci sentaient, en effet, leurs forces diminuer près d'elle. Quand par hasard c'était un individu plus faible qu'elle qui l'approchait, elle s'affaiblissait elle-même.

Ses yeux projetaient un éclat singulier. Le lien entre ses nerfs et l'électricité qui l'animait semblait relâché comme dans un individu tout près de perdre la vie; elle se voyait souvent double comme la première fois dont j'ai parlé plus haut, et vêtue tantôt de noir, tantôt de blanc. Le noir lui annonçait des souffrances. En général, dans ces moments elle se sentait mal à l'aise; il lui restait, disait-elle, trop de conscience de son corps; elle aurait souhaité en être dégagée tout à fait.

Un jour le docteur Kerner se plaça entre elle et sa doublure. Elle l'en remercia, en lui disant qu'il dégageait son âme de ses chaînes.

Delrio a écrit qu'en Espagne certains individus voyaient sous terre les métaux, les eaux et les cadavres; la Portugaise Gamasche a eu cette faculté; beaucoup d'Ecossais la possèdent; des chevaux ont prouvé qu'ils l'avaient en refusant de rester dans une écurie sous laquelle on a trouvé des corps morts, et Zchocke raconte d'une certaine Catherine Butler qu'elle distinguait tous les métaux avec sa langue. Notre voyante n'a point manifesté ces dons, mais elle sentait aux végétaux, aux métaux et aux autres matières qui nous semblent brutes, une âme comme aux hommes et aux bêtes. Leur électricité, invisible pour nous tous, était visible pour elle. La parole écrite lui envoyait comme des esprits qui l'agitaient. La présence de la houille et celle de la marne lui causaient une sensation brûlante; celle du plâtre, des contractions au cœur.

Toutes les propriétés que Théophraste, Aristote, Pline, Dioscoride, Galien, Avicène, Albert le Grand, ont attribuées aux pierres précieuses. propriétés à cause desquelles les prêtres juifs en portaient, sur lesquelles Marbode d'Anjou a écrit un poème didactique, et auxquelles Van-Helmont a donné le nom de *Burc* (il appelle *Leffaz* l'influence ou esprit des végétaux), toutes ces propriétés, dis-je, se réalisaient pour elle. Le saphir lui inspirait un demi-sommeil ; les autres pierres de couleur l'agitaient de diverses façons : le cristal la tirait du sommeil magnétique, et, si l'on en prolongeait le contact, il finissait, ainsi que le grès, par la mettre en catalepsie ; le sable, qui le plus souvent lui faisait du bien, et lui semblait avoir une odeur aromatique qu'elle percevait par les cavités du cœur, finit aussi un jour par lui raidir tous les membres.

Les mains dans l'eau, elle s'affaiblissait ; elle n'en pouvait boire que la nuit, et, si cette eau était magnétisée, elle la voyait lumineuse. Présentée à un bain, elle était repoussée par lui, et jetée dans une rivière, elle aurait infailliblement surnagé. Ceci rappelle une femme de Freyberg qui, si l'on en croit Moller, en 1620, et en présence de deux ministres protestants, sauta tout à coup à une hauteur de sept ou huit pieds, et resta en l'air jusqu'à ce que les efforts de ces deux hommes la contraignissent de rentrer dans son lit. Pareil fait est raconté d'un homme par Horst dans sa Deutéroscopie.

Presque tous les raisins d'Allemagne lui refroidissaient l'estomac, tandis que ceux de France le réchauffaient. L'aimant contournait ses mains, qui ne reprenaient leur état naturel que lavées dans une eau courante. L'indigo lui faisait le même effet que l'aimant.

Le laurier la magnétisait, ce qui explique l'usage qu'en faisaient les Pythies de l'antiquité. Le coudrier, au contraire, la démagnétisait.

L'élan est un animal sujet à l'épilepsie, et les anciens employaient son sabot à guérir les épileptiques. Ce sabot lui causait, à elle, comme des attaques d'épilepsie. La corne du chamois la calmait : c'est apparemment parcequ'ils lui connaissent cette faculté que les Tyroliens en portent des bagues. — Logée au midi, ses menstrues étaient régulières. S'arrêtaient-elles, elle n'avait qu'à regarder le couchant pour les rappeler.

Le rayon violet du soleil dirigé par un prisme sur sa main la mettait en somnambulisme ; le rouge, en catélepsie.

En regardant la lune, elle se sentait envahir par le froid. Pour elle, les yeux des hommes lançaient des rayons blancs ; ceux des femmes, des rayons bleuâtres. Pendant les orages on tirait de son corps des étincelles.

En prenant du fer dans sa main droite et du cuivre dans sa main gauche, elle éprouvait dans tout le corps une commotion qui commençait au cœur. En prenant ces deux métaux dans une seule main, elle sentait monter dans ses bras des ondulations galvaniques, qui de là parcouraient tout son côté. Elle ne pouvait tenir sans douleur ni l'un ni l'autre de ces métaux seul.

Les tons bémols lui faisaient plaisir et l'endormaient. Des sons d'harmonica sur un verre d'eau qu'elle allait boire le lui rendaient délicieux.

Immobile dans le sommeil naturel, agitée dans le magnétique, elle expliquait cette différence en disant : « Dans le premier cas, c'est mon esprit qui prédomine en moi; dans le second cas, c'est mon âme. » Ceci me semblerait rendre raison de nos rêves. Quand nous dormons, notre électricité est momentanément retournée presque tout entière à l'électricité générale, et notre intelligence a beau voir, soit en dedans, soit en dehors de nous, ce qui lui en reste ne lui suffit pas pour pouvoir nous faire agir.

ESPRITS EN NOUS ET HORS DE NOUS.

Toutes les fois que Mme H*** a regardé attentivement dans l'œil droit d'un homme, attention qui augmentait sa force visuelle et lui causait bientôt une commotion électrique, elle y a aperçu derrière sa propre image une autre image qui ne ressemblait ni à elle-même ni au propriétaire de l'œil, et qu'elle prétendait être celle d'un autre homme résidant en lui, homme tantôt plus grave, tantôt plus léger que lui. Si c'était sur l'œil gauche de cet homme que se fixait son attention, elle y voyait les organes qu'il avait malades, et les remèdes qui pouvaient les rétablir. — Dans l'œil gauche d'un borgne elle a vu à la fois sa doublure interne, ses organes malades et les remèdes à leur appliquer. Au fond de l'œil droit de plusieurs animaux elle a vu une flamme bleue qui lui a paru être un rayon de la conscience d'eux-mêmes. Elle a dit apercevoir tout cela au moyen d'un œil intérieur. Il va sans dire qu'il était facile de la magnétiser du regard. Elle a vu souvent dans des bulles de savon des individus absents ou des événements près d'arriver, mais quand on l'exigeait d'elle, elle était plus sujette à erreur. Ces visions lui étaient d'ailleurs pénibles, comme si elle commettait en s'y livrant de mauvaises actions. Les mots placés sur son estomac étaient facilement lus par elle. Le nom de Napoléon ainsi placé à plusieurs reprises lui a fait chaque fois entendre une marche guerrière qu'elle chantait malgré elle.

Elle voyait clairement, quand elle le voulait, ses organes intérieurs et dans son plexus une sorte de soleil rayonnant vers toutes les parties de son corps; mais, tout en déclarant que tous ses nerfs en étaient éclairés, elle n'a jamais pu dire si ces rayons se prolongeaient jusques à son nez et à ses tempes.

Aux hommes privés d'un membre elle voyait ce membre comme s'il leur restait, ce qui explique les souffrances que disent ressentir les amputés.

Elle disait, mais quand on la questionnait beaucoup, jamais spontanément, avoir toujours près d'elle, comme en ont eu Socrate, Platon et autres, un ange ou démon avertissant des dangers à éviter, non seulement elle, mais d'autres par elle. C'était l'esprit de sa grand'mère, Mme Schmidt Gall. Il était vêtu, comme tous les esprits féminins qui lui apparaissaient, d'une robe blanche à ceinture et d'un grand voile également blanc.

Mme Arnold d'Heilbronn a été dans le même cas, et a eu cela de particulier que plusieurs personnes présentes, encore vivantes et tout à fait dignes de foi, ont senti dans l'air les mouvements de son démon. Mme Ludwigen de Dessau ayant laissé en mourant un enfant muet et paralytique, cet enfant, que soignaient ses sœurs, recouvra la parole un jour qu'elles ne lui avaient pas apporté sa nourriture, pour leur dire que sa mère était venue y suppléer. Ce furent ses seuls mots, et il mourut. Un autre enfant, raconte Horst dans sa bibliothèque magique, avait une jambe torse ; cette jambe se redressa en une nuit, et, le lendemain matin, l'enfant dit à ses frères : « N'avez-vous pas vu un petit ange ? Il m'en est venu un ; c'est lui qui, en frottant ma jambe, l'a redressée... »

Il n'est donc pas surprenant que madame H... se soit souvent senti magnétiser depuis la base du crâne jusqu'au creux de l'estomac par l'esprit de sa grand'mère, qu'elle en ait éprouvé un grand soulagement, et que les déplacements cités plus haut d'objets qui auraient pu lui nuire se soient produits, à la stupéfaction des assistants, sans qu'ils pussent s'expliquer comment.

Derrière une jeune personne de la connaissance du docteur Kerner elle vit un jour un garçon d'une douzaine d'années. Le docteur questionna à ce sujet la jeune personne, et, après avoir cherché dans sa tête ce que cette apparition pouvait être, elle lui dit avoir perdu, à quelques années de là, un petit frère qui aurait eu précisément douze ans au moment du phénomène.

RÊVES PROPHÉTIQUES.

Madame H... a fait plusieurs rêves prophétiques :

Une de ses amies lui faisant part un jour d'une indisposition qu'elle avait, elle lui répondit : « Rêvez »; et toutes deux virent en rêve, la nuit suivante, huit cruches, dont l'une étiquetée eau de Fasching. La malade prit huit cruches de cette eau et fut guérie.

D'autres fois elle a vu en rêve telle ou telle personne de sa famille portant de petits cercueils, et leurs enfants sont en effet morts quelques jours après.

Un autre jour encore, elle a vu un homme blessé, près de lui le docteur Kerner procédant à une saignée, et bientôt le docteur était appelé pour guérir ainsi un blessé.

Enfin, elle a vu dans la lune M. N..., et cet

homme, plein de vie au moment de cette vision, est mort au bout de trois mois.

Il y a dans le journal de M. R... de Stuttgard un phénomène de ce genre : Le père de M. R... et lui-même rêvèrent plusieurs fois de suite qu'il était noyé, et il mourut de cette manière, non sans avoir parlé à ses amis de ce rêve, qui l'épouvantait.

ACCIDENTS PRÉVENUS.

Souvent Madame H..., tout éveillée, a été avertie, par des pressentiments ou des visions, d'accidents qui menaçaient quelque sien parent ou ami, et qu'il était possible d'éviter.

C'est ainsi qu'elle sauva son frère, une fois en l'empêchant de sortir à une certaine heure où elle avait vu un inconnu, dont elle décrivit la demeure, sortir avec un fusil pour le guetter et tirer sur lui; une autre fois, en l'engageant à visiter son fusil de chasse, attendu qu'elle l'avait vu se blesser en tirant sur un renard. Le premier de ces avis fut justifié par un coup de feu tiré sur le frère de la voyante, sans le toucher, quand il sortit, à une autre heure que celle indiquée par elle; le second, par une charge que son frère trouva dans son fusil, et qui, le remplissant jusqu'à la gueule, ne pouvait y avoir été introduite que par une main ennemie avec l'intention de le tuer. Le 8 mai 1827, elle avait perdu un premier enfant, et le second était chez ses parents. Elle vit trois fois de suite, en plein jour et en présence d'une sœur à elle, l'enfant mort lui montrant une épingle dans la bouche du vivant. On l'écrivit à ses parents; et ceux-ci trouvèrent dans une des manches de l'enfant vivant une grosse épingle qu'apparemment il aurait avalée s'il ne la lui avaient ôtée.

VOYAGES DES ESPRITS ET DES AMES.

Le 2 mai 1828, jour de la mort de son père, à quatre lieues d'elle, elle le vit mourir, et s'écria : « Oh Dieu ! » et dans le même instant, le docteur Foehr, assis près de l'agonisant, entendit la même exclamation émise comme un souffle. Elle expliqua ce phénomène en disant que son âme l'avait alors, pour un instant, quittée. Elle allait, sans déplacement, frapper chez qui elle voulait, et disait que ce n'était pas avec son âme, mais avec son esprit, et par le moyen de l'air, qu'elle frappait ainsi. Pareil voyage a été fait, comme on sait, par plus d'un esprit autre que celui de la voyante. Mais ce qu'il y a de plus remarquable, c'est que quelques uns de ces esprits se sont triplés au lieu de se doubler seulement comme elle. Le père d'un nommé Hubschman, de Stuttgard, est apparu, au moment où il quittait la vie, à la fois à Strasbourg devant les enfants de ce Hubschman, et dans la province de Voigtlambe devant son second fils.

TENTATIVES DE GUÉRISON DE Mme H.

SUR ELLE-MÊME.

C'était dans le sommeil magnétique, où elle tombait habituellement à 7 heures du soir, que Madame H. prescrivait les recettes à suivre pour elle.

Le quinquina, la camomille, le carament, le thym, la caroline, l'orange, la feuille de laurier, et surtout l'hypericum perforatum, que l'antiquité et le moyen âge ont eu en grande vénération (1),

(1) Paracelse recommande cette plante contre la peste.

furent quelquefois indiqués par elle à petites doses, comme les emploie la médecine homéopathique. Les verrues de cheval réduites en poudre le furent aussi, tantôt comme remède olfactif contre les spasmes, tantôt pour frictions tout le long de l'épine dorsale. Mais le plus souvent elle recourait, comme l'Orient, aux amulettes placée sur le cœur ou sur le dos, ou à des passes magnétiques au nombre de sept pour les douleurs de poitrine, de trois fois sept pour celles de tête, de sept fois sept pour les autres parties du corps, et allant soit directement du front à l'épigastre, soit du front au plexus, par les tempes, le cou, le dos et les côtes, soit du front aux mains par les deux bras, ou aux genoux par le corps. — Il ne fallait ni lui dire, quand elle était réveillée, ce qu'elle avait dit dans le sommeil, ni croiser les mains en la magnétisant. La main droite de son magnétiseur sur son côté droit, ou la gauche sur son côté gauche, la faisaient également souffrir, au lieu de la soulager.

Le mot *optinipoga* fut enseigné par elle à son frère et au docteur Kerner comme signifiant, dans sa langue interne : Dors, et comme devant, prononcé par eux, suffire pour la faire dormir ; elle dormit en effet immédiatement chaque fois qu'ils le lui prononcèrent.

Il fallut un jour pour la calmer que le docteur prononçât en la magnétisant le *Pater noster* tout entier.

Voici une prescription étrange qui la débarrassa d'une fièvre ardente :

Les doigts douze heures de suite dans du vinaigre où l'on avait mis trois feuilles de laurier et un morceau d'acier.

Elle en ressentit d'abord de vives douleurs dans le bas-ventre et l'épine, puis une pression dans la tête, puis un sommeil suivi de douleurs nouvelles et de diarrhée; mais après tout cela un grand calme, et ce calme dura quelque temps.

Elle donna elle-même le dessin d'une machine composée 1° d'un triangle équilatère en bois de prunier, tenu par deux traverses mobiles entre deux montants du même bois; 2° d'un cylindre de verre rempli d'une infusion de camomille et d'hypericum, et en communication avec trois bouteilles d'eau de rivière contenant du cuir de chamois; 3° de chaînes d'acier suspendues aux côtés du triangle, et plongeant par un bout dans le liquide du cylindre; 4° d'un conducteur en laine attaché par un bout à ces chaînes, et qu'elle tint dans sa main gauche en regardant fixement le sommet du triangle jusqu'à ce qu'elle ressentît des spasmes. Cette machine, qu'elle appelait accorde-nerfs, fortifiait, disait-elle, les siens. Mais le docteur Kerner, qui en vit les effets, ne la considère pas comme supérieure aux autres combinaisons galvaniques connues. Il fallait en magnétiser sept fois la laine et quatorze fois les bouteilles.

CURES OPÉRÉES PAR LA VOYANTE.

Même à l'état de veille, Madame H. ressentait en elle-même, ou voyait dans le corps des personnes qui se mettaient en relation avec elle, toutes leurs indispositions. Elle expliquait les maux de nerfs par des nœuds qui se formaient à l'épine dorsale et qui les tiraient. Voici ses cures les plus remarquables :

Delirium tremens, suite d'ivrognerie, guéri par
5 cuillerées de tilleul,
5 — de jus de bouleau,
1 drachme de castoreum,
dans 17 cuillerées d'eau bouillante; le tout bu depuis 7 heures du matin jusqu'à 7 du soir.

Ver solitaire, par l'apposition prolongée de sa main gauche sur l'abdomen du malade.

Maladie mentale.

1° Par une amulette de 9 feuilles de laurier;

2° Par l'apposition de la main gauche sur la cavité du cœur, et de la droite sur le front, 9 jours de suite, 3 fois par jour;

3° Par trois potions de 9 cuillerées d'eau et de 5 feuilles d'hypericum chacune, prises chaque jour en commençant à 9 heures du matin.

Elle avait recommandé la plus grande exactitude à ne pas s'écarter des nombres ci-dessus, prétendant que la constitution de chacun de nous répond à un chiffre dont elle dépend. 7, disait-elle, était le sien.

Elle lisait ces chiffres, et la langue interne dont il a été question plus haut, dans des cercles que nous portons intérieurement, et qu'elle traçait avec la plus grande régularité sans l'aide d'aucun compas.

Je renvoie ceux qui voudront connaître ces cercles avec tous leurs détails au livre du docteur Kerner. Quant à la langue, d'autres individus, tels que Jacques Boëhm, ayant dit, comme la voyante, la lire dans leur estomac, je vais en citer quelques mots :

Handacadi,	Médecin.
Alentana,	Dame.
Chlann,	Verre.
Schmado,	Lune.
Nohin,	Non.
Biannafina,	Fleur multicolore.
Moî,	Comment.
Toî ?	Quoi ?
Omiacriss,	Je suis.
Omiada,	J'ai.
Un,	Deux.
Jo,	Cent.
Quin,	Trente.
Bonafinto-girro,	Que l'on sorte.
Girro danin-chado,	Que l'on reste.
Moli orato,	Je repose.
O minio pachadastin,	Je dors.
Pasi anin cotta,	Le cercle se remplit.

Elohim majda djonem, sont les trois mots qu'elle écrivait sur ses amulettes.

ESPRIT NERVIQUE.

La voyante disait 1° qu'outre l'âme et l'intelligence il y a un esprit nervique; et que cet esprit reste l'enveloppe de l'âme quand celle-ci quitte le corps, tandis que l'intelligence retourne à son centre primitif, tout de suite si elle est pure, ce qui n'est le cas pour presque aucune, et seulement après plus ou moins de temps qu'elle passe près de l'âme, et sans aucun pouvoir sur elle à la voir souffrir, si elle l'a mal dirigée; 2° que l'âme ne sent et n'agit dans l'autre monde qu'en raison des traces laissées en elle par les actions auxquelles l'intelligence l'a habituée dans cette vie.

C'étaient ces enveloppes qu'elle avait la faculté de voir, sans devenir pour cela tout à fait étrangère à ce monde, et beaucoup mieux à la clarté du soleil ou de la lune que dans l'obscurité. Les âmes n'ont, disait-elle, point d'ombre. Leur forme est grisâtre; leurs vêtements sont ceux qu'elles ont portés dans ce monde, mais grisâtres comme elles-mêmes. Les meilleures ont seulement de grandes robes blanches et semblent planer, tandis que les mauvaises marchent péniblement. Leurs yeux sont tous étincelants. Elles peuvent non seulement parler, mais produire des sons, tels que soupirs, frôlements de soie ou de papier, coups sur des murs ou des meubles, bruits de sable, de cailloux, ou de chaussures traînées sur le sol. Elles sont aussi capables de mouvoir les objets les plus lourds et d'ouvrir ou fermer les portes. Plus elles sont souffrantes, plus ces bruits qu'elles produisent à l'aide de l'air et de leur esprit nervique peuvent être forts; mais il paraît qu'elles ne peuvent pas les produire et se montrer en même temps.

Ainsi il y a bien positivement un HADÈS ou monde aérien, habité par des âmes enveloppées de leur esprit nervique, monde qui tient le milieu entre la terre et le séjour des bienheureux. Ces âmes habitent des régions plus ou moins élevées suivant qu'elles ont plus ou moins bien vécu. Leurs fautes leur font une pesanteur morale qui les retient près de la terre, comme la pesanteur matérielle y retenait leurs corps.

Le malheur des plus pesantes est d'avoir toujours devant les yeux et ces fautes et la félicité dont elles se sont privées par elles.

L'amélioration de leur sort est dix fois plus difficile pour elles, dans ce monde aérien, qu'elle ne l'eût été sur terre.

A Oberstenfeld, une de ces âmes, celle d'un comte Weiler, qui avait assassiné son frère, se présenta à madame H. jusqu'à sept fois. Madame H. seule la vit ; mais plusieurs de ses parents entendirent une explosion, virent des carreaux se briser, des meubles et des chandeliers se déplacer, chaque fois que le fantôme revint, et avant ou après sa venue.

Une autre âme d'assassin, vêtue d'un froc, poursuivit madame H. toute une année, lui demandant, comme l'avait fait le comte Weiler, des prières et des leçons de catéchisme. Cette âme ouvrait et fermait violemment les portes, remuait la vaisselle, bouleversait les piles de bois, frappait de grands coups sur les murailles, et semblait se faire un jeu de changer de place à tout moment. Vingt personnes respectables l'ont entendue, soit dans la maison, soit de la rue, et certifieraient au besoin le fait.

Un fantôme de femme, portant dans ses bras un enfant, se montra à madame H. plusieurs fois. Comme ce fut le plus souvent dans sa cuisine, elle en fit lever quelques dalles, et on trouva à une assez grande profondeur le cadavre d'un enfant.

A Weinsperg, l'âme d'un teneur de livres qui

avait commis quelques infidélités pendant sa vie la vint prier, en redingote grise râpée, de dire à sa veuve de ne pas cacher davantage les livres dans lesquels se trouvaient ses fausses écritures, et lui indiqua l'endroit où ils étaient, pour qu'elle les dénonçât à la justice. Elle obéit. A l'aide de ces livres, quelques torts du mort furent réparés.

A Lenach, ce fut l'âme d'un bourgmestre nommé Bellon, mort en 1740, à l'âge de 79 ans, qui vint lui demander des conseils pour échapper à la persécution de deux orphelins. Elle lui donna ces conseils, et après six mois l'âme ne revint plus.

On trouve cette mort dans les registres de la paroisse de Lenach, avec une note portant que le bourgmestre Bellon a fait tort à plusieurs enfants dont il était tuteur.

Je pourrais encore citer une vingtaine d'apparitions, mais je crois qu'elles intéresseraient peu. Madame H. conserva jusqu'à ses derniers moments, qu'elle prédit trois jours d'avance, cette faculté de voir des esprits. Elle quitta la vie en poussant un grand cri de joie, et sa sœur, qui était dans une pièce voisine, vit passer son ombre.

On trouva son cerveau et son épine dorsale non seulement d'une excellente conformation, mais dans un excellent état. Son cœur et les organes respiratoires étaient très enflammés, son foie et son bas ventre obstrués. La vésicule du fiel renfermait une grosse pierre. La voyante l'avait dit plusieurs fois.

PÉTITION

DE CITOYENS DES ÉTATS-UNIS

AU CONGRÈS.

La secte américaine qui prend le nom de *Spiritualiste*, et à laqelle nous devons l'importation des esprits frappeurs et des tables tournantes, compte dans son sein plus de cinq cent mille croyants et de trente mille médiums.

« Les soussignés, citoyens des États-Unis d'Amérique, exposent respectueusement à votre honorable corps que certains phénomènes physiques et intellectuels, d'origine douteuse et de tendance mystérieuse, se sont manifestés depuis peu en ce pays et dans presque toutes les parties de l'Europe. Ces phénomènes sont devenus si multipliés dans le nord, le centre et l'ouest des États-Unis, qu'ils préoccupent vivement l'attention publique. La nature particulière du sujet peut être appréciée par une analyse rapide des différents ordres de manifestations, et nous en donnons ci-dessous un résumé imparfait.

» 1° Une force occulte, s'appliquant à remuer, soulever ou retenir un grand nombre de corps pesants; le tout en contradiction directe avec les lois reconnues de la nature, et dépassant totalement les pouvoirs de compréhension de l'entendement humain.

» 2° Des éclairs ou lueurs de formes et de couleurs variées, apparaissant dans des salles obscures, où il n'existe ni substance capable de développer une action chimique ou une illumination phosphorescente, ni appareil ou instrument susceptible d'engendrer l'électricité ou de produire la combustion.

» 3° Des bruits extrêmement fréquents dans leurs répétitions, étrangement variés dans leur caractère et plus ou moins significatifs dans leur importance. Ce sont tantôt des coups mystérieux (*rappings*) qui paraissent indiquer la présence d'une intelligence invisible; tantôt des sons analogues à ceux qui retentissent dans les ateliers de différentes professions mécaniques, ou aux voix stridentes des vents et des vagues et aux craquements de la mâture et de la coque d'un vaisseau luttant contre une violente tempête; parfois d'éclatantes détonations semblables aux grondements du tonnerre ou à des décharges d'artillerie, et accompagnées d'un mouvement oscillatoire dans les objets environnants, ou d'une forte vibration dans la maison où se passent les phénomènes.

» Dans d'autres circonstances, des sons harmonieux viennent charmer l'oreille, comme des voix humaines, et plus souvent comme les accords de plusieurs instruments de musique, tels que le fifre, le tambour, la trompette, la guitare, la harpe et le piano. Tous ces sons ont été mystérieusement produits, soit ensemble, soit séparément, tantôt sans aucune intervention ou présence d'instruments, tantôt par des instruments qui vibraient ou retentissaient d'eux-mêmes, et, dans tous les cas, sans aucune apparence de concours humain ou autre agent visible, mais, pour ce qui a rapport à leur émission, suivant les procédés et les principes reconnus de l'acoustique : il y a évidemment des mouvements ondulatoires dans l'air qui viennent frapper les nerfs auditifs et le siége de la sensation de l'ouïe, quoique l'origine de ces ondulations atmosphériques ne reçoive pas d'explication satisfaisante de la part des plus sévères observateurs.

« 4° Toutes les fonctions du corps et de l'esprit

humain sont souvent étrangement influencées, de manière à amener un état du système entièrement anormal, et cela par des causes qui n'ont été ni comprises, ni définies d'une manière concluante. Le pouvoir invisible interrompt fréquemment ce que nous sommes accoutumés à regarder comme l'opération normale de nos facultés; suspendant la sensation, arrêtant le mouvement volontaire, ainsi que la circulation des fluides animaux, faisant baisser la température des membres et de quelques portions du corps jusqu'au froid et à la rigidité cadavériques. Parfois la respiration a été suspendue complétement pendant des heures et des journées entières, après lesquelles les facultés de l'esprit et les fonctions du corps ont repris leurs cours régulier. Ces phénomènes ont été suivis, dans des cas nombreux, de dérangements d'esprit et de maladies, et il n'est pas moins certain que beaucoup de personnes qui souffraient de défauts organiques ou de maladies invétérées et en apparence incurables ont été subitement soulagées ou entièrement guéries par ce même agent mystérieux.

» Il n'est pas hors de propos de mentionner à ce sujet les deux hypothèses générales par lesquelles on parvient à expliquer ces remarquables phénomènes. L'une d'elles les attribue au pouvoir et à l'intelligence des espris des morts, agissant par le moyen et à travers des éléments subtiles et impondérables qui parcourent et pénètrent toutes les formes matérielles. Et il est important de faire observer que cette explication concorde avec les prétentions mises en avant par l'agent mystérieux des manifestations elles-mêmes. Parmi ceux qui acceptent cette hypothèse se remarquent un grand nombre de nos concitoyens, également distingués par leur valeur morale, leur éducation, leur puissance intellectuelle, et par l'éminence de leur position sociale et de leur influence politique.

» D'autres, non moins distingués, rejettent cette conclusion et soutiennent l'opinion que les principes reconnus de la physique et de la métaphysique suffiront pour rendre compte de tous les faits d'une manière satisfaisante et rationnelle. Quoique nous ne puissions tomber d'accord avec ces derniers sur ce sujet, et quoique nous soyons arrivés honnêtement à des conclusions fort différentes des leurs relativement aux causes probables des phénomènes ci-dessus décrits, nous affirmons respectueusement à votre honorable corps que ces phénomènes existent bien réellement, et que leur origine mystérieuse, leur nature particulière, réclament une investigation patiente, scientifique et approfondie.

» Ils peuvent être destinés à modifier les conditions de notre existence, la foi et la philosophie de notre époque, ainsi que le gouvernement du monde.

» Il est dans l'esprit de nos institutions de soumettre aux représentants du peuple toutes les questions que l'on présume devoir conduire à de nouveaux principes et entraîner des conséquences importantes pour le genre humain.

» En conséquence, nous, vos concitoyens, pétitionnons respectueusement auprès de votre honorable corps afin qu'une commission scientifique soit nommée pour procéder à l'étude complète de la question, et afin qu'un crédit soit alloué pour permettre aux membres de la commission de poursuivre leurs investigations jusqu'à leur terme.

Nous croyons que les progrès de la science et les vrais intérêts de l'humanité retireront un grand profit des résultats des recherches que nous provoquons, et nous avons la confiante espérance que notre prière sera approuvée et sanctionnée par les honorables Chambres du Congrès fédéral. »

(L'UNIVERS.)

RÉPONSES DE L'ESPRIT DE MESMER

SUR LA VÉRITÉ DU PRÉSENT LIVRE.

Expérience du 20 janvier chez M. le Comte d'O.

M. Lav., sa fille, une gouvernante et moi, à un guéridon.

Est venu à notre demande unanime l'esprit de Mesmer.

Moi : pour nous prouver que vous êtes Mesmer, pouvez-vous faire coucher le guéridon aux pieds de Mlle Lav.? — Oui. — Faites-le... Et le guéridon s'est couché. — Dieu est-il l'univers? — Oui. — Son intelligence remplit-elle tout l'espace? — Oui. — Est-ce par l'électricité que vous passez à travers nous dans les tables? — Oui. — L'électricité qui nous a fait mouvoir dans cette vie garde-t-elle notre forme après la mort? — Non. — Qu'est-ce qui nous donne alors une forme? pouvez-vous le dire en un seul mot? — Oui. — Ecrivez le mot. — Ideolra. — Ce mot n'est pas français. De quelle langue est-il? — Indien. — Qu'est-ce qui a servi, en 1695, à Jacques Aymar pour suivre trois assassins depuis Lyon jusqu'à Toulouse et à la frontière d'Espagne? — Deehnfloc. — Qu'est-ce que Deehnfloc? — Un esprit. — Esprit de qui? — D'un juif mort depuis long-temps lors du meurtre. — Depuis combien d'années? — Depuis 63 ans (exprimés par autant de coups de pied du guéridon). — C'est donc en 1632 que Deehnfloc est mort? — Oui. — Il est réuni à l'âme universelle? — Oui. — Il s'était donc bien conduit dans ce monde? — Oui. — Et il en est ainsi récompensé? — Oui. — Et il a guidé Aymar? — Oui. — Je reviens à notre forme. Je ne trouverai Ideolra dans aucun dictionnaire. Cela ne répond-il pas un peu à l'électricité modifiée par notre organisme? — Oui. — Pourquoi donc avez-vous répondu Non quand j'ai dit seulement électricité? — Point de réponse.

Quelques jours après, chez Mme P., rue Grange-Batelière, nº 16, Mesmer, appelé dans une corbeille, qui n'a pas eu besoin d'être magnétisée plus d'une minute par la fille de Mme P. et par un ami pour écrire au moyen d'un crayon attaché à un de ses côtés, a répondu de même à mes questions sur notre forme dans l'autre monde, et a ajouté que cette forme est immatérielle et immortelle.

Il lui a été alors demandé où il demeurait.

Rép. : Dans Mercure. — Est-ce un lieu de correction? — De délices. — Vous y trouvez-vous avec les esprits de quelques hommes célèbres du dernier siècle? — Avec Voltaire. — Y voyez-vous quelque coriphée de notre révolution de 89? — Robespierre. (Surprise.) — Et Saint-Just? — Oui.

Que dites-vous, lecteur, de ces deux dernières réponses d'une corbeille à une jeune fille et à un vieux bourgeois?

Admettons que nos pensées soient des produits de la pression des molécules fluidiques de l'atmosphère sur nos cerveaux ; nos actions, des produits de la pression de nos cerveaux sur nos organes ; et les actions de corps inertes avec lesquels nous nous mettons en communication, des produits de la pression de nos organes sur ces corps : sort-il de là que l'action d'une corbeille, exprimant la pensée d'une récompense divine à Robespierre et à Saint-Just, ait pris naissance dans deux cerveaux imprégnés, à tort ou à raison, depuis leur naissance, d'une horreur instinctive pour ces deux révolutionnaires? N'y a-t-il pas là au contraire un symptôme d'inspiration étrangère, et est-il tellement honteux de croire à notre individualité dans une autre vie, que nous ne puissions, sans nous faire traiter d'Intelligences déchues, soupçonner cette inspiration de venir d'Esprits de personnes mortes ?

C'est une pesée de l'air sur nos cerveaux qui nous fait penser et agir? Eh bien ! nos molécules fluidiques ou Esprits ne peuvent aller que dans l'air quand nous mourons. Les Esprits des morts sont donc pour une part dans cette pesée de l'air. S'ils y sont tous confondus, c'est-à-dire si tout finit pour chacun de nous avec la vie de ce monde, c'est leur ensemble qui presse nos cerveaux, et par eux fait agir les tables. Mais l'action des tables n'est pas très forte. Il est donc permis de supposer que ce sont des molécules fluidiques individuelles qui pressent seules nos cerveaux. Maintenant que vous avez tout sous les yeux, à vous, lecteur, de juger.

G***.

TABLE DES MATIÈRES.

Ire PARTIE.

IIe PARTIE.

IIIe PARTIE.

www.ingramcontent.com/pod-product-compliance
Ingram Content Group UK Ltd.
Pitfield, Milton Keynes, MK11 3LW, UK
UKHW020604230726
13926UKWH00005B/2193

9 782016 135907